王國樑 著

Managerial Economics
管理經濟學

東華書局

國家圖書館出版品預行編目資料

管理經濟學 / 王國樑著. -- 三版. -- 臺北市：臺灣
　東華, 民 100.06
　352 面 ; 19x26 公分
含索引

　ISBN 978-957-483-658-1（平裝）

　1. 管理經濟學

494.016　　　　　　　　　　　　　　　100009237

管理經濟學

著　　者	王國樑
發 行 人	陳錦煌
出 版 者	臺灣東華書局股份有限公司
地　　址	臺北市重慶南路一段一四七號三樓
電　　話	(02) 2311-4027
傳　　眞	(02) 2311-6615
劃撥帳號	00064813
網　　址	www.tunghua.com.tw
讀者服務	service@tunghua.com.tw
門　　市	臺北市重慶南路一段一四七號一樓
電　　話	(02) 2371-9320

2025 24 23 22 21　YF 7 6 5 4 3

ISBN　　978-957-483-658-1

版權所有　·　翻印必究

三版序

「管理經濟學」第二版於 2004 年 3 月出版以來，已歷經二刷。在此期間，承蒙許多經濟學界先進與讀者不吝對書中尚待改進之處給予寶貴建議，作者謹在此表達由衷謝意！

藉著第三版的發行，除了對第二版繕打及排版的缺失進行修正與文辭潤飾外，在內容方面，亦做了幾項較大更動：

第一，在內文新增上，於第十一章第四節（11.4 保證價格收購與休耕政策），增加現金給付對社會福利的影響；於第六節（11.6 進口關稅與配額），增加進口配額說明。

第二，在個案增替上，於第二章以新個案 2.5（輸入型通貨膨脹與擴大內需政策）取代了舊個案（新臺幣貶值對國民所得與物價水準的影響）；於第六章增加了個案 6.6（金融機構普及可縮小不同偏好族群的教育水準差距）。

第三，在章後問題與應用增修上，除了第一章、第三章與第十五章外，其餘十二章皆有增修。

作者曾於初版與第二版「自序」中強調，對本書之撰寫力求深入淺出，第三版亦堅持朝此方向努力，殷盼學界先進及讀者繼續惠賜卓見，使本書內容更臻理想。

王國樑 謹識

2011 年 4 月

二版序

　　「管理經濟學」初版問世近一年，即將售罄。承蒙許多經濟學界先進與讀者的鼓勵與肯定，並且不吝對書中尚待改進之處給予寶貴的建議，作者謹在此表達由衷謝意！

　　藉著第二版的發行，除了對初版繕打及排版的缺失進行修正外，亦進行文辭潤飾。在內容方面，並未對全書架構或章節安排進行更動，修訂重點主要在更詳細地敘述作圖過程，同時對較艱澀的經濟理論或觀念增加許多直覺性解釋，尤其著墨於一般學生較感困難的第六、七章，期使本書更易讀、易懂。此外，亦小幅度增列具啟發性之習題，讓讀者能透過演練進一步熟悉觀念。

　　作者曾於初版「自序」中表示，對本書之撰寫力求深入淺出，改版亦朝此方向努力，殷盼學界先進及讀者繼續惠賜卓見，使本書內容更臻理想。

王國樑 謹識
2004 年 3 月

自　序

　　二次大戰以來，管理經濟學受到歐美學術界及產業界的高度重視，其發展也十分迅速與蓬勃。在臺灣，管理經濟學的萌芽則始於 1980 年代中期，隨著經濟成長，其重要性亦與日俱增。

　　作者於 1986 年自美國取得博士學位返國，次年即在政治大學企業管理研究所講授管理經濟學，隨後陸續於政大企業經理班、企管碩士學分班、社會財經碩士學分班、公務人員訓練班、展碁公司人員訓練班、及政大會計學系講授管理經濟學，至今已歷時 16 年以上，授課班級超過 60 班，學生總數則在 3000 人以上。另外，作者參與政府與民間機構各項研究計畫，所研究之本土實務個案，更超過 50 件。

　　依這十幾年累積之教學及研究經驗，作者認為一本優良之管理經濟學教科書應同時結合理論及實務，但目前一般之管理經濟學教科書，多偏重企管型式之教條敘述，忽略其背後之經濟理論基礎，許多學生也屢次反應此一問題。因此，本書特別將作者多年來教學相長之實務案例，結合經濟理論基礎進行分析，希望能透過日常生活中隨處可見的實例，讓讀者對管理經濟學有較完整的認識。

　　此外，近年來企業界、消費者與政府部門之互動日趨頻繁。政府部門有時透過法令或政策介入市場運作，有時又透過政府採購，搖身一變成為市場中最大的需求者。因此，就企業界主管而言，除了應明瞭消費者的決策行為模式之外，更不能忽略政府部門的政策擬定與其影響；相對地，就政府決策官員而言，在制定政策時，亦應同時兼顧市場中交易雙方之思維與需求；至於家計單位的決策者，面對日益複雜的法律規範及令人眼花撩亂的市場資訊，若不能明瞭政府部門及企業界之決策模式，也無法作出適當的財務規劃與決策。本書分別由家計單位、企業界及政府部門的觀點，介紹與探討管理經濟學理論及其在實務上的應用，期使這三個單位的決策者，都能藉由嚴謹卻易懂的學術分析，增進專業知識，並得到決策上的幫助，以進一步提高決策之成功率及效益。

　　本書中的專有名詞均用通俗語言來解釋，理論部分則用圖形來分析與解說，且儘量使用文字敘述進行邏輯推演，避免艱澀的數學運算，即使從來沒有學過經濟學的讀者也能很快理解。因此，本書也可以作為經濟學或個體經濟學的教科書，教師可選擇適當的部分講授。若作為一學期經濟學課程的教科書，則可忽略第六章 6.3、6.4 節、第七章、第十四章及第十五章；若作為個體經濟學的教科書，則只要忽略第十五章即可。此外，本書另有教師手冊（含習題解答）與 PowerPoint 光碟片可供授課老師使用與參考。

　　本書能順利出版，作者首先要感謝家母的養育劬勞，若非家母辛勤的照顧與從不間斷的鼓勵，作者不會有今日的小小成果；其次，要感謝各任教單位及所有教過的學生，若不是因為課堂中良好的互動與啟發，不會有這本書的誕生；此外，在撰寫過程中，郁萍、志強、俊貿、為楨、淑卿、怡敏、太森、美萍、珮綺的協助整理、繪圖、校訂及排版，在此一併致謝；最後，內子美玲於平日忙碌的教學、研究及行政工作之餘，仍盡心盡力照顧家庭，使作者無後顧之憂，兩個可愛的女兒更是支持作者不斷前進的動力，謹表由衷的謝意。

　　本書雖經詳細之檢查與校對，惟疏漏之處仍在所難免，尚請讀者及諸位先進不吝提出指正。

王國樑 謹識

三版序 iii
二版序 v
自 序 vii
目 錄 ix

第一章 緒 論

1.1 管理經濟學的定義	2
1.2 管理經濟學的範疇	3
1.3 本書的章節安排	7
關鍵詞	8

第二章 完全競爭市場的價格決定

2.1 市場需求	11
2.2 市場供給	15
2.3 市場價格與交易量的決定	19
2.4 比較靜態分析	21
2.5 比較靜態分析的應用	26
關鍵詞	31
問題與應用	32

第三章 彈性及其應用

3.1 彈性的定義	34
3.2 彈性的衡量公式	35
3.3 各類彈性介紹	37
3.4 需求與供給彈性的應用	42
關鍵詞	49
問題與應用	49

第四章　消費者行為分析（I）

- 4.1　消費決策模型　53
- 4.2　消費者偏好：無異曲線　55
- 4.3　所得預算限制條件　66
- 4.4　消費者均衡　73
- 關鍵詞　76
- 問題與應用　77

第五章　消費者行為分析（II）

- 5.1　所得變動對消費決策的影響　80
- 5.2　價格變動、個人與市場需求　83
- 5.3　價格變動效果解剖　86
- 5.4　消費者福利水準的衡量　91
- 5.5　存在交易成本的消費決策模型　93
- 5.6　消費者均衡分析的應用　95
- 關鍵詞　104
- 問題與應用　104

第六章　要素市場的家計決策行為

- 6.1　勞動市場的家計決策模型　109
- 6.2　勞動供給曲線的導引　112
- 6.3　跨期消費決策模型　118
- 6.4　跨期消費決策行為　120
- 6.5　要素市場家計決策行為的應用　133
- 關鍵詞　140
- 問題與應用　141

第七章　不確定情況下的家計決策行為

7.1	不確定情況下的家計決策模型	145
7.2	主觀偏好圖形	147
7.3	不確定決策模型的應用	150
關鍵詞		167
問題與應用		167

第八章　生　產

8.1	生產函數	170
8.2	短期生產函數	171
8.3	長期生產函數	177
關鍵詞		187
問題與應用		188

第九章　生產成本

9.1	成本概念	190
9.2	短期成本	192
9.3	長期成本	196
9.4	多產品廠商的生產成本	202
9.5	成本分析的應用	205
關鍵詞		210
問題與應用		210

第十章　完全競爭市場的廠商決策行為

10.1	利潤最大化	214
10.2	短期決策行為	217

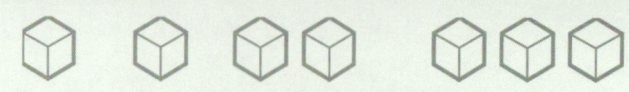

10.3 廠商與市場的短期供給曲線	221
10.4 短期生產者剩餘	222
10.5 長期均衡	224
10.6 廠商在要素市場的決策行為	226
關鍵詞	229
問題與應用	229

第十一章　公共政策分析

11.1 社會福利	232
11.2 價格上限管制	234
11.3 價格下限管制	236
11.4 保證價格收購與休耕政策	238
11.5 租稅與補貼	241
11.6 進口關稅與配額	244
關鍵詞	247
問題與應用	247

第十二章　獨賣與獨買廠商

12.1 傳統獨賣廠商的決策行為	250
12.2 多處廠房獨賣廠商的決策行為	254
12.3 獨賣的社會成本	256
12.4 壟斷力的衡量	257
12.5 獨賣廠商的現代化定價行為	258
12.6 獨買廠商的決策行為	266
12.7 雙邊獨占的決策行為	271
關鍵詞	272
問題與應用	273

第十三章　壟斷性競爭與寡賣市場

13.1 壟斷性競爭市場的廠商決策行為　　276
13.2 數量設定寡賣模型　　278
13.3 價格設定寡賣模型　　290
13.4 產業經濟分析　　292
關鍵詞　　298
問題與應用　　299

第十四章　賽局理論

14.1 賽局的定義　　302
14.2 賽局的分類　　303
14.3 常態式賽局理論　　306
14.4 常態式賽局在寡賣市場的應用　　311
關鍵詞　　314
問題與應用　　314

第十五章　經濟管制

15.1 經濟管制的定義與分類　　318
15.2 經濟管制的形成原因　　321
15.3 經濟管制衍生的問題　　324
15.4 管制政策的興革　　328
關鍵詞　　330
問題與應用　　331

索　引　　333

CHAPTER 1
緒　論

1.1　管理經濟學的定義
1.2　管理經濟學的範疇
1.3　本書章節的安排

1.1　管理經濟學的定義

總部設於美國內布拉斯加州之 Berkshire Hathaway 股份有限公司的總裁暨首席執行長 Warren E. Buffett 在 1956 年以 100 美元投資合夥事業，至 1995 年時，個人資產淨值已累積至 120 億美元；在 Buffett 的管理下，Berkshire Hathaway 股份有限公司也從 1963 年約 5000 萬美元的市值成長到 1995 年 250 億美元以上的市值，此一輝煌記錄已使 Buffett 在美國企業經營史上成為傳奇人物。特別有趣的是，當有人詢問其成功秘訣時，Buffett 竟毫不加思索地歸功於他對管理經濟學（managerial economics）的基本理解與靈活運用的能力。針對上述回答，大多數人的第一個反應可能是：真的嗎？第二個反應可能是：經濟學裡探討的不都是純理論嗎？這些純理論對實務會有幫助嗎？最後，則會好奇地問：什麼是管理經濟學呢？

為了定義管理經濟學，首先，我們若將管理經濟學分成三部分：管理、經濟與學。若以最通俗的用語來定義管理，管理就是指揮別人做事；又若以較為嚴謹的標準來定義管理，管理就是決策、指揮及管制（或監督）。同樣地，經濟最通俗的定義就是小氣、節省或精打細算；較嚴謹的定義就是有效地使用（或利用）具有稀少性（或有限性）的資源。學乃指社會科學。其次，將三部分由後往前逐步合併起來，經濟學的通俗定義就是探討如何有效地小氣、節省或是精打細算的一門社會科學；而較為嚴謹的定義則是探討如何有效地使用（或利用）稀少性（或有限性）資源的一門社會科學。如果我們再進一步將管理與經濟學合併在一起，管理經濟學的通俗定義乃是探討如何利用經濟理論與分析方法有效地指揮別人做事的一門社會科學；而較為嚴謹的定義乃是探討如何利用經濟理論與分析方法來有效地做好決策、指揮及管制（或監督）的一門社會科學。於是，也就有人認為，管理經濟學其實是一門應用經濟學或決策行為科學（decision science）。

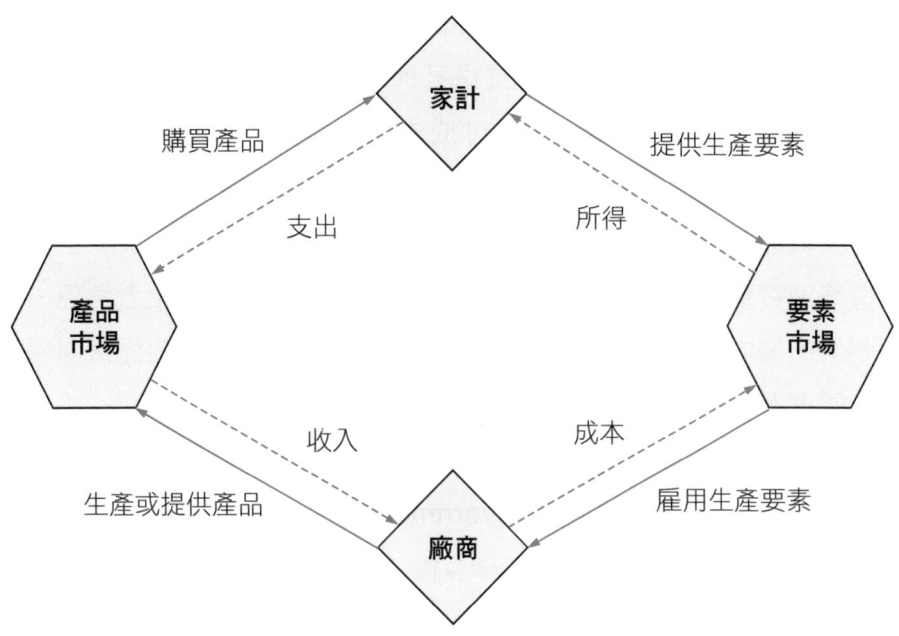

註： ⎯⎯→ 代表物流方向； ----→ 代表金流方向

■ 圖 1.1 ■ 市場經濟的經濟活動流程圖

1.2　管理經濟學的範疇

在上一節管理經濟學的定義裡，我們尚未明確地指出主詞或決策者是誰，也就是說，尚未交待誰來利用經濟理論與分析方法。若依據市場經濟（market economy）的經濟活動流程（circular flow）圖（請參考圖 1.1）[1]，主詞可能是家計（household）或廠商（firm），而其決策者或指揮者將是分別代表家計的家管與廠商的管理階層。家計一方面要將所擁有的生產要素（factors），包含勞動（labor）、自然資源（land）、資本（capital）與企業家才能（entrepreneurship）提供到要素市場，以獲取所得（income）；另

---

[1] 在某一國家或社會裡，若政府未介入或干預私人部門運作，則該國家或社會即被稱為市場或自由經濟。

一方面則是利用上述所得到產品市場購買產品，進行消費行為。同樣地，廠商一方面為生產或提供某種或某些產品，須到要素市場雇用或採購各種生產要素，支付成本（cost）給予要素擁有者（家計）；另一方面，再將產品提供到產品市場售予消費者，從家計手上獲取收入（revenue）。也就是說，在產品市場裡，家計主要係扮演消費或需求者角色；而廠商主要係扮演生產或供給者角色。在要素市場中，家計主要係扮演供給者角色；而廠商主要係扮演雇用或需求者角色[2]。

若某一國家或社會屬混合經濟（mixed economy）[3]，則圖 1.1 的中間位置需增加政府（government）與非營利組織（nonprofit organization）等兩個主詞（參見圖 1.2），而其決策者或指揮者將是分別代表政府的決策官員與非營利組織的執行長。政府與非營利組織一方面提供服務（services）與財貨（goods）給家計與廠商；另一方面，則從家計與廠商收取租稅、規費與／或捐贈。此外，政府與非營利組織在要素與產品市場亦可能扮演立法者、執法者與仲裁者角色。譬如，在產品市場中，政府可能透過公平交易法的制定，來規範廠商的經營行為，以維持市場秩序；在勞動市場中，政府可能透過勞基法的制定，來防範勞資爭議的出現或惡化；在證券市場中，政府可能透過證券交易法的制定，來維持市場秩序與確保投資人權益；在產品或要素市場中，政府或非營利組織亦可能成立仲裁委員會，解決各種交易糾紛或訴訟。

當主詞或決策者不同時，管理經濟學所探討的內容也就不同。在傳統的管理經濟學裡，最主要的主詞通常為廠商，在此情況下，管理經濟學探討的主題為：(1)生產或供給哪些產品？(2)生產或供

---

[2] 在金融性資本或資金市場裡，家計亦可能扮演需求者角色，消費性貸款的存在即是一例。同樣地，廠商亦可能扮演供給者角色，閒置資金暫存定存帳戶或轉購債券即為例子。

[3] 在某一國家或社會裡，若政府會介入或干預私人部門運作，則該國家或社會即被稱為混合經濟。

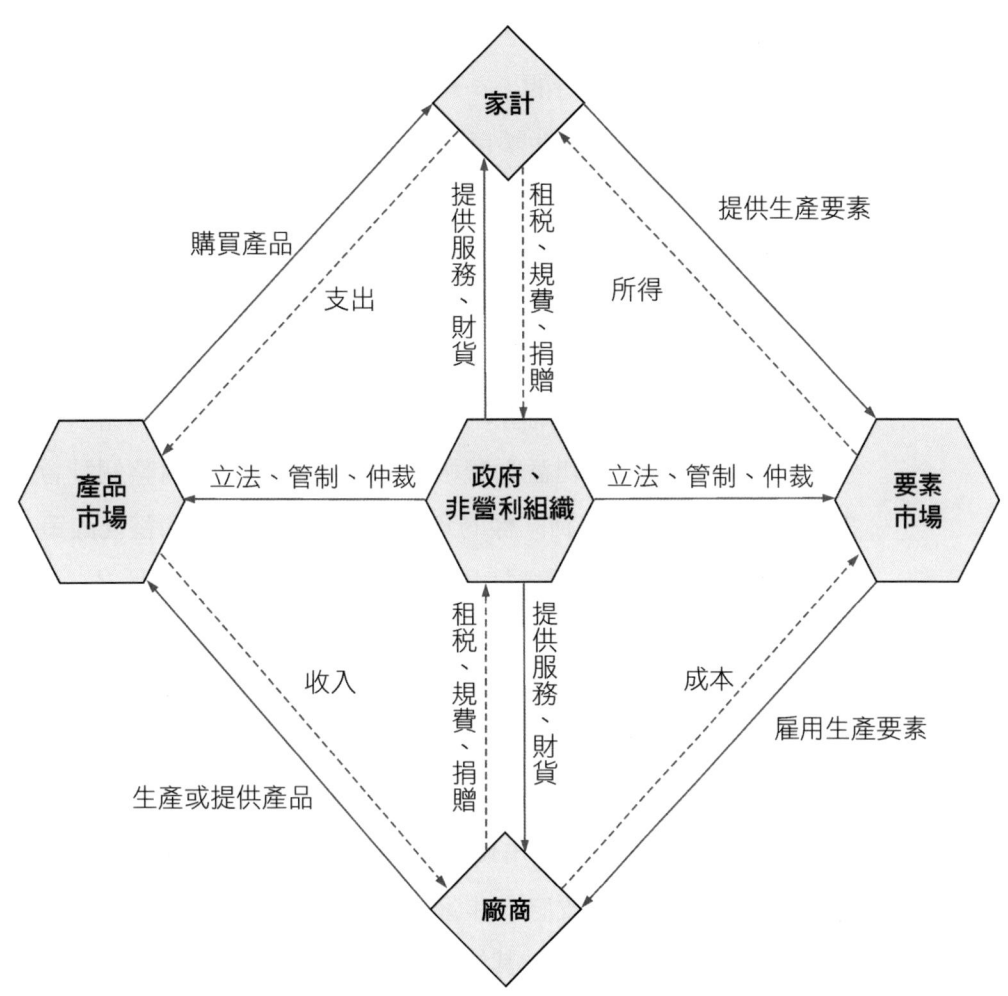

註：⎯⎯→ 代表物流方向； ----→ 代表金流方向

■ 圖 1.2 ■ 混合經濟的經濟活動流程圖

給量多少？(3)自行製造或進口來銷售？(4)如何製造或採購？(5)員工與／或各種生產要素雇用或採購量多少？(6)自行訓練員工與否？(7)投資資金如何籌措？(8)何時生產？(9)最適存貨量應維持多少？(10)在哪裡生產？(11)誰是主要銷售對象？(12)如何定價與促銷？(13)與競爭對手的互動關係為何？(14)如何訂定最適競爭策略？

當主詞為家計時，則管理經濟學探討的主題為：(1)在產品市場扮演需求或消費者角色時,在各種產品價格給定(given)以及面對各種限制(含所得、時間、……等限制)情況下,要選擇哪些產品消費、購買多少數量才能讓自己活得最快樂?(2)在要素市場扮演供給者角色時,加入時間限制條件後,在透過工作所得追求物質消費與透過休閒追求精神性消費之間,如何取捨才能讓自己活得最快樂?在進行生涯規劃時,如何將所得分配於不同期間以追求最有意義人生?

當主詞為政府時,則管理經濟學探討的主題為:(1)當公共政策發生變動時,對不同利益團體福利的影響如何?而對整個社會福利的影響如何?(2)為達到同樣的政策,若有兩種以上的替代政策(alternative policies),哪一種政策的機會或社會成本最低?

最後,當主詞為非營利組織時,則管理經濟學探討的主題為:在(年度)預算有限的情況下,如何來妥善利用有限資源以服務更多的社會大眾或讓其服務更普及化?

在現實社會裡,由於產品或要素市場的市場結構(market structure)可能分為完全競爭市場或非完全競爭市場,且在不同市場結構裡,家計、廠商、政府或非營利組織對市場價格的影響力(market power)會有所差異,其決策行為亦會有可能不同。又當決策的期間只限於一期或涉及兩期以上時,家計、廠商、政府或非營利組織的決策也有可能會有不同的決策行為。此外,在做決策時,決策者對交易訊息的掌握有可能是充分的(perfect)或非充分的(imperfect),因而其決策行為亦會有所不同。最後,由於絕大多數國家或社會(包含臺灣)屬混合經濟,且有關非營利組織的研究仍處萌芽階段,其研究成果仍相當有限,故本書所涵蓋的決策者將暫侷限於家計、廠商與政府。因此,本書將管理經濟學定義為「探討家計、廠商與政府如何利用經濟理論與分析方法有效地進行決策、指揮及管制(或監督)」的一門社會科學;也就是說,管理經濟學其實是一門決策行為科學,且其主要探討內容為探討家計、廠商與政府於產品與要素市場在不同市場結構下扮演不同角色時與對交易訊息掌握程度不同時，如何做決策或擬定政策。

1.3　本書的章節安排

　　除了本章緒論外，本書第二章將先介紹完全競爭市場的價格決定。第三章介紹各種彈性概念及其在現實社會的應用。第四章與第五章在充分訊息假設下，首先建立非工作所得的單期消費決策模型；其次，介紹立基於該模型的消費決策行為；然後，導引產品市場的個人與市場需求。第六章引進工作所得與跨期消費決策行為，導引勞動與金融性資本（可貸資金）的個人與市場供給。第七章介紹個人在訊息不確定情況下的決策行為。為提供廠商的決策訊息，第八與第九章分別介紹短、長期生產與成本理論。在追求最大利潤的假設下，第十章分別探討個別廠商在完全競爭市場架構下於產品與生產要素市場的決策行為。第十一章利用完全競爭市場供需分析架構以及消費者剩餘與生產者剩餘概念，進行公共政策分析。第十二章分別介紹廠商在獨賣與獨買市場的決策行為，並進一步介紹獨賣廠商如何利用獨占力進行各種定價行為來增加其利潤。第十三章首先介紹壟斷性競爭市場的廠商決策行為；其次，利用傳統分析工具介紹寡賣廠商的策略性行為；然後，立基於傳統寡賣理論，介紹產業經濟分析方法。第十四章利用賽局理論介紹寡賣廠商的策略性行為。最後，第十五章則依序介紹經濟管制的定義、分類、源起、影響與興革展望。

關鍵詞

管理經濟學　Managerial economics　2	成本　Cost　4
市場經濟　Market economy　3	收入　Revenue　4
活動流程　Circular flow　3	混合經濟　Mixed economy　5
家計　Household　3	政府　Government　5
廠商　Firm　3	非營利組織　Nonprofit organization　5
勞動　Labor　3	服務　Services　5
自然資源　Land　3	財貨　Goods　5
資本　Capital　3	替代政策　Alternative policies　6
企業家才能　Entrepreneurship　3	市場結構　Market structure　6
所得　Income　3	市場價格的影響力　Market power　6

CHAPTER 2
完全競爭市場的價格決定

2.1 市場需求

2.2 市場供給

2.3 市場價格與交易量的決定

2.4 比較靜態分析

2.5 比較靜態分析的應用

自1985年底政府實施自由化政策後，當某一產品的市場價格出現異常波動（暴漲或暴跌）時，面對民意代表或記者詢問：政府是否應介入穩定該產品價格？政府主管官員或專家學者的意見大多為：讓市場自由運作，政府最好勿介入干預。那麼，什麼叫做「市場自由運作」呢？所謂「市場自由運作」指的是「市場供需決定」，而「市場供需決定」指的則是由市場供給與市場需求來決定產品價格。理論上而言，上述觀點如要未有瑕疵地成立，該產品市場必須為完全競爭市場。

那麼，什麼是完全競爭市場？構成完全競爭市場的要件又為何？根據一般或入門的經濟學教科書，當某一產品或生產要素市場具備下述三要件[1]：

1. 有很多買方（或需求者）與很多賣方（或供給者），且買、賣雙方皆可自由進出該市場（free entry and exit）；
2. 不同賣方所提供的產品品質完全一樣（homogeneous）；
3. 買、賣雙方對交易訊息的掌握都是充分的。

則該產品或生產要素市場結構即屬完全競爭市場。在現實社會裡，較可能屬於或接近完全競爭市場的產品或商品有普及化的農產品、證券上市市場股權分散的上市公司股票等等。

當某一產品或生產要素屬完全競爭市場，由於第二與第三要件成立，賣方就不用再為品質或價格高低傷腦筋，只需要決定要不要生產；如果要，到底要生產多少對其最有利？同樣地，買方亦不需要擔心品質或價格差異問題，只需決定要不要買；若要買，到底要買多少才能讓自己滿足程度達到最高？當買、賣方要做其決策時，需要參考的依據則為市場價格。根據完全競爭市場的第一要件，個

---

[1] 除這三要件外，有些較嚴謹的論著或教科書會增加另二要件：(1)該產品屬私人財（private goods）；(2)買、賣雙方的自利（self-interest）行為不存在著**外部性**（externalities）。而外部性指的是：在買、賣方追求自利的過程中，其行為所導致且無法由**市場機能**（market mechanism）反應出來的對別人之直接影響。

別買方或賣方在市場之地位是微不足道的（trivial），其對該產品或生產要素價格將毫無影響力，亦即，個別買方或賣方在市場上只能扮演價格接受者（price-taker）角色。那麼，該產品或生產要素價格如何決定呢？在完全競爭市場裡，產品或生產要素價格將由市場需求與市場供給共同決定。然後，在已知或給定的價格（given price）下，個別買方或賣方只能決定其最適需求量或供給量，以追求個人的最大福利。

2.1 市場需求

市場需求是一種因果關係，這種關係可以代數函數或圖形來表示[2]。若以前者來表示，某一產品的市場需求函數乃代表該產品的市場總需求量與其解釋變數（影響因素）之間的因果關係式，可用數學式表達如下：

$$Q^D = f(P;\ P_s,\ P_c,\ P_e,\ N_b,\ I, \cdots\cdots) \quad (2.1)$$
$$(-)\ (+)\ (-)\ (+)\ (+)\ (+, 正)$$
$$(-, 劣)$$

其中，Q^D 代表該產品在某一特定期間（a given period）的市場總需求量；P 代表該產品在該特定期間的價格；P_s 代表在消費上與該產品具有替代性關係的產品之價格；P_c 代表在消費上與該產品具有互補性關係的產品之價格；P_e 代表該產品在未來期間的預期價格；N_b 代表買方（消費者）人數；I 代表消費者的可支配所得；各解釋變數下方括弧內的正、負符號代表該解釋變數對於 Q^D 的預期影響方向，正號代表同方向，負號代表相反方向。

若該產品為可樂，則其在消費上具有替代性的商品可能為汽水、礦泉水、果汁、……；其在消費上具有互補性的商品可能為漢堡、

---

[2] 在經濟學原理或入門課程裡，亦有作者用表格方式來表示。

炸雞、薯條、義大利披薩（pizza）、……。其他情況不變下，該產品的本身價格（P）對其市場總需求量（Q^D）的影響方向為逆向（－），代表：若P上漲，則Q^D下降；反之，若P下跌，則Q^D上升，而上述逆向關係即為有名的需求法則（the law of demand）。與該產品在消費上具有替代性關係的商品價格（P_s）對Q^D的預期影響方向為正向（＋），代表：P_s上漲，則消費者會減少對替代性商品的購買量，轉而增加對該產品的購買量；反之，若P_s下跌，則Q^D亦下降。與該產品在消費上具有互補性關係的商品價格（P_c）對Q^D的預期影響方向為逆向，代表：若P_c上漲，則消費者會減少對互補性商品的購買量，連帶地亦會同時減少對該產品的購買量；反之，若P_c下降，則Q^D上升。該產品在未來期間的預期價格（P_e）對Q^D的預期影響方向為正向，代表：若P_e上漲，則消費者現在會增加該產品的購買量；反之，若P_e下跌，則Q^D會下降。買方人數（N_b）對Q^D的預期影響方向為正向，代表：若N_b增加，則Q^D會上升；反之，若N_b減少，則Q^D會下降。最後，消費者的可支配所得（I）對Q^D的預期影響方向取決於該產品在消費者心目中的地位，若消費者將該產品視為**正常財**（normal goods）[3]，則預期影響方向為正向，代表：I增加（減少），則Q^D上升（下降）；反之，若消費者將該產品視為**劣等財**（inferior goods），則預期影響方向為逆向，代表：I增加（減少），則Q^D下降（上升）。

在需求函數中，分號前面的變數（Q^D與P）是**內生變數**（endogenous variables），分號之後的為**外生變數**（exogenous variables）。而內生變數與外生變數其主要的區別在於：前者係指由經濟模型本身決定其大小的變數；後者係指由經濟模型以外因素來決

---

[3] 在其他情況不變之下，若隨著某一消費者可支配所得的增加（減少），該消費者對某一產品的需求量亦跟著增加（減少），則該產品在此一消費者的心目中被定位為正常財。反之，若隨著該消費者可支配所得的增加（減少），該消費者對此一產品的需求量反而減少（增加），則該產品在此一消費者的心目中被定位為劣等財。

定其大小的變數。上述作法的主要考量為本書以二度空間的圖形為主要分析工具，故所有圖形皆只能容納兩個內生變數。

在二度空間平面裡，令圖 2.1 的縱軸代表某一產品的市場價格（P），橫軸代表整個市場的所有消費者對該產品需求量之總和（Q^D），在其他情況（外生變數）控制不變下，不同的市場價格會有不同的市場需求量。譬如，假設市場價格在 P_0 時，市場總需求量為 Q_0^D，則我們得到點 a；其次，若市場價格從 P_0 上升到 P_1，則在其他情況不變之下，根據需求法則，市場總需求量會從 Q_0^D 減少為 Q_1^D，我們可得到點 b；相反地，若市場價格從 P_0 下降至 P_2 時，則在其他情況不變之下，市場總需求量會從 Q_0^D 增加為 Q_2^D，則我們得到點 c；……。而將這些市場價格與市場需求量組合點連接起來的軌跡，就是**市場需求曲線**（market demand curve），其斜率是負的，代表：其他情況不變之下，當某一產品的本身價格上漲（或下跌）時，其市場總需求量會反向地下降（上升），亦即，需求點會沿著同一條負斜率市場需求曲線上下滾動（movement）。在經濟學裡，在其他情況不變之下，這種隨著產品本身價格變動而使需求點沿著同一條需求曲線的滾動被稱之為**需求量變動**（changes in quan-

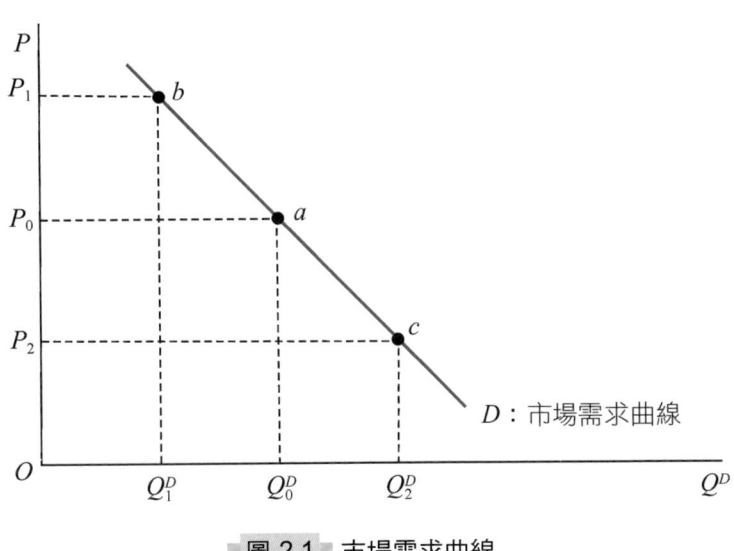

圖 2.1　市場需求曲線

tity demanded）。

在二度空間平面裡，當其他外生變數發生變動時，市場需求曲線是否會發生變動？如果會，則它會如何變動呢？以消費者的可支配所得為例，若消費者將該產品當成正常財，則當消費者的可支配所得增加時，原來不同市場價格所對應的市場總需求量皆會增加，也就是說，原來的市場價格與市場總需求量的組合點皆會往外移動（如圖 2.2 所示）。將這些新的組合點連接起來的軌跡即為新的市場需求曲線，相對於舊的市場需求曲線，我們會發現，隨著消費者可支配所得的增加，整條市場需求曲線會往外移動（shift outwards）。在經濟學裡，上述移動被稱之為需求增加（an increase in demand）；相反地，當消費者可支配所得減少時，整條市場需求曲線會往內移動（shift inwards），亦即會導致需求減少（a decrease in demand）。在經濟學裡，上述需求增加或減少被統稱為**需求變動**（changes in demand）。

若消費者將該產品當成劣等財，則隨著消費者可支配所得的變

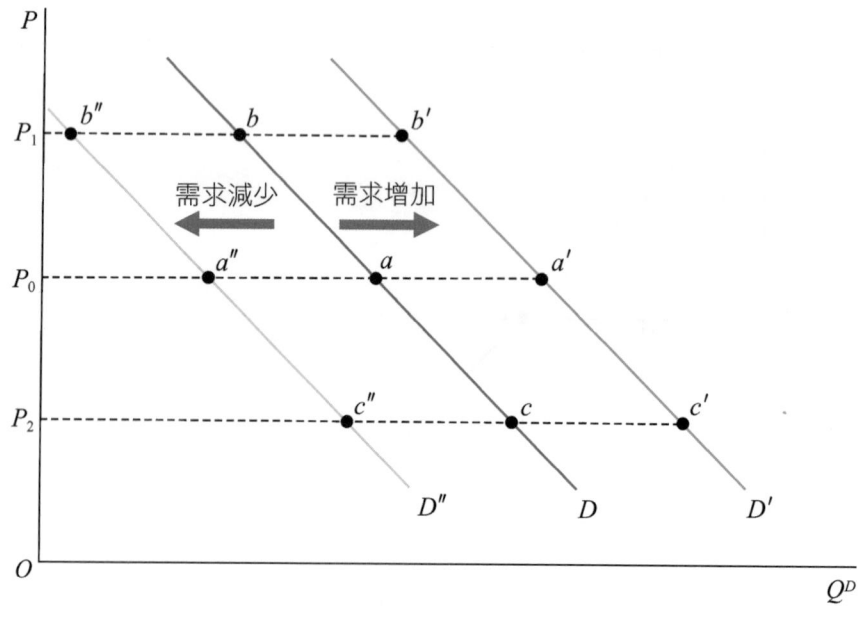

圖 2.2　需求變動

動,市場需求曲線的移動方向剛好與正常財之移動方向相反,亦即,隨著消費者可支配所得的增加(減少),市場需求曲線會往內(外)移動,需求會減少(增加)。同理,當其他外生變數發生變動時,亦會導致需求變動。譬如,當與該產品在消費上具有替代關係的商品價格(P_s)上漲、與該產品在消費上具有互補關係的商品價格(P_c)下跌、該產品的預期價格(P_e)上漲或買方人數(N_b)增加時,皆會導致需求增加;反之,當 P_s 下跌、P_c 上漲、P_e 下跌或 N_b 減少時,皆會導致需求減少。總而言之,若市場需求函數分號後面的任何一個外生變數發生變動,就有可能導致需求變動。原則上,當某一外生變數上漲或增加就代表"+",且若該外生變數對 Q^D 的預期影響方向為"+",則"+"與"+"相乘得"+",代表:需求會增加;但,若該外生變數對 Q^D 的預期影響方向為"−",則"+"與"−"相乘得"−",代表:需求會減少。相反地,當某一外生變數下降或減少,就代表"−",且若該外生變數對 Q^D 的預期影響方向為"+",則"−"與"+"相乘得"−",代表:需求會減少;若該外生變數對 Q^D 的預期影響方向為"−",則"−"與"−"相乘得"+",代表:需求會增加。

2.2 市場供給

同樣地,市場供給也是一種因果關係,這種關係亦可以代數函數或圖形來表示。若以前者來表示,某一產品的市場供給函數代表該產品市場總供給量與其解釋變數(影響因素)之間的因果關係式,其數學式可表達如下:

$$Q^S = g(P;\ W,\ P_s^s,\ P_c^s,\ T,\ N_f,\ P_e,\ t,\ ex, \cdots\cdots) \\ (+)(-)(-)(+)(+)(+)(-)(-)(-) \quad (2.2)$$

其中,Q^S 代表該產品在某特定期間的市場總供給量;P 代表該產品在該特定期間的價格;W 代表該產品的生產要素價格;P_s^s 代表在生

產上與該產品具有替代性關係的產品之價格;P_c^s代表在生產上與該產品具有互補性關係的產品之價格;T 代表該產品的生產技術;N_f 代表生產該產品的廠商家數;P_e 代表該產品在未來期間的預期價格;t 代表租稅;ex 代表以一美元等於多少新臺幣表示的新臺幣匯率;各解釋變數下方括弧內的符號亦代表該解釋變數對於 Q^S 的預期影響方向。同樣地,市場供給函數中的分號也是用來區隔內生與外生變數,分號前面的 Q^S 與 P 為內生變數;而分號之後的為外生變數。

若該產品為 1600 C.C. 小客車,則其在生產上具有替代性關係的商品可能為 1300 C.C.、1800 C.C.、2000 C.C.、……等排氣量的小客車,因為上述不同排氣量小客車的生產存在著共用生產要素;若該產品為瀝青或健素糖,則其在生產上具有互補性關係的商品可能為汽油或白糖,因為上述產品之間存在著主產品與副產品的關係。其他情況不變之下,該產品的本身價格(P)對其市場總供給量(Q^S)的預期影響方向為正向,代表:若 P 上漲,則在單位成本不變之下,每單位的利潤會提升,廠商的生產與／或供給意願亦會增加,所以,Q^S 會增加;反之,若 P 下跌,則 Q^S 會減少,而上述正向關係即為有名的供給法則(the law of supply)。生產要素價格(W)對 Q^S 的預期影響方向為逆向,代表:若 W 上漲,則每單位成本會上升,在該產品本身的單位價格不變之下,每單位的利潤會下降,廠商的生產與／或供給意願亦會減少,所以,Q^S 會減少;反之,若 W 下跌,則 Q^S 會增加。與該產品在生產上具有替代性關係的商品價格(P_s^s)對 Q^S 的預期影響方向為逆向,代表:若 P_s^s 上漲,則廠商會把原來用在生產該產品的共用生產要素移往價格上漲的替代性產品,因此,Q^S 會減少;反之,若 P_s^s 下跌,則 Q^S 會增加。與該產品在生產上具有互補性關係的商品價格(P_c^s)對 Q^S 的預期影響方向為正向,代表:若 P_c^s 上漲,則廠商生產互補性產品的意願與產量會增加,連帶地,Q^S 亦會增加;反之,若 P_c^s 下跌,則 Q^S 會減少。生產技術（T）對 Q^S 的預期影響方向為正向，代表：若 T 提升，則每單位的生產成本會下降[4]，在該產品本身的單位價格不變之下，每單位的利潤及廠商的生產意願亦會提升，所以，Q^S 會增加；反之，若 T 退步，則 Q^S 會減少。廠商家數（N_f）對 Q^S 的預期影響方向為正向，代表：若 N_f 增加，則 Q^S 上升；反之，若 N_f 減少，則 Q^S 下降。該產品的預期價格（P_e）對 Q^S 的預期影響方向為逆向，代表：若 P_e 上漲，則廠商會把已生產完成的產品囤積至未來再拿出來賣，因此，當期的 Q^S 會減少；反之，若 P_e 下跌，則 Q^S 會增加。政府課徵的租稅（t）對 Q^S 的預期影響方向為逆向，代表：若 t 提高，則每單位利潤及廠商生產意願會下降，所以，Q^S 會減少；反之，若 t 下降，則 Q^S 會增加。新臺幣匯率（ex）對 Q^S 的預期影響方向為逆向，代表：若新臺幣貶值（ex 上漲），則進口原料或進口成本亦會跟著上漲，每單位利潤及廠商生產意願會下降，所以，Q^S 會減少；反之，若新臺幣升值（ex 下降），則 Q^S 會增加。

同樣地，若市場供給以二度空間的圖形（如圖 2.3）表示，縱軸代表某一產品的市場價格（P），橫軸代表整個市場的所有廠商對該產品願意供給之數量的總和（Q^S）。在其他情況（外生變數）控制不變下，不同的市場價格會有不同的市場供給量。譬如，若市場價格在 P_0，且市場總供給量為 Q_0^s，則我們得到點 e；其次，若市場價格從 P_0 上升到 P_1，則在其他情況不變之下，則根據供給法則，市場總供給量會從 Q_0^s 增加為 Q_1^s，我們可得到點 f；相反地，若市場價格從 P_0 下降至 P_2，且在其他情況不變之下，市場總供給量會從 Q_0^s 減少為 Q_2^s，則我們得到點 g；……。而將這些市場價格與市場供給量組合點連接起來的軌跡，就是**市場供給曲線**（market supply curve），其斜率是正的，代表：其他情況不變之下，當某一產品的本身價格上漲（或下跌）時，其市場總供給量會同方向地上升（下

---

[4] 這裡的技術進步指的是，廠商可以較簡化的製造程序或設備來生產同樣品質的產品。

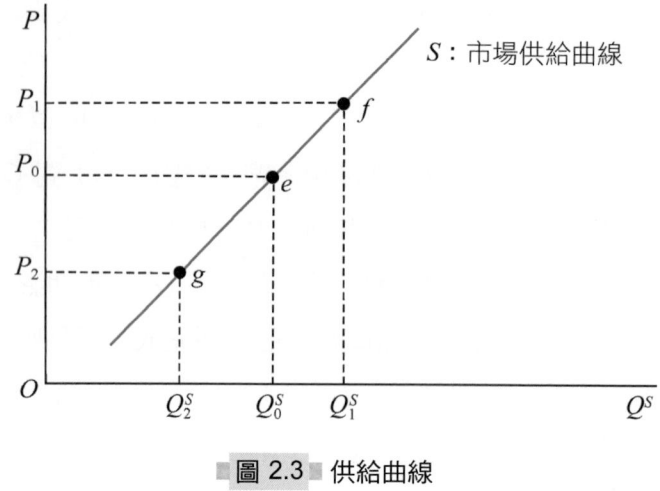

■ 圖 2.3 ■ 供給曲線

降），亦即，供給點會沿著同一條市場供給曲線上下滾動。在經濟學裡，其他情況不變，這種隨著產品本身價格變動而使供給點沿著同一條供給曲線的滾動被稱之為供給量變動（changes in quantity supplied）。

與市場需求函數一樣，當市場供給函數的外生變數發生變動時，市場供給曲線亦會往外或往內移動，亦即，會發生供給變動（changes in supply）。在圖 2.4 中，當 W、P_s^s、P_e 與／或 t 下跌或下降，會導致整條市場供給曲線從 S 往外移動為 S'，在經濟學裡，被稱之為供給增加（an increase in supply）；反之，當 W、P_s^s、P_e 與／或 t 上漲或提高時，會導致整條供給曲線從 S 往內移動為 S''，被稱之為供給減少（a decrease in supply）。類似地，當 P_c^s、T 與／或 N_f 上漲（下跌）、提升（退步）或增加（減少），皆會導致整條市場供給曲線往外（往內）移動與供給增加（減少）。原則上，當某一外生變數上漲或增加，就代表"＋"，若該外生變數對 Q^S 的預期影響方向為"＋"，則"＋"與"＋"相乘得"＋"，代表：供給會增加；但，若該外生變數對 Q^S 的預期影響方向為"－"，則"＋"與"－"相乘得"－"，代表：供給會減少。當某一外生變數

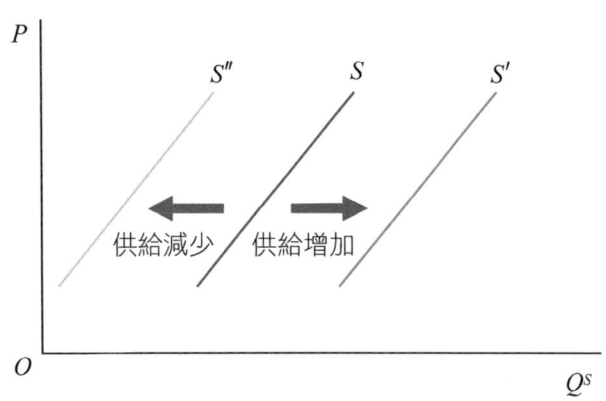

圖 2.4 供給變動

下降或減少,就代表"−",若該外生變數對 Q^S 的預期影響方向為"+",則"−"與"+"相乘得"−",代表:供給會減少;但,若該外生變數對 Q^S 的預期影響方向為"−",則"−"與"−"相乘得"+",代表:供給會增加。

2.3 市場價格與交易量的決定

在二度空間的圖形上,有了市場需求曲線與市場供給曲線以後,我們就可以將這兩條曲線合併在一起,來決定市場價格與交易量。然由於市場價格與交易量係透過市場均衡(market equilibrium)來決定,所以,我們必須先介紹均衡的定義。在經濟學裡,有關均衡的定義來自於物理學與數學,其定義為:當任一經濟、物理或數學模型(含圖形)的內生變數不再有任何變動傾向(tendency)時,該模型即處於均衡狀態。以圖 2.5 為例,某一產品的市場需求曲線(D)與市場供給曲線(S)相交在點 E 時,其縱軸座標為 P_0,橫軸座標為 Q_0。當該產品的價格在 P_0 之上,且為 P_1 時,市場總供給量(Q_1^S)大於市場總需求量(Q_1^D),超出部分($Q_1^S - Q_1^D$)為超額供給(excess supply)或剩餘(surplus),代表:產品價格在 P_1 時,有些廠商的部分產量賣不掉。如果這些廠商欲出清全部產量,在缺乏

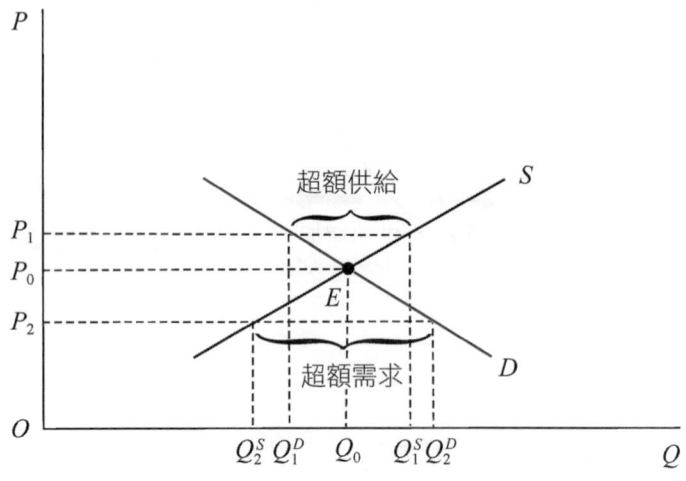

■ 圖 2.5 ■ 市場價格與交易量的決定

外力介入之下，唯一方法就是降價。隨著價格下降，沿著市場需求曲線，市場總需求量會逐漸增加；沿著市場供給曲線，總供給量會逐漸減少，超額供給會逐漸縮小。但，只要有超額供給存在，價格就會繼續下降，直至產品價格降至 P_0，超額供給消失，價格與交易量才會停止變動。

相反地，當價格為 P_2 時，市場總需求量（Q_2^D）大於總供給量（Q_2^S），超出部分（$Q_2^D - Q_2^S$）為**超額需求**（excess demand）或短缺（shortage），代表：產品價格在 P_2 時，有些買方買不到產品，為了滿足其購買慾望，唯一方法就是提高價格。隨著價格提升，市場總供給量會逐漸增加，總需求量會逐漸減少，超額需求會逐漸縮小，直至產品價格上升至 P_0，超額需求消失，價格與產量才會停止變動。也就是說，只要價格不在 P_0，就會有超額需求或供給，價格就會自動上、下調整，縮小超額需求或供給，直至產品價格回到 P_0，價格與交易量就不會再有任何變動傾向。由於點 $E(P_0, Q_0)$ 滿足了均衡的定義。所以，該點被稱之為均衡點，P_0 被稱之為均衡價格或市場價格，Q_0 被稱之為均衡產量或市場交易量；而當產品價格

不在 P_0 時，上述價格上下調整的機能被稱之為市場機能或一隻看不見的手（an invisible hand）。

從代數函數觀點而言，市場供給與需求函數合併起來，共有兩條函數與三個內生變數（Q^D、Q^S 與 P），此一聯立方程組，無法完全求解。唯有引進市場均衡條件：$Q^D=Q^S$，內生變數個數縮減為兩個，方可求得該聯立方程組的均衡解（P^*, Q^*），其中，* 代表均衡。

2.4 比較靜態分析

在 2.3 節的分析裡，其他情況不變的假設隱含該分析侷限於某一特定期間。在經濟學裡，此種分析屬**靜態分析**（static analysis）。所以，圖 2.5 的均衡點（點 E）屬靜態均衡點。事實上，隨著時間經過，其他影響因素不可能皆維持不變。本章 2.3 節已指出，當其他影響因素發生變動，可能會導致需求變動或供給變動，即整條市場需求曲線或市場供給曲線可能會往外或往內移動，於是均衡點、市場價格與交易量亦可能會發生變動；接著，透過新均衡點的市場價格與交易量跟舊均衡點的作比較，我們就可得知外生變數變動對內生變數（P 與 Q）的影響。在經濟學裡，此種就新、舊靜態均衡點的內生變數進行比較的分析，就被稱之為**比較靜態分析**（comparative static analysis）。

以圖 2.6 為例，當其他影響因素變動導致需求增加時，整條市場需求曲線會從原來的 D 往外移動至 D'，在原來市場價格（P_0）之下，新的市場總需求量（Q_3）超過總供給量（Q_0），亦即，有超額需求存在，買不到產品的買方為求買到該產品，會逐漸提高價格，直至超額需求消失，新的均衡點（E_1）出現，新的市場價格為 P_1，新的市場交易量為 Q_1。將新的均衡點 $E_1(P_1, Q_1)$ 與原來的均衡點 $E_0(P_0, Q_0)$ 比較，我們可以發現，需求增加會導致市場價格上漲與市場交易量增加。

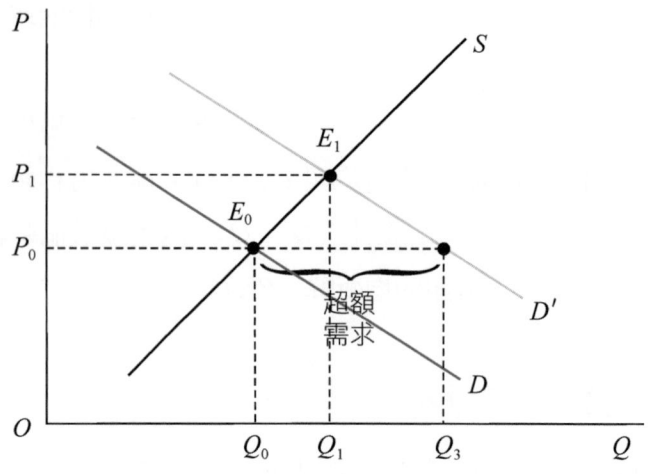

圖 2.6　需求增加的比較靜態分析

相反地，當其他影響因素變動導致需求減少時，整條市場需求曲線會從原來的 D 往內移動至 D″（如圖 2.7），在原來市場價格（P_0）之下，市場總供給量（Q_0）超過新的市場需求量（Q_4），超額供給會迫使廠商降價以出清存貨，直至超額供給消失，新的均衡點（E_2）出現。結果，新的市場價格為 P_2，新的市場交易量為 Q_2。將新的均衡點與舊的均衡點作比較，我們可發現，需求減少會導致

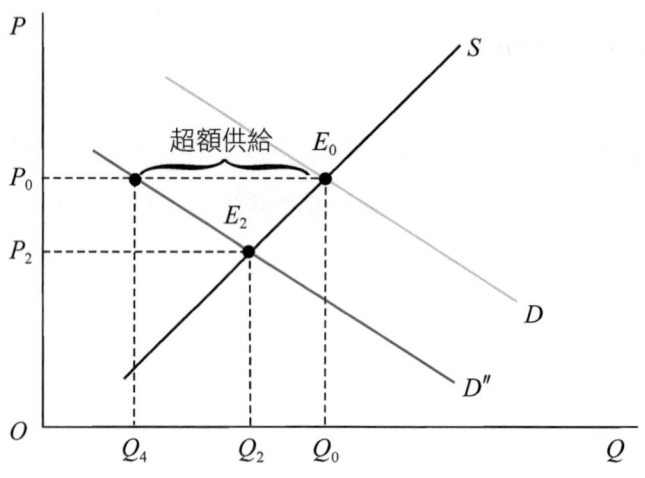

圖 2.7　需求減少的比較靜態分析

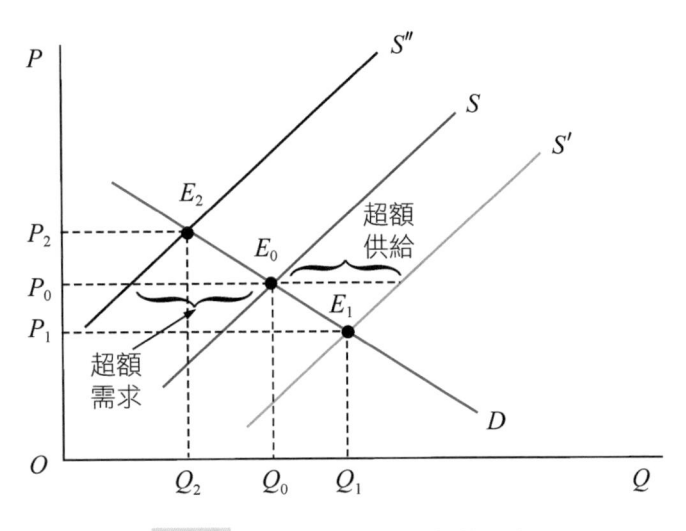

圖 2.8 供給變動的比較靜態分析

市場價格下跌與市場交易量減少的現象。

另一方面，當其他影響因素變動導致供給增加（減少）時，整條市場供給曲線會從原來的 S 往外（內）移動至 S'（S''）（如圖 2.8），在原來的市場價格（P_0）之下，新的市場總供給量（市場總需求量）超過市場總需求量（新的市場總供給量），超額供給（超額需求）會迫使賣方或廠商調降價格（提高價格），以使超額供給（超額需求）消失，直至新的均衡點 E_1（E_2）出現，新的市場價格為 P_1（P_2），新的市場交易量為 Q_1（Q_2）。將新、舊均衡點座標進行比較，我們可以發現，供給增加（減少）會導致市場價格下跌（上漲）與市場交易量增加（減少）。

當其他影響因素變動同時導致需求變動與供給變動時，有四種狀態可能產生，其比較靜態分析結果會比只有需求變動或只有供給變動的稍為複雜。以圖 2.9 為例，若需求及供給同時增加，由於僅有需求增加會導致市場價格上漲與市場交易量增加，僅有供給增加會導致市場價格下跌與市場交易量增加，當兩者同時發生，市場交易量必然增加；但，市場價格的變動方向則難以確定，其最後結果取決於市場需求曲線及市場供給曲線的形狀與移動幅度，在圖 2.9

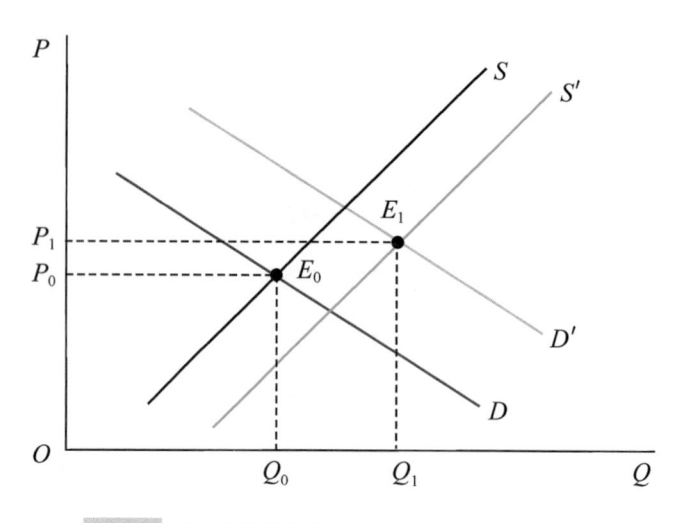

圖 2.9　需求與供給同時增加的比較靜態分析

裡，因為市場需求與供給曲線皆為直線，且其移動皆為平行移動，所以，形狀或斜率不會影響最後結果；由於市場需求曲線往外移動的幅度超過供給曲線的，所以，市場價格還是會往上升。若需求增加與供給減少同時發生（如圖 2.10），由於僅有供給減少會導致市場價格上漲與市場交易量減少，當兩者同時發生，市場價格必然會上漲；但市場交易量則難以確定，同樣地，其最後結果取決於市場需求曲線及市場供給曲線的形狀與移動幅度，在圖 2.10 裡，由於市場需求增加的幅度大於市場供給減少的，所以，市場交易量還是會增加。若需求減少與供給增加同時發生（如圖 2.11），由於僅有需求減少會導致市場價格下跌與市場交易量減少，當兩者同時發生，市場價格必然會下跌；但市場交易量則難以確定，同樣地，其最後結果取決於市場需求曲線及市場供給曲線的形狀與移動幅度，在圖 2.11 裡，市場需求減少的幅度小於市場供給增加的，所以，市場交易量還是會增加。若需求與供給同時減少（如圖 2.12），市場交易量必然會減少，市場價格則難以確定，其最後結果同樣地取決於市場需求曲線及市場供給曲線的形狀與移動幅度，在圖 2.12 裡，市場需求減少的幅度小於市場供給減少的，所以，市場價格還是會上升。

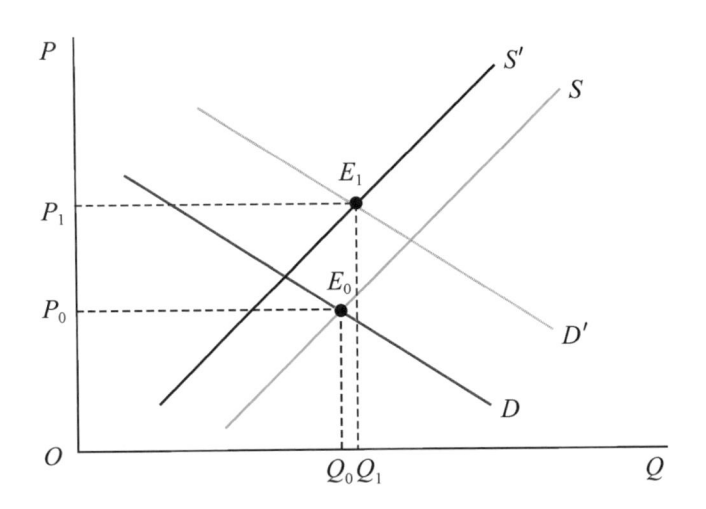

圖 2.10　需求增加與供給減少同時發生的比較靜態分析

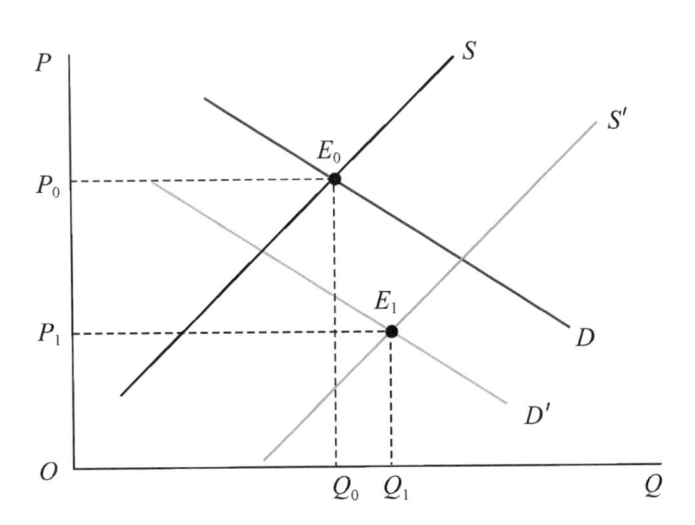

圖 2.11　需求減少與供給增加同時發生的比較靜態分析

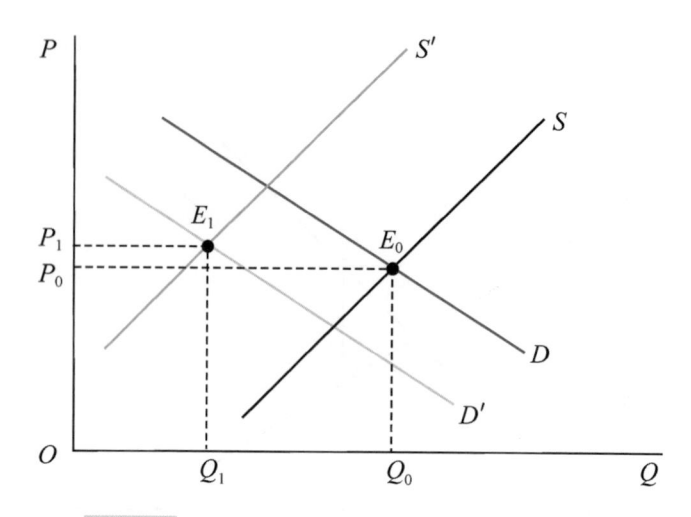

圖 2.12　需求與供給同時減少的比較靜態分析

2.5　比較靜態分析的應用

個案 2.1　加入 WTO 對米酒價格的影響

　　臺灣為了加入 WTO，勢必要開放米酒進口，包含降低米酒進口的關稅與非關稅障礙。在菸酒公賣局維持米酒供給不變的政策下，於 2001 年，米酒開放進口的預期不僅未使米酒市場價格下跌，反而導致其大幅上漲，原因何在？

　　在米酒開放進口的預期下，消費者應會預期：隨著米酒的供給增加，未來價格會下跌，延緩現在對米酒的購買而導致市場需求減少與市場價格下跌。但，在米酒開放進口前的臺灣菸酒公賣制度下，本土米酒比進口米酒少繳許多國內稅。加入 WTO 後，在國外米酒廠商「國民待遇」的訴求下，本土米酒國內稅負擔與供給成本勢必會增加。因此，一方面，國內消費者反而會預期未來的米酒價格會上漲，導致目前的市場需求會增加，需求曲線會由圖 2.13 中的 D 往外移到 D'；但，在另一方面，零售商亦會因預期米酒價格會上漲而

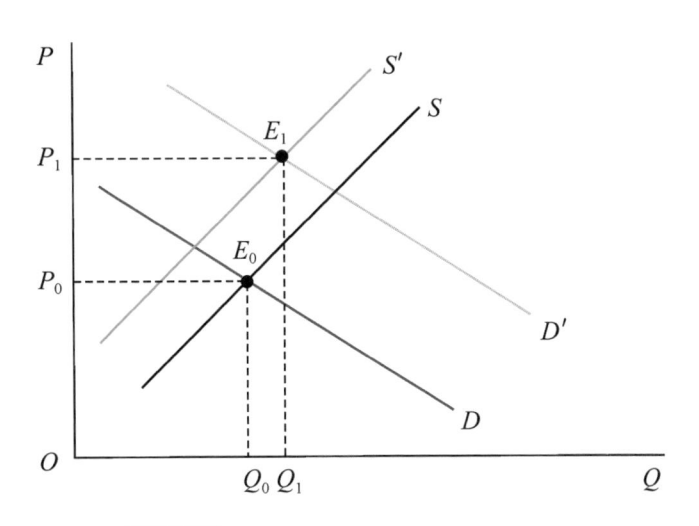

圖 2.13 加入 WTO 對米酒市場的影響

囤積，導致供給減少，供給曲線 S 會往左上方移，變成 S'。結果，市場價格會大幅上漲，市場交易量的變動則不確定。

個案 2.2　教育自由化政策對大專院校學雜費的影響

自 1991 至 2000 年期間，由於教育自由化政策的推動，大專院校家數大幅增加，但大專院校學雜費卻又大幅上漲，理由何在？

雖然大專院校家數大幅增加會導致供給增加而使供給曲線往外移動，但因近十年來大專院校的硬體與教學設備投資大幅增加，且教職員薪資費用亦大幅成長，兩者皆導致大專教學服務的生產成本顯著成長而使供給曲線往左上方移動，此一效果超過大專院校家數增加之效果，導致市場供給曲線還是會往左上方移動。此外，隨著國民所得的成長，對大學教育的市場需求會增加。由於市場需求增加與市場供給減少同時發生，所以大專院校學雜費才會大幅上漲；入學人數則因需求增加幅度大於供給減少幅度，故亦隨著增加（請參考圖 2.14）。

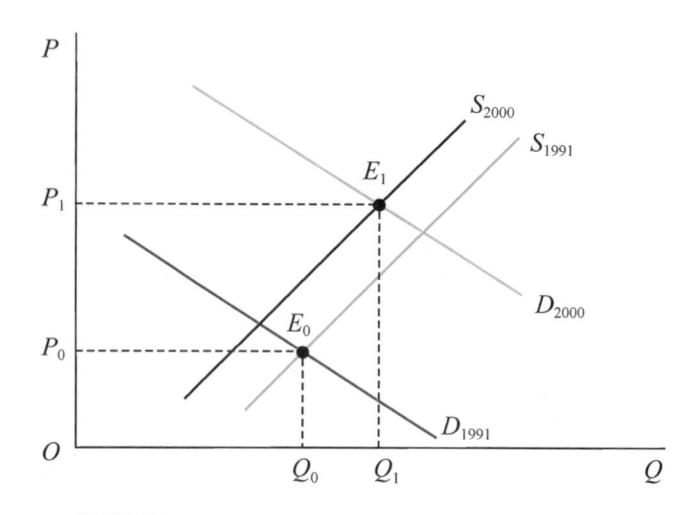

圖 2.14　教育自由化政策對大學教育市場的影響

個案 2.3　921 大地震對相關上市公司股價的影響

　　1999 年 9 月 21 日臺灣中部大地震後，營業重點集中在中部的商業銀行之股價巨幅下跌，而鋼筋（或水泥）上市公司的股價卻相對抗跌，原因何在？

---

　　921 地震後，由於許多房屋倒塌，屋主失業且無力償還貸款，而房屋拍賣又乏人問津，以致於災區銀行房屋貸款大多變成壞帳。因此，投資人乃預期營業重點集中在中部的商業銀行之每股盈餘會由盈轉虧，其未來之股價亦會下跌。所以，一方面投資人對這些商業銀行股票的購買意願會下降，即市場需求會減少；另一方面，手中有這些商業銀行股票的投資人亦會想拋售股票，即市場供給會增加，兩者同時發生必然會使營業重點集中在中部的商業銀行之股價巨幅下跌（如圖 2.15）。相反地，震災後，由於重建需要，對鋼筋（或水泥）的需求會增加，此類上市公司的每股盈餘會被預期將改善。因此，投資人對其股票的需求會增加；有這些股票的投資人亦會惜售而使這些股票的市場供給減少，兩者同時發生，必然會導致股價上漲或相對抗跌（請參考圖 2.16）。

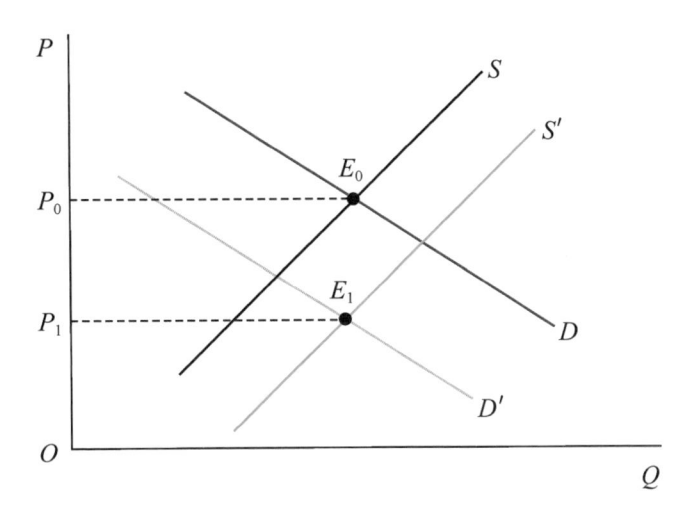

圖 2.15　921 地震對中部商業銀行股價的影響

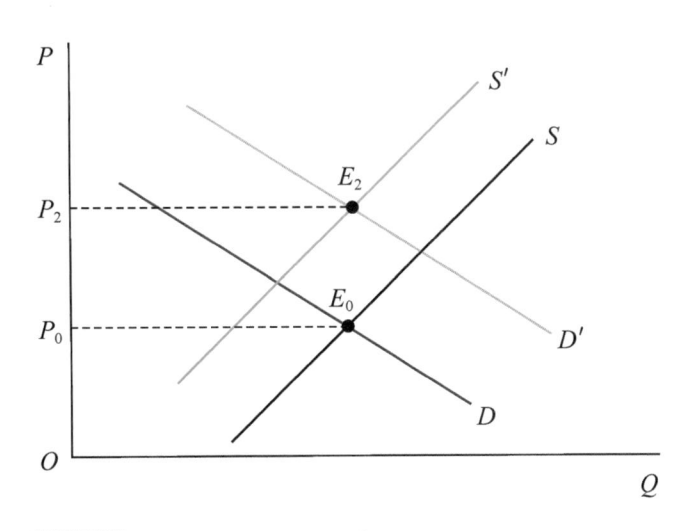

圖 2.16　921 地震對鋼筋（水泥）上市公司股價的影響

個案 2.4　網路經濟時代會同時存在著高成長與低物價的理論基礎

　　很多專家、學者認為，當某一國家或社會進入網路經濟時代，就會同時享有高成長與低物價。其理論基礎何在？

令橫軸代表某一國家的實質國民所得（Y），縱軸代表該國的一般物價水準（P），AD 代表該國的總合需求（aggregate demand），AS 代表該國的總合供給（aggregate supply），原有的國民所得與物價水準分別為 Y_0 與 P_0。進入網路經濟時代，由於大部分的交易可透過網路進行，供給成本會下降，AS 會往外移變為 AS'；而網路交易的便利性亦可能會使消費增加，導致 AD 往右上方移動而變為 AD'。由於總合供給往外移動的幅度大於總合需求往右上方移動的，所以，新的國民所得與物價水準分別為 Y_1 與 P_1。透過比較靜態均衡分析，其結果顯示：傳統交易方式若能由網路交易取代，國民所得會成長，而物價水準會下降（請參考圖 2.17）。

令橫軸代表某一國家的實質國民所得（Y），縱軸代表整個國家

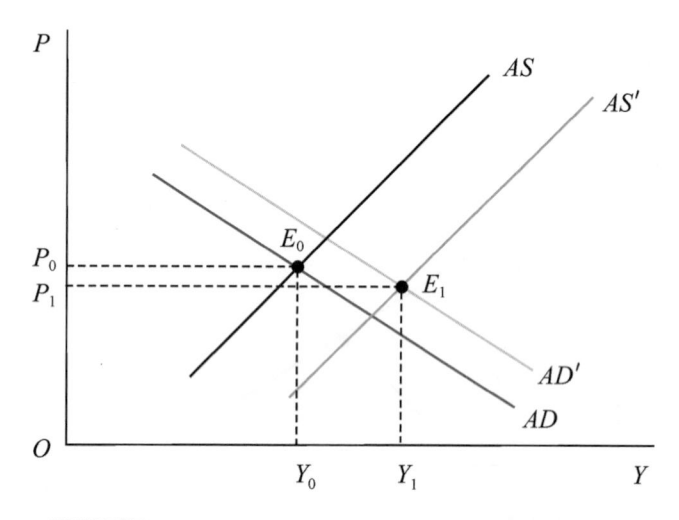

圖 2.17 網路經濟時代高成長與低物價的理論基礎

個案 2.5 　輸入型通貨膨脹與擴大內需政策

隨著政黨輪替，新政府於 2008 年 5 月 20 日上臺後，在面對國際原油與原物料價格上漲所衍生的輸入型通貨膨脹與經濟衰退並存之停滯性通貨膨脹時，新政府採用了「擴大內需」政策，妳（你）覺得有對症下藥嗎？

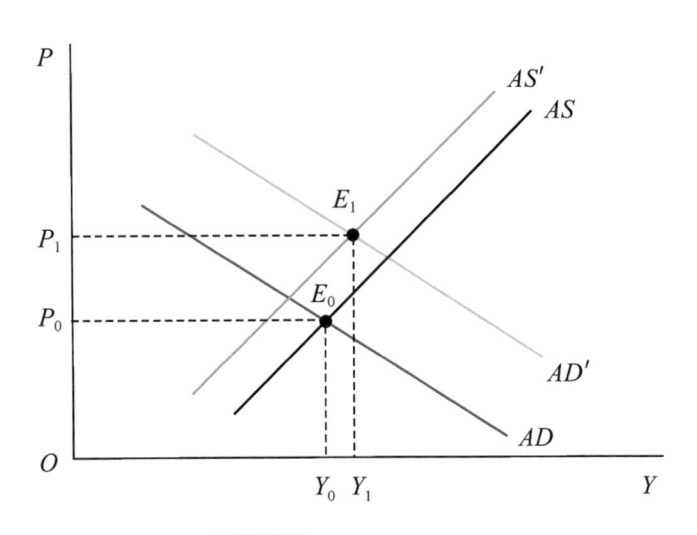

圖 2.18 擴大內需政策

的一般物價水準（P），AD 代表整個國家的總合需求，AS 代表整個國家的總合供給，原有的國民所得與物價水準分別為 Y_0 與 P_0。由於國際原油與原物料價格上漲，導致國內廠商的生產成本會上漲，AS 會往左上方移為 AS'，造成物價水準上漲與實質國民所得減少的停滯性通貨膨脹；但新政府的擴大內需政策為需求面政策，增加總合需求會使 AD 往外移，變為 AD'。新的國民所得與物價水準分別為 Y_1 與 P_1，透過比較靜態均衡分析，其結果顯示：擴大內需政策反而使物價水準更形上漲，造成通貨膨脹的問題更加嚴重，而對實質國民所得之影響則不確定，因此，非對症下藥（請參考圖 2.18）。

關鍵詞

外部性　Externalities　10
市場機能　Market mechanism　10
價格接受者　Price-taker　11
需求法則　The law of demand　12
正常財　Normal goods　12
劣等財　Inferior goods　12
內生變數　Endogenous variables　12
外生變數　Exogenous variables　12
市場需求曲線　Market demand curve　13
需求量變動　Changes in quantity demanded　13-14
需求變動　Changes in demand　14

供給法則	The law of supply	16	超額供給 Excess supply 19
市場供給曲線	Market supply curve	17	超額需求 Excess demand 20
供給量變動	Changes in quantity supplied 18		靜態分析 Static analysis 21
供給變動	Changes in supply	18	比較靜態分析 Comparative static analysis 21
市場均衡	Market equilibrium	19	

問題與應用

1. 1998 年下半年以來，麥當勞在臺灣市場的定價策略逐漸靈活化，在每一期間（通常一個月或更短），選一種漢堡或炸雞降價，而非所有產品同時降價。妳（你）認為麥當勞這樣作的原因何在？

2. 當天氣突然轉熱時，冰淇淋的需求曲線會受到怎樣的影響？為什麼？

3. 有人認為：降低白糖進口關稅將使健素糖的供給減少，妳（你）同意嗎？

4. 臺灣 1987 至 1989 年間房屋價格與成交量同呈上漲；1993 至 1995 年間兩者又同呈下降，顯示需求法則在房屋市場是不成立的，妳（你）同意嗎？

5. 小汽車關稅降低後，對臺灣小汽車價格影響如何？

6. 請嘗試應用供需模型分析下列事件對奶油（butter）的市場價格及交易量的影響：(1)牛奶價格上漲；(2)人造黃油（margarine）價格上漲；(3)平均所得水準下降。

7. 在美伊開戰之前，國際石油價格大幅上漲；但在開戰之後，國際石油價格不僅不再持續上漲，反而下跌。其背後原因何在？

8. 在 2003 年 4 月以前，一個 N-95 口罩的價格頂多為新臺幣 90 元。在 SARS 問題出現以後，一個 N-95 口罩的價格於 2003 年 5 月初飆到 180 元以上，其背後原因何在？

9. 為使臺灣經濟能維持高成長，產業界或有些專家、學者會主張透過新臺幣貶值來刺激出口，提升經濟景氣；但，又會有另一些專家、學者擔心新臺幣貶值可能導致通貨膨脹或物價不穩定。妳（你）認為呢？

CHAPTER 3

彈性及其應用

3.1 彈性的定義
3.2 彈性的衡量公式
3.3 各類彈性介紹
3.4 需求與供給彈性的應用

在第二章裡,我們發現,當某一市場的外生變數(外在因素或客觀環境因素)發生變動時,該產品或生產要素的市場價格可能會受到影響而變動,生產或提供該產品或生產要素的廠商就會關心其營業收入及利潤(盈餘)是否會受到影響。當該生產要素的價格上漲時,其下游廠商的生產成本亦會跟著上漲,這些廠商就會思考到底要不要轉嫁部分的上漲成本予消費者分擔;若要,那要轉嫁多少?此外,由於大部分的臺灣製造業所生產之產品皆同時作內、外銷之用,內銷與外銷的報價是否一樣?如不一樣,其背後原因何在?又航空公司的商務艙票價通常遠高於經濟艙的票價,其背後原因何在?本質上,上述問題的答案皆與彈性(elasticity)有關。

3.1 彈性的定義

在經濟學裡,每一理論本質上就是一種因果關係,皆可以用因果關係式或函數形式來表示如下:

$$Y = f(X_1, X_2, \cdots\cdots, X_n) \tag{3.1}$$

其中,Y 代表結果、應(相依)變數(dependent variable)或被解釋變數;X_i($i=1, 2, \cdots\cdots, n$)代表第 i 種原因、自(獨立)變數(independent variable)或解釋變數。以第二章的市場需求函數為例,Y 就是市場總需求量,X_1 是本身的價格,X_2 與 X_3 分別是在消費上具有替代性與互補性產品的價格,X_4 是可支配所得,⋯⋯等;以市場供給函數為例,Y 就是市場總供給量,X_1 是本身的價格,X_2 是生產要素價格,X_3 與 X_4 分別是在生產上具有替代性與互補性產品的價格,⋯⋯等。在做決策分析時,針對任一個因果關係式或函數,決策者最關心的可能是應變數對於自變數變動的敏感程度,講得比較具體一點,當自變數變動一個百分比(%),到底應變數會同向或逆向變動多少個百分比(%)。用數學、物理學或經濟學術語來表

達的話，上述敏感度就是彈性[1]。以數學符號來表示的話，應變數（Y）對第 i 種自變數（X_i）的彈性為

$$E^Y_{X_i} \equiv \frac{\Delta\%Y}{\Delta\%X_i} \tag{3.2}$$

其中，E 代表彈性；Δ 代表變動量。若 $E^Y_{X_i}=-2$，代表：若第 i 種自變數增加（減少）一個百分比，應變數會逆向減少（增加）二個百分比。

3.2 彈性的衡量公式

在 X_i 與 Y 的二度空間裡，假設原來的組合點為 (X_i^0, Y^0)，且第 i 個自變數發生變動後，新的組合點為 (X_i^1, Y^1)。針對彈性的定義式（3.2），在經濟學裡存在著兩種衡量公式：

一 弧（Arc）或中點（Midpoint）彈性公式

若變動前、後的均衡點相距很遠，或我們不確定這兩點之間是否具有連續性，則其彈性衡量公式如下：

$$E^Y_{X_i} = \frac{(Y^1-Y^0)/(Y^0+Y^1)\div 2}{(X_i^1-X_i^0)/(X_i^0+X_i^1)\div 2} \tag{3.3}$$

值得注意的是，在衡量應變數（Y）與自變數（X_i）的變動百分比時，其分母皆為變動前、後觀察值的平均值。

二 點（Point）彈性公式

若變動前、後的均衡點相距很近，且其附近具有連續性，則其彈性衡量公式如下：

---

[1] 不用斜率代表敏感程度的主要原因乃是為了避免衡量單位改變會導致敏感程度受到干擾。

$$E^Y_{X_i} = \frac{\Delta Y/Y^0}{\Delta X_i/X_i^0} = \underset{\text{斜率}}{\frac{\Delta Y}{\Delta X_i}} \cdot \underset{\substack{\text{變動前}\\\text{座標}}}{\frac{X_i^0}{Y^0}} \qquad (3.4)$$

不同於弧或中點彈性公式的是，在衡量應變數（Y）與自變數（X_i）的變動百分比時，其分母皆為變動前的觀察值。式（3.4）等號右邊第二項代表變動前均衡點的座標，而第一項則代表因果關係式在該點的斜率。也就是說，具有連續性之某一條線在某一點的彈性等於該點座標乘以該條線在該點的斜率。

在我們進入下一主題前，有一有趣的問題得先釐清。那就是，如果某一因果關係式是一條直線，在該直線上的每一點之彈性是否都會一樣？以圖 3.1 為例，當市場需求曲線是一條直線時，在該線上每一點的斜率皆會一樣。但，因為任一點的彈性等於該點的斜率乘以該點的座標，即使點 A 與點 B 的斜率是一樣，由於點 A 與點 B 的座標不一樣，所以，點 A 與點 B 的彈性也就不一樣。

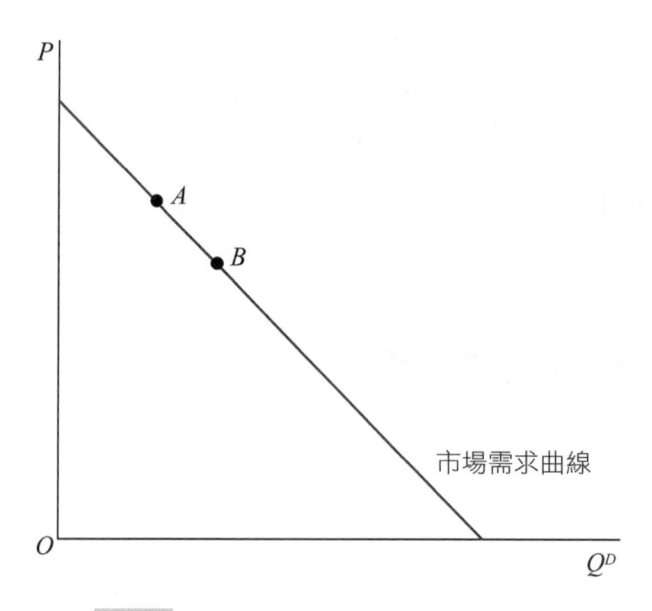

圖 3.1 直線型需求曲線上不同點的彈性

3.3　各類彈性介紹

在經濟學裡，較常被介紹的彈性大約有四種，其中，有三種與市場需求有關；第四種則與市場供給有關。若將彈性定義式（3.2）應用到第二章的市場需求函數式（2.1），我們可得到與需求有關的三種彈性如下：

一　價格需求彈性

以 Q^D 替代 Y，P 替代 X_i，式（3.2）與（3.4）合併起來可得**價格需求彈性**（Price Elasticity of Demand，$E_P^{Q^D}$）如下：

$$E_P^{Q^D} \equiv \frac{\Delta\%Q^D}{\Delta\%P} = \frac{\Delta Q^D/Q^D}{\Delta P/P} = \frac{\Delta Q^D}{\Delta P} \cdot \frac{P}{Q^D} \tag{3.5}$$

在正常情況下，根據需求法則，需求曲線的斜率 $\Delta Q^D/\Delta P$ 為負的；又因 $P>0$，$Q^D>0$，所以，價格需求彈性為負的[2]。假如需求曲線為垂直線（如圖 3.2），則式（3.5）的分子（$\Delta\%Q^D$）為 0，則垂直需求線的價格需求彈性為 0，代表：消費者對價格變動完全缺乏彈性，不管價格變動多大，需求量就是少不了，若進一步延伸的話，其所代表的通俗意義為：消費者對該市場的依賴程度非常的高。假如需求曲線為一條水平直線（如圖 3.3），則式（3.5）的分母（$\Delta\%P$）

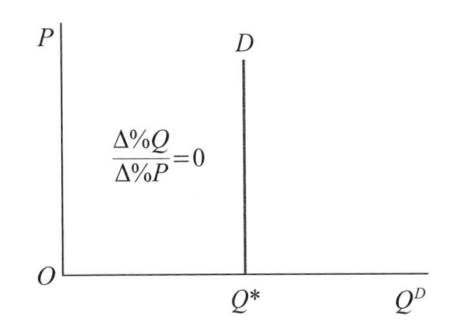

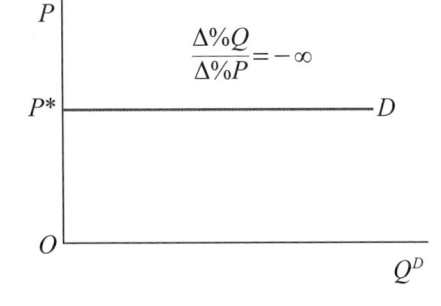

■ 圖 3.2　完全缺乏彈性需求線　　■ 圖 3.3　具完全彈性的需求線

---

[2] 有些書本將價格需求彈性定義為 $E_P^{Q^D} = -(\Delta Q^D/\Delta P) \cdot (P/Q^D)$，則其符號為正的。

為 0，該水平需求線的價格需求彈性為負無窮大（$-\infty$），代表：只要價格稍微往上漲，消費者就會跑光了，同理，若進一步延伸的話，其所代表的通俗意義為：消費者對該市場的依賴程度非常的低。綜合上述兩個極端情況的通俗意義，我們可得下列推論：消費者對市場的依賴程度與其價格需求彈性的絕對值呈負相關。假如需求曲線為一條負斜率的直線（如圖 3.4），在橫軸截距（點 A）時，其價格需求彈性為 0；在縱軸截距（點 B）時，其價格需求彈性為 $-\infty$；其他需求點的價格需求彈性則介於 $-\infty$ 與 0 之間。以圖 3.5 為例，透過式（3.5）以及斜率的定義，直線型需求曲線上任何一點（例如，點 A）的價格需求彈性之絕對值可以衡量如下：

$$E_P^{Q^D} = \frac{\Delta Q^D}{\Delta P} \cdot \frac{P}{Q^D} = \frac{JA}{JH} \cdot \frac{OJ}{OL} = \frac{OJ}{JH} \quad (\because JA = OL)$$

$$= \frac{KA}{AH} = \frac{KL}{LO} \tag{3.6}$$

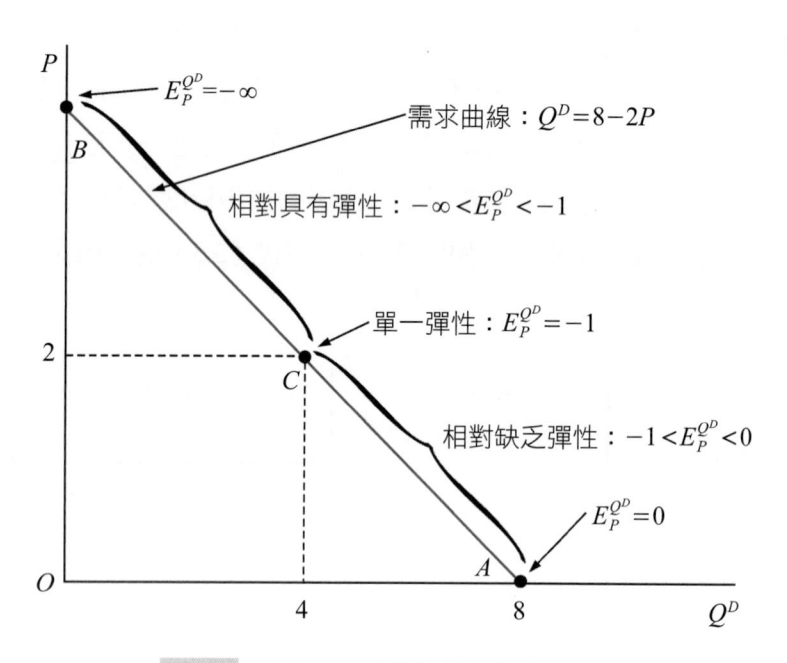

■ 圖 3.4 直線型需求曲線的價格需求彈性

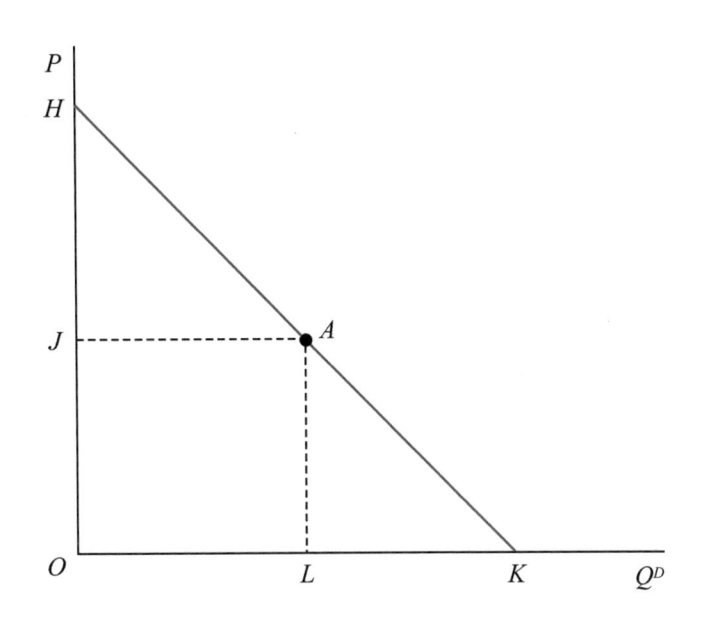

■ 圖 3.5　從幾何觀點探討直線型需求曲線的價格需求彈性

也就是說，直線型需求曲線上任何一點的價格需求彈性之絕對值等於該點的橫軸座標與橫軸截距之距離除以前者與原點之距離。因此，回到圖 3.4，取橫軸截距與原點之距離的一半，往上畫垂直線，與需求線相交點（點 C）的價格需求彈性即為 -1，亦即，點 C 具有單一彈性（unit elastic）；然後，點 C 與點 A 間的需求點之價格需求彈性則介於 -1 與 0 之間，亦即，點 C 與點 A 間的需求線段為相對**缺乏彈性**（relatively inelastic），代表：當價格變動 1%，需求量會逆向變動小於 1%；而點 C 與點 B 間的需求點之價格需求彈性則介於 -1 與 $-\infty$ 之間，亦即，點 C 與點 B 間的需求線段為相對**具有彈性**（relatively elastic），代表：當價格變動 1%，需求量會逆向變動大於 1%。

至於影響價格需求彈性絕對值大小的因素，則有下列幾種：

1. **替代品數目的多寡**：某一種產品在消費上所面對的替代品數目愈多（愈少），該產品消費者可選擇的空間就愈大（愈小），其對價格變動的敏感度（價格需求彈性）也就會愈大（愈小）。

2. **替代品的替代程度**：某一產品與替代品之替代程度愈高（愈低），該產品的價格需求彈性就會愈大（愈小）。
3. **某一消費財的支出占可支配所得的比例**：當消費者花在某一產品的費用占該消費者可支配所得的比例愈高（愈低）時，若該產品的價格發生變動，消費者就會變得比較敏感（不敏感），該產品的價格需求彈性就會愈大（愈小）。
4. **消費者自付比例**：在購買某一產品時，若消費者自付比率愈低（愈高），其對該產品價格變動的敏感度就會愈低（愈高）。
5. **價格變動後的期間長短**：若某一產品價格變動後的時間拉得愈長（愈短），消費者就有較多（較少）的時間來調整其消費習慣，所以，該產品的價格需求彈性就會愈大（愈小）。

在某一產品的價格發生變動後，絕大多數的人最先關心的可能是：廠商的營收或消費者的支出會增加嗎？還是會減少？假如價格變動前的需求點本來是位於相對具有彈性部分（請參考圖 3.4），由於廠商的總收入（TR）或消費者的總支出（TE）等於價格（P）乘以需求量或銷售量（Q），亦即

$$TR \text{ 或 } TE = P \cdot Q \tag{3.7}$$

若 P 下降 1%，Q 會上升超過 1%，因此，價格下降（沿著需求曲線愈來愈靠近點 C）會導致 TR 或 TE 增加；反之，若 P 上升 1%，Q 會下降超過 1%，因此，價格上漲（沿著需求曲線離點 C 愈來愈遠）會導致 TR 或 TE 減少。相反地，假如價格變動前的需求點位於相對缺乏彈性部分，價格變動對於 TR 或 TE 的影響方向則剛好相反，亦即，價格下降（上漲）會使 TR 或 TE 減少（增加）。根據需求量變動的定義，其他情況不變之下，由於價格變動會導致需求點沿著同一條需求曲線移動，所以，我們可以簡化上述推理為：不管價格變動前的需求點是位於相對具有彈性或相對缺乏彈性部分，只要價格

變動方向會使需求點往單一彈性點（點 C）移動，TR 或 TE 就會增加；反之，若價格變動會使需求點離點 C 愈來愈遠，TR 或 TE 就會減少；在點 C，TR 或 TE 達到最大。

二 交叉彈性

將市場需求函數等號右邊括弧裡面的 P_S 與 P_C 合併起來變成 P_R，其中，下標 R 代表在消費上具有相關性（替代性或互補性）的產品；然後，再以 P_R 替代式（3.5）的 P，我們可得**交叉彈性**（cross elasticity，$E_{P_R}^{Q^D}$）如下：

$$E_{P_R}^{Q^D} \equiv \frac{\Delta\%Q^D}{\Delta\%P_R} \tag{3.8}$$

對應第二章式（2.1）自變數 P_s 與 P_c 下方預期影響方向，若交叉彈性為正的，就代表兩種產品在消費上具有替代關係；反之，若交叉彈性為負的，就代表兩種產品在消費上具有互補關係。此外，當兩種產品在消費上具有替代關係時，若其交叉彈性值愈大，則代表兩種產品在消費上的替代程度愈高。因此，在公平交易法裡，交叉彈性常被用來作為歸類哪些產品屬於同一市場的指標。在實務上，交叉彈性亦被廠商用來評估競爭對手降價對其銷售量所造成之衝擊。

三 所得需求彈性

以可支配所得（I）替代式（3.5）的 P，我們可得**所得需求彈性**（income elasticity of demand，$E_I^{Q^D}$）如下[3]：

$$E_I^{Q^D} \equiv \frac{\Delta\%Q^D}{\Delta\%I} \tag{3.9}$$

若所得彈性為正的，代表該產品為正常財；反之，若所得彈性為負的，則代表該產品為劣等財。在實務上，所得彈性常被用來預估某

---

[3] 所得需求彈性簡稱為所得彈性。

一產品的未來需求量或銷售量。譬如，當某一產品的所得彈性等於 +5 時，若行政院主計處預估明年經濟成長率為 4%，則該產品明年的需求量可被預估為今年需求量乘以 1.2（= 1 + 5 × 4%）。

若將彈性定義式（3.2）應用到第二章的市場供給函數式（2.2），且將式（3.5）的 Q^D 以 Q^S 取代，則我們可得**價格供給彈性**（price elasticity of supply，$E_P^{Q^S}$）如下 [4]：

$$E_P^{Q^S} \equiv \frac{\Delta\%Q^S}{\Delta\%P} = \frac{\Delta Q^S}{\Delta P} \cdot \frac{P}{Q^S} \tag{3.10}$$

式（3.10）等號右邊的第一項代表供給曲線的斜率，根據供給法則，其為正的，且由於 $P > 0$，$Q^S > 0$，所以，供給彈性亦會是正的。理論上而言，供給彈性會介於 0 與 ∞ 之間，0 代表完全缺乏彈性，亦即，生產者或供給者對市場的依賴程度非常的高，其圖形像圖 3.2 一樣；∞ 代表具有完全彈性，亦即，生產者依賴市場的程度非常的低，其圖形像圖 3.3 一樣。比照價格需求彈性通俗意義的延伸，廠商對市場的依賴程度亦與其供給彈性呈負相關。至於影響價格供給彈性大小的因素，則有：

1. **資源替代可能性**（resources substitution possibilities）：若某一產品所使用的生產要素可輕易地在不同產品間自由移動，則該產品的價格供給彈性就會比較大。
2. **供給決策期間長短**：在產品價格變動後，容許生產者或供給者進行調整的期間愈長（愈短），價格供給彈性就會愈大（愈小）。

3.4 需求與供給彈性的應用

需求與供給彈性在企業決策的應用相當廣泛且普遍，其個案亦不勝枚舉，本章僅篩選六個較經典、有趣的個案進行介紹。

---

[4] 價格供給彈性又簡稱為供給彈性。

> **個案 3.1** 捷運票價調降與捷運公司財務狀況
>
> 　　1998 年 3 月底臺北捷運公司向臺北市議會提出要調降木柵線票價，此舉引起市議員質疑：是否會使長期處於虧損的捷運公司之財務狀況更為惡化，妳（你）的看法呢？

　　一家廠商的利潤（π）通常會等於總收入（total revenue；簡稱 TR）減掉總成本（total cost；簡稱 TC），而由於木柵線的運作係電腦管控，不管乘客人數（Q）多寡，班次皆為既定的，所以，TC 不會受到 Q 變動的影響，亦即，TC 是固定的。因此，π 的變化就完全取決於 TR。若票價（P）調降，根據需求法則，Q 會上升。然由於 $TR=P \cdot Q$，到底 TR 會增加或減少？就取決於 P 調降前的需求點是位於需求曲線的相對具有彈性或相對缺乏彈性部分，如果原來的需求點是位於前者，那票價調降就會提升臺北捷運公司總收入，且改善其財務狀況（π）；反之，如果原來的需求點是位於缺乏彈性部分，那票價調降就會降低捷運公司總收入，且惡化其財務狀況。

> **個案 3.2** 內銷價高於外銷價
>
> 　　臺灣大部分製造業所生產的產品皆同時會進行內、外銷之用，但在其對買方進行報價時，往往是內銷價遠高於外銷價。對此一報價行為，妳（你）如何解釋？

　　當臺灣廠商把同樣品質的產品同時賣到國內與國外市場時，由於國外市場的消費者可以選擇之替代品數目遠多於國內市場的，所以，臺灣廠商所面對的國外市場需求曲線之價格需求彈性（絕對值）會遠大於國內市場的，也就是說，國外消費者對臺灣產品的依賴程度較低。於是，即使成本皆一樣，臺灣廠商亦不敢從國外消費者身上賺較高的利潤。相反地，國內消費者對臺灣產品的依賴程度較高，

臺灣廠商就可能從其身上賺較高的利潤。因此，國外報價會低於國內報價。

個案 3.3　商務艙票價遠高於經濟艙的票價

在航空公司的定價策略裡，商務艙的票價通常為經濟艙的兩倍以上。雖然商務艙的座位會稍為寬敞，且提供的餐點會較具美味與多樣化，然其所增加的成本卻相當有限；但，其票價卻高出經濟艙的一倍以上，妳（你）如何解釋？

買商務艙的乘客通常是因公務出差，其機票費用大多由公司或工作單位來支付，故其對票價高低的敏感度很低，亦即，她（他）們的價格需求彈性很低，所以，航空公司就可以從她（他）們身上賺比較高的利潤；相反地，經濟艙的乘客絕大部分需要自己支付票款，其對票價變動當然就會較為敏感，亦即，她（他）們的價格需求彈性較大，所以，航空公司就不敢在她（他）們身上賺太高的利潤。因此，商務艙的票價才會遠高於經濟艙的票價。

個案 3.4　麥當勞 1998 年以來在臺灣每月選擇一種漢堡降價的主要目的

1998 年下半年以來，臺灣麥當勞的定價策略變得愈來愈活潑，每月會輪流選擇一種漢堡降價。有人認為，其主要目的乃是降價促銷，妳（你）認為呢？

如果麥當勞降價的主要目的是為了促銷，應當會將大部分或所有漢堡的價格調降。假設麥當勞的漢堡可分成牛肉、雞肉、豬肉與魚肉四種，只選一種漢堡的價格調降，可使四種漢堡的相對價格皆發生變動，導致在四種漢堡的各自市場裡，其各自的漢堡需求量亦會發生變動。於是，在每種漢堡市場就可多得一個需求點。因此，一年內,每種漢堡只要輪流調降三次,每種漢堡市場就可增加十二個不同需求點。連帶原來的需求點,將每種漢堡市場的十三個需求點連接起來,就可獲得該種漢堡在臺灣市場的需求曲線,此乃麥當勞定價策略活潑化的主要目的之一。其次,麥當勞亦可依據上述需求曲線,預估每種漢堡未來的銷售量,以及對未來的經營策略進行規劃。最後,由於每種漢堡的市場需求曲線所對應的價格需求彈性可能不同,在未來對各種漢堡定價時,亦可採用不同的加成比(mark-up ratio)而賺取不同單位利潤。

個案 3.5　折價券非為降價促銷

最近十多年來,臺灣的廠商在進行廣告時,會在廣告單上搭配印製折價券。消費者若攜帶折價券購買,其所支付的價格可享受打折優待;若未攜帶折價券購買,則須依原有定價支付。有人認為上述行為主要目的為降價促銷,別無其他目的,妳(你)同意嗎?

與個案 3.4 類似的,若主要目的為降價促銷,應可直接採取全面性打折降價,不必要求搭配折價券方可享受折價。廠商採用折價券策略之主要目的係將消費者依其本身特性分成兩群:會使用折價券消費群與不使用折價券消費群,前者大多為中、低所得者,具有「英英美代子」特性,時間成本較低,較有意願蒐集與交易有關的市場訊息,其選擇空間與價格需求彈性自然會較大,所以,廠商對其所收取的價格會較低;相反地,後者大多為高所得者,可能較為忙碌,時間成本較高,較無意願花時間蒐集市場訊息,因而其選擇空間與價格需求彈性會較小,所以,廠商對其收取的價格會較高。

個案 3.6 　廠商的租稅轉嫁能力

為了解決財政困境，假設政府對某一產品增加課徵每單位 1.05 元的從量稅（specific 或 per-unit tax），其對產品的供給成本與定價勢必會造成影響。若稅後的市場價格比原來上漲 1.05 元，則代表廠商把從量稅全部轉嫁給消費者負擔，其轉嫁能力為 100%；反之，若稅後的市場價格與稅前的一樣，則代表廠商將從量稅完全由自己吸收，其轉嫁能力為 0；大多數廠商介於上述兩極端之間，轉嫁能力小於 100%，大於 0。那麼，在理論上，到底影響廠商轉嫁能力的決定因素為何？

以圖 3.6 為例，橫軸代表該產品的數量，縱軸代表該產品的價格，在未課徵從量稅之前，原有的市場需求曲線為 D，原有的市場供給曲線為 S_1，原有的市場均衡點為點 e_1，均衡價格為 P_1（=3.3 元），也就是說，消費者每一單位實際支付價格為 3.3 元，且廠商實際收到的價格亦為 3.3 元。現若政府對該產品課徵從量稅（=1.05

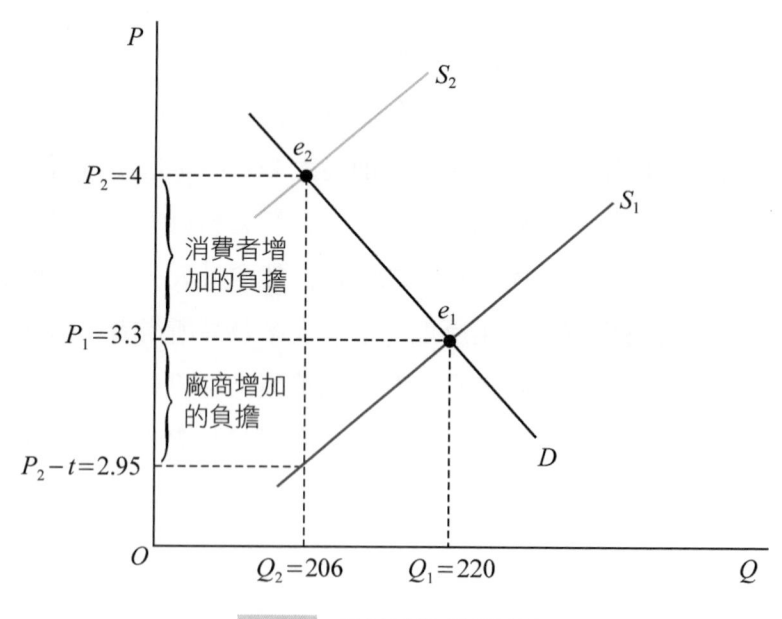

■ 圖 3.6　從量稅的租稅轉嫁

元），則根據式（2.2），市場供給曲線會平行往左上方移動變成 S_2，新的均衡點為點 e_2，新的均衡（市場）價格為 P_2（=4 元），消費者每一單位實付價格為 4 元，而廠商稅後之實收價格為 2.95 元（=4 元 – 1.05 元）。消費者增加的負擔每單位為 0.7 元（=4 元 – 3.3 元）；廠商增加（自行吸收）的負擔為 0.35 元（=3.3 元 – 2.95 元），廠商的轉嫁能力為約 67%（=0.7 元÷1.05 元）。接下來的問題是：到底是何種原因導致買方負擔比較多？理論上而言，決定廠商轉嫁能力高低之因素為買賣方的談判或議價能力（bargaining power）高低，而這又取決於買賣雙方對於該產品市場依賴程度的高低，由於後者與價格需求彈性絕對值及供給彈性大小呈負相關，所以，廠商轉嫁能力高低取決於價格需求絕對值與供給彈性的相對大小。但欲比較價格需求彈性絕對值與供給彈性的相對大小時，必須存在共同的比較基準，而在該產品市場裡，共同比較基準為市場均衡點，因為在進行談判時，新的市場均衡點尚未出現，所以，上述共同比較基準就只能依據課徵從量稅前的原有市場均衡點。

以圖 3.7 為例，原有的市場需求與供給曲線分別為 D 與 S_1，均

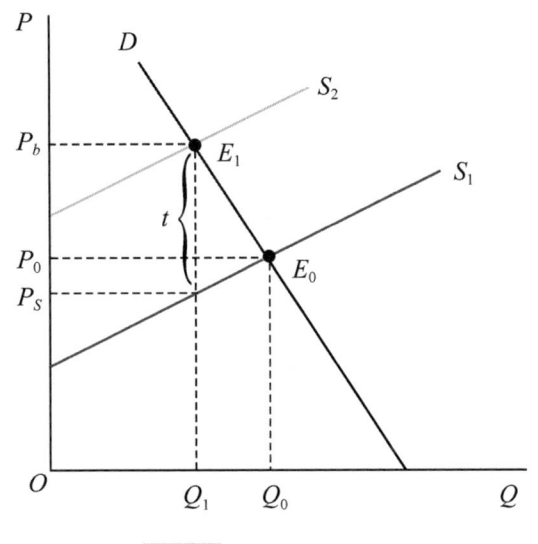

圖 3.7 買方負擔較多

衡點為點 E_0；若政府對該產品課徵每單位 t 元的從量稅，則市場供給曲線會從 S_1 往左上方移動到 S_2，新的均衡點為點 E_1。透過比較靜態分析，我們可發現，在每單位 t 元的從量稅裡，消費者負擔了（P_b-P_0）；而廠商只負擔（P_0-P_S），其中，（P_b-P_0）>（P_0-P_S）。其背後原因為：在原有均衡點時，由於供給與需求彈性分別等於該點的市場價格（P_0）除以市場交易量（Q_0）再乘以在該點的供給與需求曲線斜率，且就絕對值而言，在該點的供給曲線斜率大於需求曲線斜率（由縱軸往右看），所以，供給彈性大於需求彈性，亦即，消費者對該產品市場的依賴程度高於廠商的，因此，消費者的談判能力較弱，會負擔比較多，亦即，廠商轉嫁能力比較強。相反地，以圖 3.8 為例，在原有均衡點時，需求彈性大於供給彈性，廠商就必須吸收比較多的從量稅，轉嫁能力就比較弱。也就是說，在稅前的均衡點時，哪一方的彈性較大，哪一方談判能力就比較強，也就可以負擔比較少；反之，哪一方的彈性較小，哪一方就是「軟土」，既是「軟土」，也就會被「深掘」而負擔的比較多。

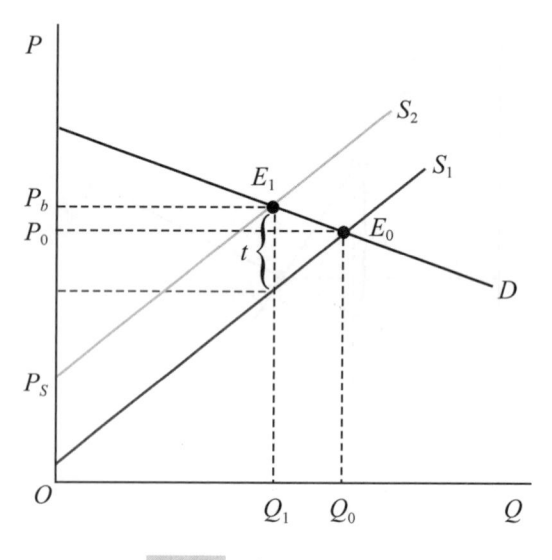

圖 3.8 賣方負擔較多

關鍵詞

彈性　Elasticity　34
價格需求彈性　Price elasticity of demand　37
單一彈性　Unit elastic　39
相對缺乏彈性　Relatively inelastic　39
相對具有彈性　Relatively elastic　39
交叉彈性　Cross elasticity　41
所得需求彈性　Income elasticity of demand　41
價格供給彈性　Price elasticity of supply　42
資源替代可能性　Resources substitution possibilities　42

問題與應用

1. 假設玉米價格上漲 5%，將使玉米需求量下降 10%，試問玉米的價格需求彈性為何？
2. 為何許多財貨的短期價格供給彈性小於長期價格供給彈性？
3. 民生必需品的廠商於提高其商品價格後，其收入必會下降，妳（你）同意嗎？
4. 根據 1999 年 7 月 13 日民生報報導，中華電信公司自 1999 年 2 月大幅調降電信資費後，至該年 6 月底，該公司營收與盈餘大幅成長。如果上述報導屬實，其背後原因何在？
5. 1998 年下半年以來，麥當勞在臺灣市場的定價策略逐漸靈活化，在每一期間（通常一個月或更短），選一種漢堡或炸雞降價，而非所有產品同時降價。有關上述定價策略的改變，除了第二章的理由外，與彈性有任何關係嗎？
6. 若政府對某一奢侈品課徵從量稅，生產者負擔的部分將較消費者多，妳（你）同意嗎？
7. 假設某一產品原本的市場價格為每單位 15 元，在政府對該產品增加課徵每單位 10 元的從量稅後，市場價格將會變為每單位 25 元，妳（你）同意嗎？

8. 針對 2001 年 4 月 12 日有立法委員建議暫時降低土地增值稅來活絡低迷的臺灣房地產市場，有財政部官員反應：土地增值稅係針對賣方課徵，因此，降低土地增值稅對買方不見得有利，妳（你）同意嗎？

CHAPTER 4
消費者行為分析（Ⅰ）

4.1 消費決策模型

4.2 消費者偏好：無異曲線

4.3 所得預算限制條件

4.4 消費者均衡

在日常生活裡，當有親友慶祝生日或生小孩時，我們總會思考：送禮物或送現金當紅包會比較好？講得比較具體一點，上述問題應是：在花費一樣的情況下，接受禮物者會比較喜歡禮物呢？或是現金？或者是：在討好接受禮物者的程度一樣情況下，送禮物的花費比較節省呢？抑或是送現金的？

　　在企業決策案例中，我們亦經常會發現，有些廠商於開發出新產品後，馬上會面臨：相對於既有產品，新產品的價格要訂在哪裡？若訂的太高，會怕「有行無市」；若訂的太低，又會怕潛在利潤未能充分開發。此外，在每一會計年度終了前，上軌道的廠商會提出未來一年的經營規劃，該經營規劃妥善與否取決於未來銷售量能否有效估計與掌握，而後者則又須依賴於對市場需求的了解。

　　又由於臺灣幾乎年年皆有選舉，政治人物為贏得選舉，在擬定公共政策時，必會盡量討好選民，於是一些有趣問題也就產生。譬如，在探討眷村改建的最佳方案時，決策者必須思考：眷村改建後，免費提供原住戶房屋比較好呢？還是以優惠價格賣給原住戶稍大的房屋比較好？抑或是乾脆在眷村改建前以現金給付的方式請原住戶搬走比較好？此外，隨著物價水準的逐年上漲，為了維持低所得家庭的基本生活水準，社會救濟金應如何調整才能真正照顧到低所得戶？

　　欲回答上述三類問題，我們必須對**消費者行為理論**（the theory of consumer behavior）有所了解，也就是說，必須先釐清：在面對多種消費財時，消費者是如何將她（他）們所能掌握的有限資源（例如，可支配所得、可利用時間、……）分派在各種不同消費財或／與消費行為上。

4.1 消費決策模型

基本上,消費者的決策行為可分成三部分:

1. **消費者偏好(consumer preferences)**:由於同一消費者對不同消費財的喜歡程度可能不一樣,我們將先了解為何人們會較喜歡某一消費財而較不喜歡另一消費財。然後,再介紹某一消費者對不同消費財的偏好如何用數學式與圖形表示出來。

2. **預算限制條件(budget constraints)**:由於消費者能掌握的資源是有限的,她(他)們在進行消費行為時,並不能隨心所欲地予取予求。因此,我們將利用數學式與圖形來介紹有限資源如何牽制消費者的選擇空間。

3. **消費者抉擇(consumer choices)**:在消費者主觀偏好與客觀預算限制條件已知的情況下,消費者到底如何篩選某一或某些消費財組合以獲得最大的滿足。

由於不同的消費者可能會有不同的消費行為,其所對應的消費決策模型之複雜程度亦會有差異,為了方便介紹起見,在建立消費決策模型時,我們將從最簡單的消費決策行為開始,具體而言,我們首先假設某一消費者的可支配所得全部來自於非工作所得(non-working income),因此,其時間的機會成本為零,於是,她(他)在進行消費時,可不用考慮交易成本(transaction cost)[1];且她(他)沒有地方可以借錢,也不考慮儲蓄[2],也就是說,她(他)是屬於「月光族」,在特定期間裡,有多少可支配所得,就將其全部花完。在往後章節,隨著消費行為的複雜化,上述假設將被逐一解除。以經濟學術語來表示的話,慾望被滿足(快樂)的程度稱之為**效用水準(the level of utility)**。假設某一消費者有 n 種消費財可

---

[1] 交易成本指的是,在消費或交易行為時,除了產品價格以外,花在蒐集、整理與分析相關訊息、簽約及監督契約順利進行的時間與費用。
[2] 絕大部分大專生的消費行為屬於此類消費行為。

供選擇，由於人們的效用水準直接來自於各種消費財的消費，該消費者在某一特定期間（年、月或週）的效用水準（U）可以下列數學式來表示：

$$U = U(X_1, X_2, \cdots\cdots, X_n) \tag{4.1}$$

其中，X_i（$i=1, 2, \cdots\cdots, n$）代表該消費者對第 i 種消費財的消費量。式（4.1）代表該消費者的**效用函數**（utility function），以通俗話來表示的話，效用函數代表之含意為：該消費者在某一特定期間的滿足（快樂）程度取決於其對各種消費財的消費量。

在預算限制方面，有限的資源包括：可支配所得、可利用時間、配額管制的點券數、……等。本章為簡單起見，我們暫時假設該消費者所面對的限制條件只有可支配所得（I）。令 P_i（$i=1, 2, \cdots\cdots, n$）代表第 i 種消費財的價格，在完全競爭市場裡，它們是已知、固定，則該消費者所面對的**所得預算限制條件**（income budget constraint）可用數學式表示如下：

$$I = P_1 \cdot X_1 + P_2 \cdot X_2 + \cdots\cdots + P_n \cdot X_n \tag{4.2}$$

其中，$P_i \cdot X_i$（$i=1, 2, \cdots\cdots, n$）分別代表該消費者花在第 i 種消費財上的支出（expenditure）；而式（4.2）等號的右邊加總起來代表該消費者在該特定期間的總支出。由於本章的消費決策模型屬**單一期決策模型**（single-period model），在「月光族」（沒有地方可借錢且不考慮儲蓄）的假設下，式（4.2）代表該特定期間的可支配所得等於總支出。

在該特定期間裡，假設該消費者追求的目標為：活得愈快樂愈好，也就是說，在效用極大化的假設下，將式（4.1）與（4.2）合併起來，我們可得該消費者的消費決策模型如下：

$$\begin{aligned} \text{Max. } & U = U(X_1, X_2, \cdots\cdots, X_n) \\ \text{s.t. } & I = P_1 \cdot X_1 + P_2 \cdot X_2 + \cdots\cdots + P_n \cdot X_n \end{aligned} \tag{4.3}$$

其中，Max. 代表極大化（maximizing）；s.t. 代表受限於（subject to）。模型式（4.3）代表之通俗意義為：在消費者偏好、消費者可支配所得以及消費財價格已知的情況下，該消費者要如何將可支配所得分派在各種消費財上，方可使自己在該特定期間活得最快樂。

4.2 消費者偏好：無異曲線

在經濟學裡，當式（4.3）被利用來探討消費行為時，就被稱之為**效用分析**（the analysis of utility）。而在消費行為理論裡，效用分析又可分成兩個學派：**計數效用**（cardinal utility）分析學派與**序列效用**（ordinal utility）分析學派，前者假設每個消費者的效用水準皆可用一種共同的客觀衡量工具來衡量，導致不同消費者的效用可進行等量移轉；後者僅要求消費者能將不同財貨組合依照其偏好進行具**一致性**（consistency）及**合理性**（rationality 或 reasonableness）的排序即可。由於前者的假設過度強烈，且不切實際，在本書裡，我們將直接採用後者。

為了方便消費者決策模型式（4.3）能用二度空間的圖形表示，我們進一步假設可供選擇的消費財種類只有兩種，亦即，$n=2$。以圖 4.1 為例，令橫軸代表第一種消費財的消費量（X_1），縱軸代表

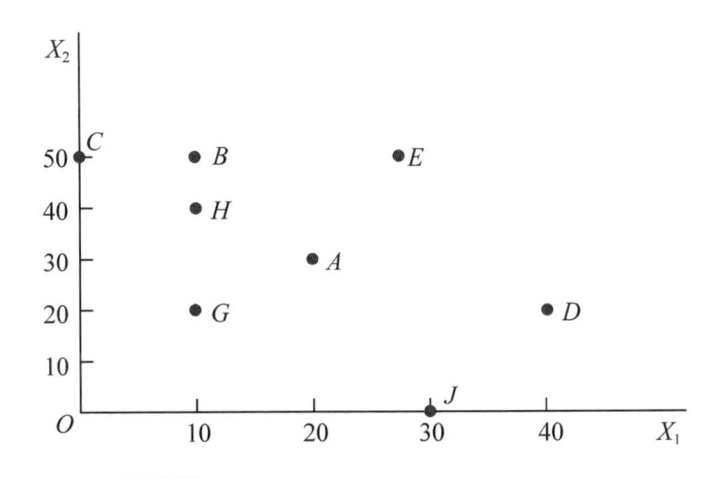

圖 4.1 各種消費組合點及消費者偏好描述

第二種消費財的消費量（X_2），在不考慮所得能力與消費財取得成本的情況下，第一象限（$X_1, X_2 \geq 0$）裡的點代表兩種消費財消費量的各種不同組合。譬如，點 A 代表消費者消費或購買 20 單位第一種消費財與 30 單位第二種消費財；點 C 代表消費者只消費或購買了 50 單位第二種消費財；點 J 代表消費者只消費或購買了 30 單位第一種消費財。

在序列效用分析學派裡，為使消費者偏好具有一致性與合理性，我們要求消費者的偏好需滿足下列三個假設：

1. **完整性**（completeness）：這是指針對所有消費組合點，消費者能夠透過比較將它們在其心目中排序。因此，對於任兩個消費組合點（點 A 與點 B），某一消費者皆能夠辨別是否比較喜歡點 A、比較不喜歡點 B 或對兩點的感受並無差異（indifferent），即「一樣喜歡」[3]。

2. **遞移性**（transitivity）：針對某三個消費組合點（A、E、G），我們可有三種兩點間（pair）的偏好關係：A 對 E、A 對 G 與 E 對 G。相對於消費組合點 A，若某一消費者比較喜歡點 E；且相對於點 G，若該消費者比較喜歡點 A，則相對於點 G，她（他）會比較喜歡點 E。當然，此一假設亦適用於無差異偏好或一樣喜歡關係[4]。

3. **貪婪性**或**多多益善**（nonsatiation or more is better than less）：正常情況下，消費財皆屬經濟「好」（goods），有益於消費者滿足程度的提升。由於人類的慾望是無窮的，所以，在其偏好裡，消費財的數量較多總比較少好。以圖 4.1 為例，相對於消費組合點 A，消費者會比較喜歡點 E，因為不管是第一種或第二種消費財，點 E 能給消費者的數量都比點 A 的多；相對於點 G，

---

[3] 也就是說，消費者的偏好關係有三種：比較喜歡、比較不喜歡與一樣喜歡。
[4] 本質上，遞移性被視為確保消費者偏好一致性的必要條件。缺乏此假設，消費者的消費決策可能會遲遲做不了決定。

第 4 章　消費者行為分析（I）　57

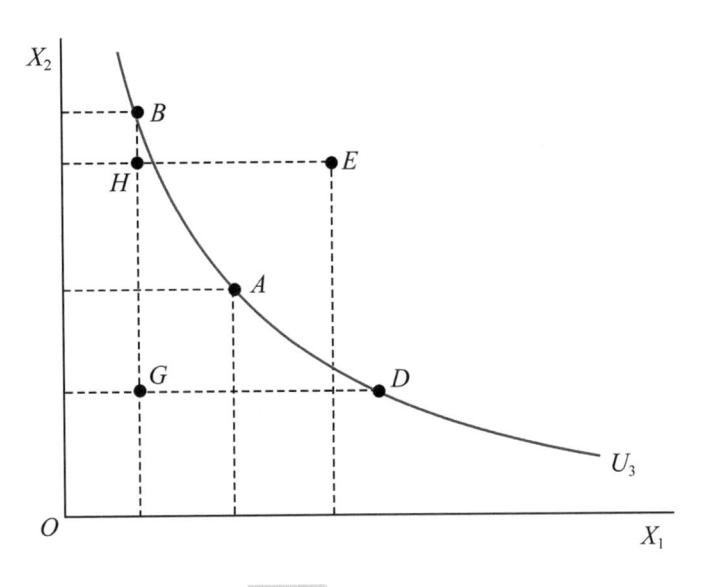

圖 4.2　無異曲線

　　消費者會比較喜歡點 B 或點 D，因為儘管在某一種消費財上，點 G 與點 B（或點 D）給消費者的數量都一樣多，但在另一種消費財上，點 B（或點 D）給的數量會比點 G 還多。

　　根據上述完整性假設，在圖 4.2 裡，相對於消費組合點 A，我們首先尋找在某一消費者心目中，一樣喜歡的其他組合點（例如，點 B 與點 D），然後將這些偏好程度一樣的組合點連接起來的軌跡，就被稱之為**無異曲線**（indifference curve），也就是說，針對在 U_3 這條曲線上的任一消費組合點，該消費者的偏好或喜歡程度都一樣。同樣地，通過點 K 與點 G，我們亦可找到第二與第三條無異曲線（請參考圖 4.3）。以此類推，在第一象限裡，我們可以找到無限多條無異曲線，而這無限多條無異曲線就構成該消費者的一幅無異曲線圖（an indifference map）。根據貪婪性假設，相對於點 K，該消費者會比較喜歡點 A，所以，通過點 A 之無異曲線 U_3 的效用水準會高於通過點 K 之無異曲線 U_2 的；同理，U_2 的效用水準會高於 U_1 的。也就是說，在同一無異曲線圖裡，愈往右上方或東北邊方向，無異曲線的效用水準就會愈高。此外，在貪婪性假設成立的

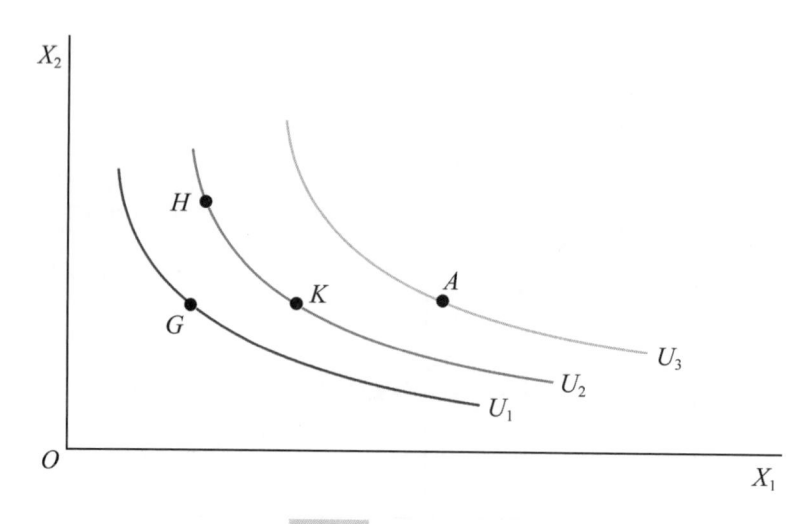

■ 圖 4.3 ■ 無異曲線圖

情況下，無異曲線不可能存在著水平或垂直線段，更不可能出現往後彎的現象（bend backward）。在遞移性與貪婪性兩假設同時成立的情況下，一消費者的任兩條無異曲線不可能相交。其背後理由為，若容許她（他）的任兩條無異曲線相交，那麼，遞移性與貪婪性假設至少有一個會被破壞掉。以圖 4.4 為例，根據無異曲線的定義，由於點 A 與點 B 同在無異曲線 U_1 上，所以，該消費者對點 A 與點

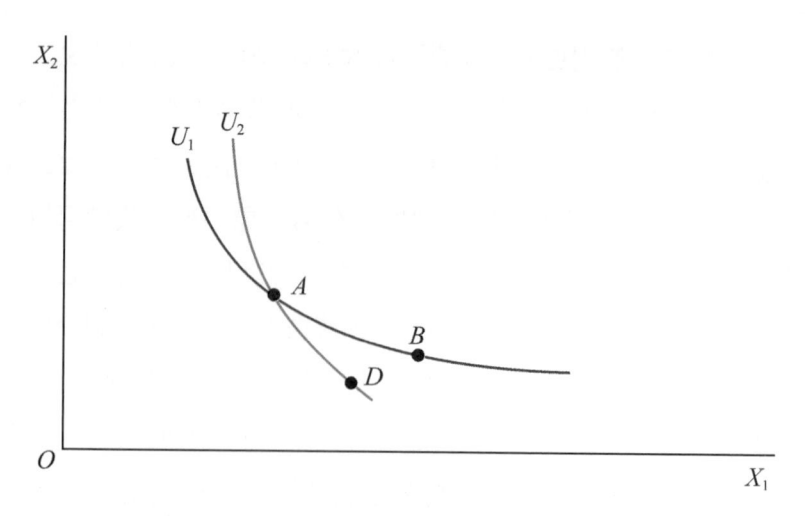

■ 圖 4.4 ■ 同一消費者的任兩條無異曲線不可能相交

B 會一樣喜歡；同理，點 A 與點 D 同在 U_2 上，該消費者對這兩點亦會一樣喜歡。若遞移性成立，該消費者對點 B 與點 D 應會一樣喜歡；但此一偏好關係卻違反了貪婪性，因為不管第一或第二種消費財的消費量，點 B 能給消費者的都比點 D 多。反之，若貪婪性成立了，遞移性假設就會被破壞掉。

　　圖 4.2 至圖 4.4 裡的無異曲線具有兩個特色：斜率為負的與向原點凸出。前者來自於貪婪性假設與無異曲線定義，根據貪婪性假設，其他情況不變下，某一種消費財的消費量愈多，該消費者的效用水準會愈高；依據無異曲線定義，同一條無異曲線上任一消費組合點帶給該消費者的效用水準都會一樣，以圖 4.5 為例，點 A、點 B、點 D、點 E 與點 G 帶給該消費者的總效用函數水準都一樣。但是，沿著同一條無異曲線，由左上方往右下方移動，亦即從點 A 至點 B、點 B 至點 D、點 D 至點 E、點 E 至點 G，我們發現，第一種消費財的消費量逐漸遞增，若第二種消費財的消費量不變，根據貪

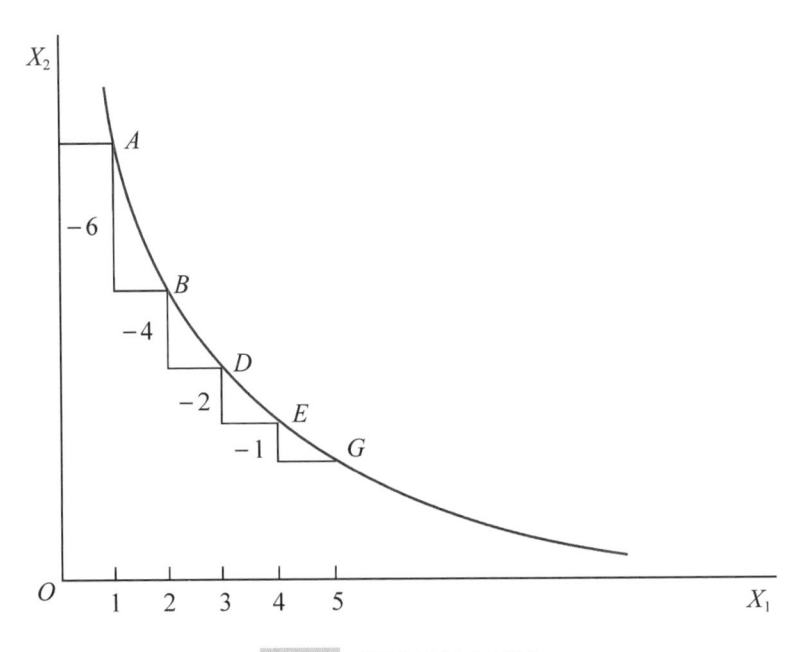

圖 4.5　邊際替代率遞減

孿性假設,該消費財的效用水準勢必會提升;因此,為使該消費組合點停留在同一條無異曲線上,唯有減少第二種消費財的消費量,才能使該消費者的總效用水準維持不變。也就是說,沿著同一條無異曲線,只要有一種消費財的消費量增加,另一種消費財的消費量必須減少,所以,無異曲線的斜率必定是負的。

　　至於無異曲線的形狀(shape),我們得從其斜率的通俗意義開始討論。根據前一段推理,無異曲線的負斜率代表:為了增加一單位的第一種消費財,該消費者需要減少多少單位的第二種消費財才能使她(他)的總效用水準維持不變。定義第 i 種消費財的邊際效用(marginal utility of X_i;簡稱 MU_{X_i})為最後一單位的第 i 種消費財能夠幫該消費者創造出來的總效用水準之變動量[5];令 ΔTU 代表該消費者總效用的變動量;ΔX_i 代表第 i 種消費財消費量的變動量,沿著同一條無異曲線移動,由於兩種消費財的消費量皆會發生變動,所以,我們可得到

$$\Delta TU = MU_{X_1} \cdot \Delta X_1 + MU_{X_2} \cdot \Delta X_2 \qquad (4.4)$$

因為在同一條無異曲線上移動,$\Delta TU=0$,所以,透過式(4.4)的進一步移項操作,我們可得無異曲線的斜率如下:

$$\frac{\Delta X_2}{\Delta X_1} = -\frac{MU_{X_1}}{MU_{X_2}} \qquad (4.5)$$

也就是說,無異曲線上任一點的斜率等於負的第一種消費財之邊際效用除以第二種消費財之邊際效用。譬如,在無異曲線上的某一消費組合點,若該消費者的 $MU_{X_1}=6$,而 $MU_{X_2}=2$,則在該消費組合點的無異曲線斜率為 -3,亦即,在該消費組合點時,該消費者心目中最後一單位的第一種消費財相當於三單位的第二種消費財。因此,

---

[5] 舉例而言,在其他情況不變之下,若消費 10 單位第一種消費財的總效用水準為 200,且消費 11 單位第一種消費財的總效用水準為 225,則第 11 單位第一種消費財的邊際效用為 25(=225−200)。

無異曲線在某一消費組合點的斜率代表：在該點時，該消費者為了增加一單位的第一種消費財，願意放棄的第二種消費財之數量。也就是說，無異曲線在某一點的斜率代表在消費者心目中兩種消費財的**邊際替代率**（marginal rate of substitution；簡稱 *MRS*）。於是，式（4.5）可進一步擴展成

$$MRS_{X_1, X_2} \equiv \frac{\Delta X_2}{\Delta X_1} = -\frac{MU_{X_1}}{MU_{X_2}} \tag{4.6}$$

介紹了無異曲線的斜率與邊際替代率的經濟意義後，我們就可以解釋為何無異曲線被畫成向原點凸出。任一條向原點凸出之曲線代表之含意為：沿著該曲線由左上方向右下方移動，其負的斜率會愈來愈大，亦即，其斜率的絕對值會愈來愈小。以圖 4.5 為例，沿著同一條無異曲線，若第一種消費財的消費量一單位一單位逐漸增加，消費組合點會從點 *A* 移至點 *B*、點 *B* 至點 *D*、點 *D* 至點 *E*、點 *E* 至點 *G*，不同點的斜率或邊際替代率告訴我們，該消費者願意放棄的第二種消費財的數量會逐漸遞減。在經濟學裡，上述現象被稱之為**邊際替代率遞減**（diminishing marginal rate of substitution）假設。問題是，此一假設合理嗎？欲回答此一問題，我們必須先介紹**邊際報酬遞減法則**（the law of diminishing marginal returns）。在人類追求自利行為過程中，所獲得的好處通稱為報酬；多做一件或增加一單位行為所獲得的報酬，在經濟學裡被稱之為邊際報酬；其他情況不變下，隨著人類自利行為的持續進行，在自利行為超過某一水準後，邊際報酬通常會逐漸遞減，此一現象被稱之為「邊際報酬遞減法則」。將此法則應用到人類消費行為上，我們會發現，其他情況不變之下，隨著某一消費財消費量的逐漸遞增，消費者從該消費財獲得的邊際報酬（邊際效用）會逐漸遞減，此即消費理論裡的**邊際效用遞減法則**（the law of diminishing marginal utility）。將此法則應用到式（4.6）與圖 4.5，我們會發現，沿著同一條無異曲線從

左上方往右下方移動，第一種消費財的消費量會遞增，且其邊際效用（MU_{X_1}）會遞減；但，第二種消費財的消費量會遞減，且其邊際效用（MU_{X_2}）會遞增，由於兩者同時發生，導致第一種對第二種消費財的邊際替代率（MRS_{X_1, X_2}）的絕對值會逐漸遞減。所以，邊際替代率遞減假設是合理的。

事實上，邊際替代率亦可作為消費者對不同消費財相對偏好的指標。舉例而言，在圖 4.6 裡，有兩個消費者（甲與乙）的無異曲線圖，相對於消費者乙，甲的無異曲線圖顯示，其斜率或邊際替代率的絕對值較大，代表：同樣增加一單位第一種消費財，消費者甲願意放棄的第二種消費財之數量比消費者乙還多，所以，相對於消費者乙，消費者甲較喜歡第一種消費財，簡稱為第一種消費財愛好者（X_1-lover）；相反地，消費者乙的無異曲線邊際替代率的絕對值較小，代表：同樣增加一單位第二種消費財，消費者乙願意放棄的第一種消費財之數量比消費者甲還多，所以，相對於消費者甲，消費者乙較喜歡第二種消費財，簡稱第二種消費財愛好者。

至目前為止，我們所介紹的圖形皆為假設兩種消費財間的關係

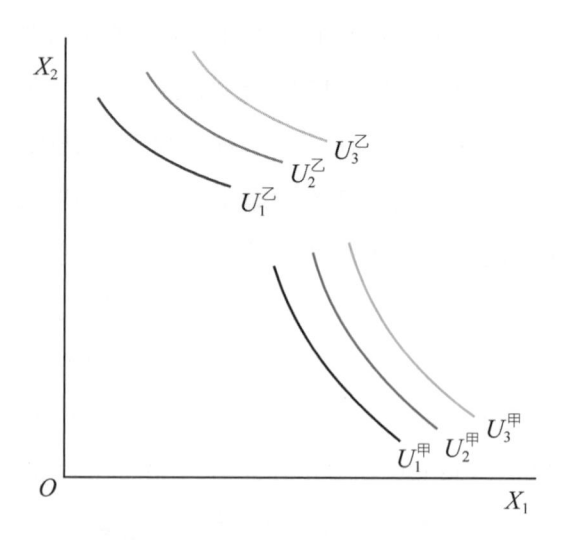

圖 4.6　邊際替代率與相對偏好

都是屬於常態的。在現實社會裡,有些消費財間的關係卻可能較為特殊,例如,在社會大眾的心目中,千元鈔票與百元鈔票的邊際替代率應是固定為 -10,所以,消費者對兩種鈔票的無異曲線為平行直線,且其斜率為 -10(請參考圖 4.7)。由於邊際替代率固定為 -10,代表:在消費者心目中,這兩種鈔票可以 1 比 10 的比率互相替代,也就是說,它們在消費者心目中屬於**完全替代品**(perfect substitutes)。另一有趣圖形為氫與氧的無異曲線圖,由於兩者必須要合成水後對消費者的效用才有正面助益,然而若要合成水,氫與氧的比率必須以 2 比 1 的比率搭配,只單方面增加氫或增加氧,水的數量無法增加。因此,消費者對氫與氧的無異曲線為"L"字型(請參考圖 4.8),且無異曲線水平直線部分的邊際替代率為 0;垂直線部分的邊際替代率為負無窮大。此種"L"字型無異曲線所代表的含意為:兩種財貨必須以固定比率搭配增加,消費者的效用水準才會提升。也就是說,在消費者心目中,氫與氧屬**完全互補品**(perfect complements)。

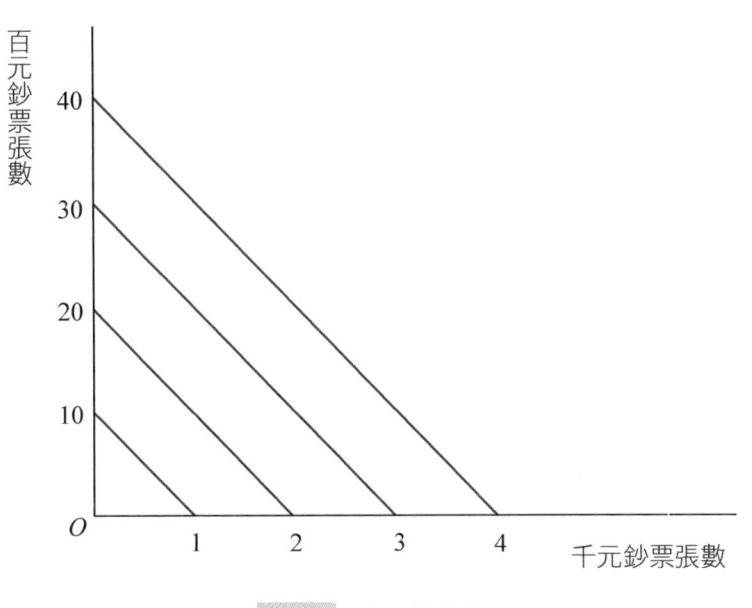

圖 4.7 完全替代品

圖 4.8 完全互補品

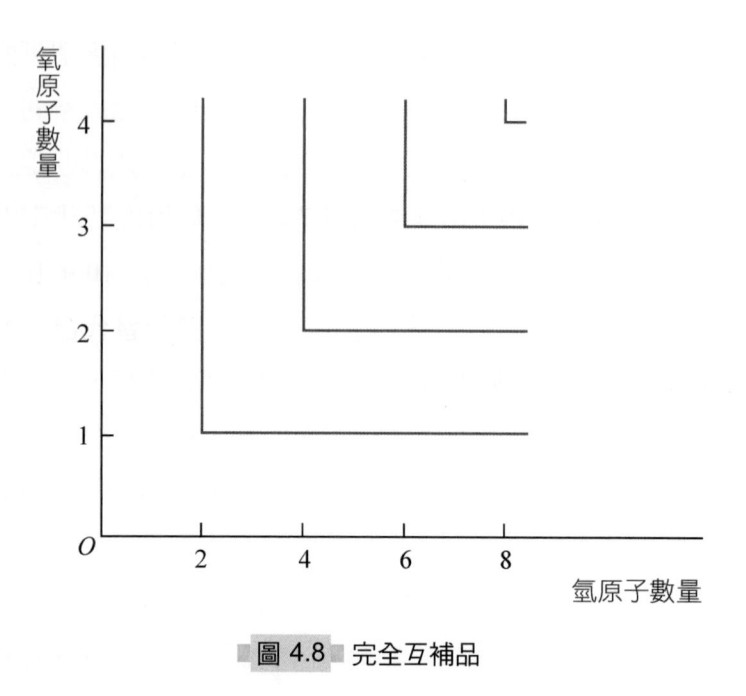

在序列效用分析裡，當「多多益善」的假設局部被破壞掉時，亦即，若消費者所面對的財貨有一種變為中性財（neutral good），則消費者的無異曲線可以圖 4.9 來表示，橫軸代表中性財的數量，

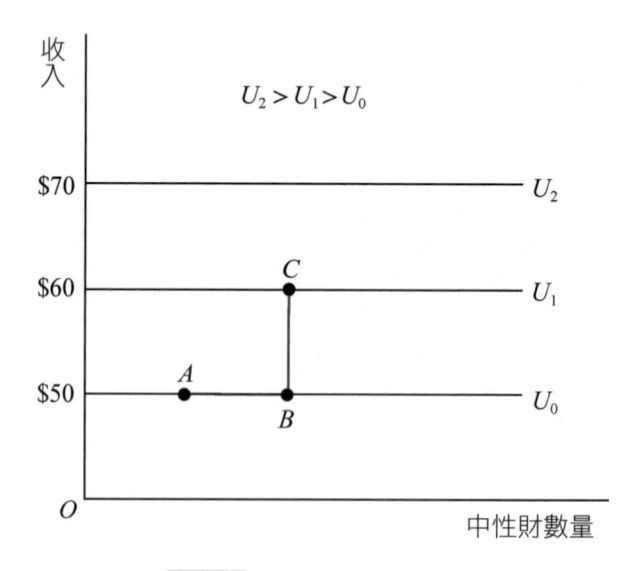

圖 4.9 中性財無異曲線圖

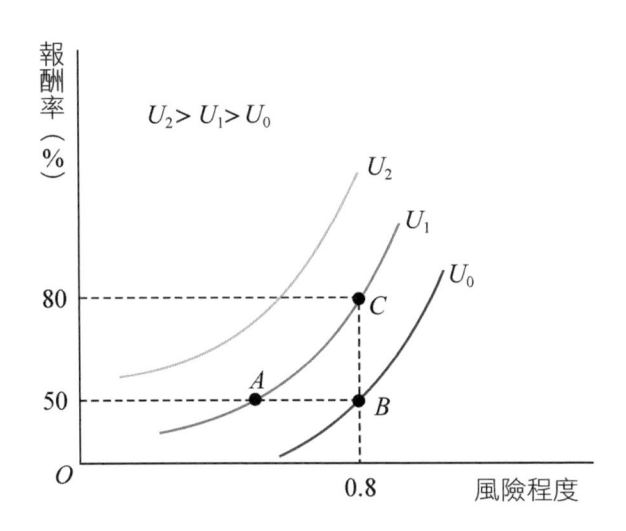

圖 4.10　存在經濟惡的無異曲線

縱軸代表經濟「好」（收入）的高低，由於中性財數量的多寡對消費者的效用水準未具任何影響，所以，消費者的效用水準完全取決於另一消費財（收入）的高低。因此，消費者無異曲線會變成水平直線，且收入愈高的無異曲線之效用水準也會愈高。此外，若消費者所面對的財貨有一種變為經濟惡（economic bads），以投資行為為例，投資人追求的是報酬率當然是愈高愈好；但，投資行為具有風險，其他情況不變之下，風險程度愈高當然對投資人愈不利。因此，投資人必須在報酬率與風險程度之間作抉擇。若橫軸代表風險程度，縱軸代表報酬率，投資人的無異曲線之斜率會變為正的，且愈往左上方或西北方的無異曲線，其效用水準愈高（請參考圖 4.10）[6]。也就是說，若把報酬率固定在 50%，點 B 的風險程度高於點 A 的，所以，$U_1 > U_0$；若把風險程度固定在 0.8，點 C 的報酬率（80%）高於點 B 的，所以，$U_1 > U_0$。

---

[6] 此種圖形亦存在於環境經濟學裡，隨著經濟成長，環境汙染程度可能會提升。於是，人們必須在追求經濟成長與環境保護間做抉擇。在此情況下，圖 4.10 的橫軸就變成環境汙染程度，縱軸變成經濟成長率或國民所得。

4.3 所得預算限制條件

介紹了消費者主觀偏好後，我們將進入消費者理論的第二部分：在可支配所得已知的情況下，消費者有哪些消費組合點可供其作消費選擇。在消費財種類簡化成兩種後，所得預算限制式（4.2）就可簡化成

$$I = P_1 \cdot X_1 + P_2 \cdot X_2 \tag{4.7}$$

由於式（4.7）為二元（X_1 與 X_2）一次方程式，屬線性（linear），也就是說，它是一條直線，高中數學告訴我們，要畫出該直線的方法有兩種：

1. **兩點法**：先找出該直線必會經過的某兩點，再利用直尺將這兩點連接起來，即可獲得該直線；
2. **一點加斜率法**：先找該直線必會經過的某一點，再按照其斜率，即可畫出該直線。

針對式（4.7），最簡單的畫圖方法為兩點法。而最容易獲得的兩點分別為橫軸與縱軸截距，橫軸截距代表消費者把全部所得皆用來買第一種消費財時，最多可購買之數量。依此意義，令 $X_2=0$，將其代入式（4.7），可得：$X_1=I/P_1$。於是，橫軸截距之座標為（$I/P_1, 0$）。同理，縱軸截距之座標為（$0, I/P_2$）。以圖 4.11 為例，假設某一大專生每月的可支配所得為 8000 元；第一與第二種消費財的價格分別為 100 元與 200 元，則橫軸截距為點 G，座標為（80, 0）；縱軸截距為點 A，座標為（0, 40）；而點 A 與點 G 連接起來的直線則為所得預算線。所得預算線與縱軸、橫軸圍起來的直角三角形 AGO 代表：在可支配所得及消費財價格已知的情況下，容許該消費者選擇的消費組合點之集合，被稱之為**可行性消費集合**（feasible consumption set）。可行性消費集合的右上方前緣（frontier）或斜邊為所得預算線，其上面的點代表：在該消費者將全部可支配所得花完的情

圖 4.11 所得預算線

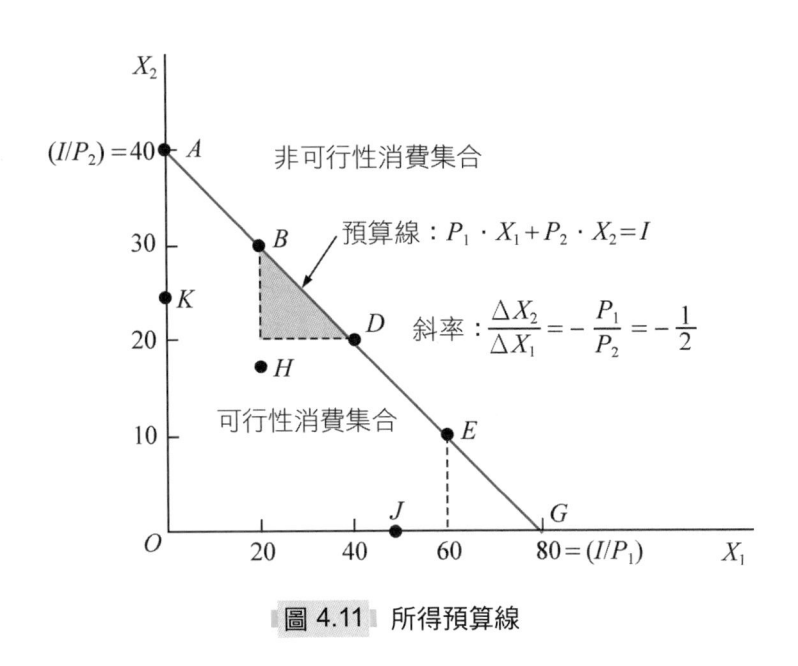

況下，可供其選擇的消費組合點。也就是說，只要消費者選擇了所得預算線的某點，就代表：她（他）用完了全部可支配所得。反之，若消費者選擇了所得預算線以內之可行性消費集合的某一點（例如，點 H、點 J 或點 K），就代表：她（他）並未用完全部可支配所得。而所得預算線以外的第一象限消費組合點之集合被稱之為**非可行性消費集合**（infeasible consumption set），代表：在目前的可支配所得及消費財價格下，還不能容許該消費者選擇的消費組合點。由於所得預算線為直角三角形的斜邊，其斜率等於負的直角三角形的高 (I/P_2) 除以底 (I/P_1)，亦即為 $-(P_1/P_2)$。也就是說，所得預算線的斜率為負的橫軸消費財價格除以縱軸消費財價格。將第一與第二種消費財的價格代入，圖 4.11 的所得預算線斜率為 $-1/2$，其代表之經濟意義為：為了增加一單位的橫軸或第一種消費財，該消費者必須放棄 1/2 單位的縱軸或第二種消費財。

在可支配所得與／或消費財價格有可能會發生變動時，所得預算線亦可能受到影響。在其他情況不變之下，若圖 4.11 的可支配所得若由 8000 元增為 16000 元，由於消費財價格仍維持不變，橫軸與縱軸的截距點皆會分別往外移為（160, 0）與（0, 80），將新的橫、縱軸截距點連接起來的直線就是新的所得預算線，亦即，其他情況不變之下，隨著可支配所得的增加，消費者的所得預算線會往外移動；但，由於消費財價格不變，所得預算線的斜率並不會變，所以，上述移動屬平行往外移動。同理，若消費者的可支配所得減少為 4000 元，在其他情況不變之下，所得預算線會平行往內移動（請參考圖 4.12）。

另一方面，若只有第一種消費財的價格從 100 元降為 50 元，而可支配所得與其他消費財價格維持不變，則縱軸截距仍維持不變，但橫軸截距點會外移到（160, 0），將縱軸與橫軸截距點連接起來的直線就是新的所得預算線，其斜率則從 $-1/2$ 變為 $-1/4$，亦即，其他情況不變之下，第一種消費財的價格下降會導致所得預算線從 L_1 逆時鐘方向往外旋轉（rotate）為 L_2；反之，第一種消費財的價格上

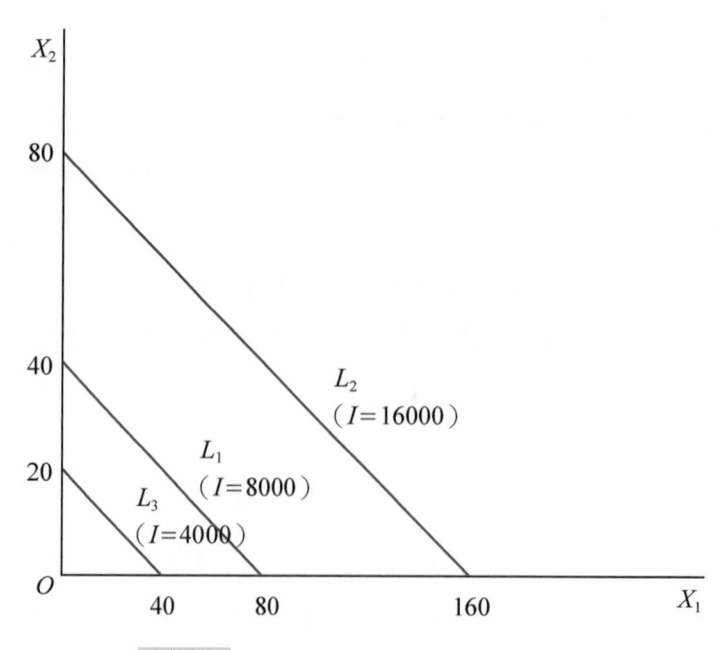

圖 4.12　所得變動對所得預算線的影響

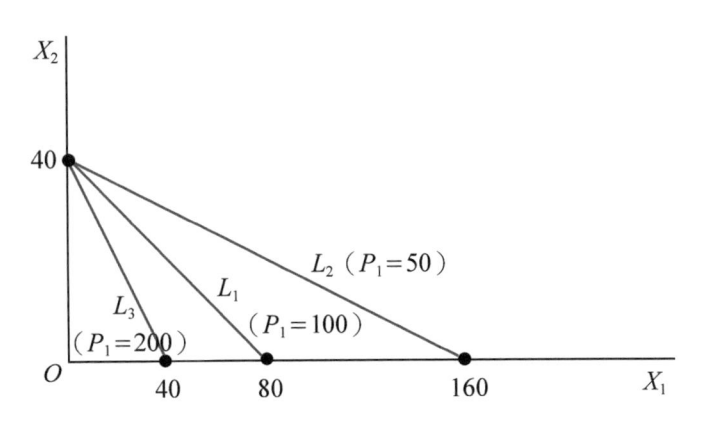

圖 4.13 橫軸消費財價格變動對所得預算線的影響

漲會導致所得預算線順時鐘方向往內旋轉為 L_3（請參考圖 4.13）。同樣道理，若只有第二種消費財的價格從 200 元降為 100 元，在其他情況不變之下，所得預算線會從 L_1 順時鐘方向往外旋轉為 L_4；反之，若第二種消費財的價格從 200 元上漲為 400 元，則所得預算線會從 L_1 逆時鐘方向往內旋轉為 L_5（請參考圖 4.14）。

比較有趣的是，若可支配所得與所有消費財價格皆以同方向且

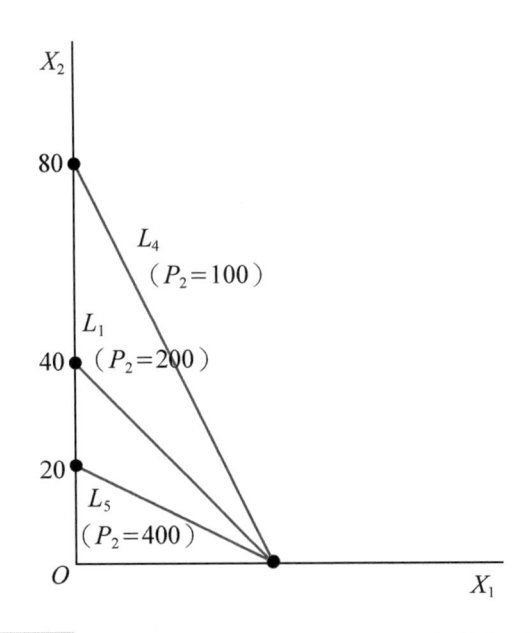

圖 4.14 縱軸消費財價格變動對所得預算線的影響

同比例的變動，所得預算線到底會不會移動或旋轉？答案為：不會。其理由非常的直接：若可支配所得與所有消費財價格皆同方向且同比例的變動（譬如，增加兩倍），則所得預算線式（4.7）就變成

$$2I = 2P_1 \cdot X_1 + 2P_2 \cdot X_2 \tag{4.8}$$

式（4.8）等號的兩邊各除以 2，就回復到與式（4.7）完全一樣。由於橫軸與縱軸截距皆不會移動，且所得預算線的斜率也不會變，所以，所得預算線不會發生變動。

　　至目前為止，為了畫圖方便起見，我們假設消費者可以選擇的消費財種類只有兩種。然而，在現實社會裡，消費者在做消費決策時，所面對的消費財種類通常大於兩種。在此情況下，無異曲線與所得預算線仍可用來做效用分析嗎？答案為：是的。只要把式（4.1）與式（4.2）稍做修改，它們還是很管用的。首先，針對所得預算限制式（4.2），令 $Y = P_2 \cdot X_2 + P_3 \cdot X_3 + \cdots\cdots + P_n \cdot X_n$ 代表消費者花在第一種消費財以外其他消費財之費用的加總（簡稱為其他消費支出），則式（4.2）可簡化成

$$I = P_1 \cdot X_1 + Y \tag{4.9}$$

由於花在其他消費財的費用（Y）係以貨幣來衡量，且一單位貨幣的價格為 1 元，所以，Y 的單位價格（P_Y）亦等於 1 元。令橫軸仍然代表 X_1，但縱軸現改代表 Y，式（4.9）所對應之所得預算線就如圖 4.15 所示。橫軸的截距仍為 I/P_1，但縱軸的截距現變為 I，其道理很簡單：若消費者將全部所得用來買其他消費財，則 $X_1 = 0$ 與 $Y = I$。由於所得預算線的斜率 $= -(P_1/P_Y)$，而 $P_Y = 1$，所以，現在的所得預算線之斜率為 $-P_1$，也就是說，當縱軸代表其他消費支出時，所得預算線的斜率為負的橫軸消費財之單位價格。若消費者選擇了消費組合點 E，也就是說，她（他）決定要購買 X_1^0 單位的第一種消費財，及花 Y_0 的費用在其他消費財上，則根據式（4.9），其花在

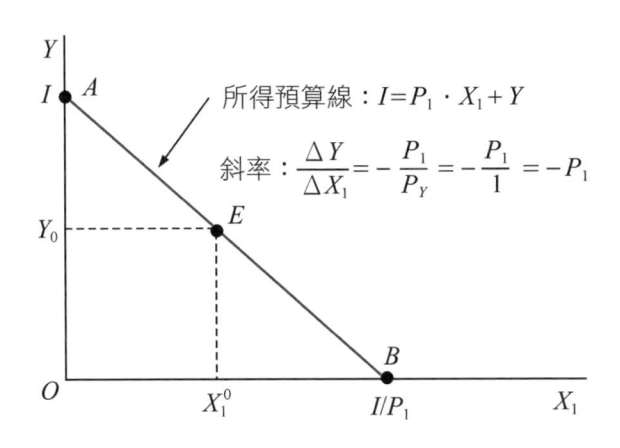

図 4.15　消費財種類大於二的所得預算線

所得預算線：$I = P_1 \cdot X_1 + Y$

斜率：$\dfrac{\Delta Y}{\Delta X_1} = -\dfrac{P_1}{P_Y} = -\dfrac{P_1}{1} = -P_1$

第一種消費財的費用（$P_1 \cdot X_1^0$）為 $I - Y_0$。此外，若政府基於某種理由對第一種消費財課徵消費稅，則稅後的第一種消費財的市場價格會上漲，所得預算線會從 AB 順時鐘方向往內旋轉為 AC（請參考圖 4.16），假如消費者對第一種消費財購買量仍為 X_1^0，則其花在其他消費財的費用為 Y_0'；花在第一種消費財的費用為 $I - Y_0'$；因為政府課稅而增加的負擔為 $Y_0 - Y_0'$（等於點 E 與點 E' 的垂直距離），也就是說，在購買量為 X_1^0 的情況下，課稅導致該消費者增加的負擔為該購買量所對應的新、舊所得預算線的垂直距離。值得注意的是，

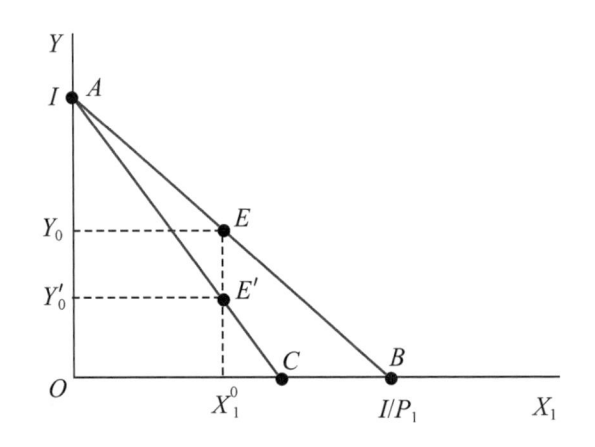

圖 4.16　對第一種消費財課稅所導致的負擔變動

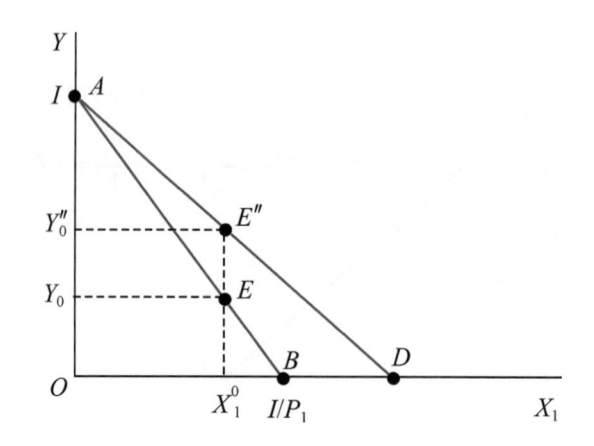

圖 4.17 對第一種消費財補貼所導致的負擔變動

隨著第一種消費財消費量的增加，新、舊所得預算線的垂直距離（亦即課稅所增加的負擔）會逐漸加大。相反地，若政府對第一種消費財進行補貼，補貼後的第一種消費財市場價格會下降，消費者的所得預算線會從 AB 逆時鐘方向往外旋轉為 AD（請參考圖 4.17）。假如第一種消費財的購買量仍為 X_1^0，因為政府的補貼，消費者減輕的負擔（亦即享受到的補貼）為新、舊所得預算線的垂直距離（$Y_0'' - Y_0$）；一樣地，它會隨著第一種消費財消費量的增加而逐漸遞增。

其次，效用函數式（4.1）亦可簡化成

$$U = U(X_1, Y) \tag{4.10}$$

然後，消費決策模型式（4.3）就自然而然地簡化成

$$\begin{aligned} &\text{Max. } U = U(X_1, Y) \\ &\text{s.t. } \quad I = P_1 \cdot X_1 + Y \end{aligned} \tag{4.11}$$

4.4 消費者均衡

有了代表消費者主觀偏好及其所面對的客觀限制圖形（無異曲線與所得預算線）後，我們就可將兩者合併放在同一圖形裡，進行消費決策分析。回到大專生月消費行為個案，圖 4.18 係由圖 4.3 與圖 4.11 合併而來，所代表之經濟意義為：在可行性消費集合裡，該大專生到底要選哪一個消費組合點，才能讓自己這個月的效用水準達到最大。由於此分析屬單期靜態模型，不可能有借貸行為，再加上貪婪性的假設，所得預算線以內的消費組合點不會被該大專生考慮。所以，上述消費決策行為可簡化成：該大專生到底要選擇所得預算線上的哪一消費組合點才能使自己的月效用水準達到最大？就圖形上而言，所得預算線接觸不到的無異曲線，代表在消費財價格已知情況下，該大專生目前所得無法購買得到的消費組合點，所以，根本就不必去考慮它們。而所得預算線接觸得到的無異曲線，有相交點與相切點，在前者，所得預算線與無異曲線的斜率不相等，譬

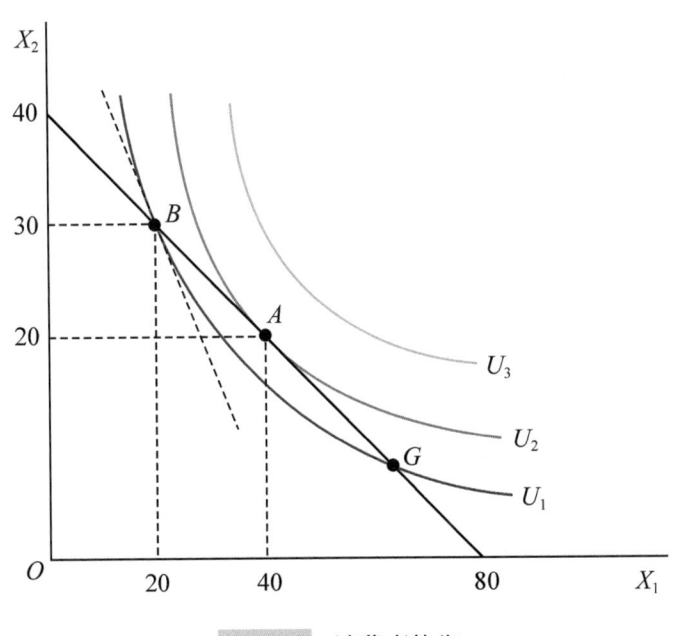

圖 4.18 消費者均衡

如，在點 B，就絕對值而言，所得預算線的斜率小於無異曲線的，亦即

$$\frac{P_1}{P_2} < \frac{MU_{X_1}}{MU_{X_2}} \tag{4.12}$$

式（4.12）所代表的經濟意義為：在點 B，為了增加一單位第一種消費財，該大專生願意放棄的第二種消費財數量比市場價格要她（他）放棄的還多。或者，將式（4.12）的 P_1 與 MU_2 對調，可得

$$\frac{MU_{X_2}}{P_2} < \frac{MU_{X_1}}{P_1} \tag{4.13}$$

就式（4.13）不等號（＜）的右邊而言，MU_{X_1} 代表最後一單位第一種消費財所創造出來的總效用增加量；P_1 代表消費者為消費最後一單位第一種消費財所必須增加的負擔；前者除以後者則代表花在第一種消費財上最後一元的邊際效用。同理，MU_{X_2} 除以 P_2 就代表花在第二種消費財上最後一元的邊際效用。因此，式（4.13）代表的經濟意義為：花在第一種消費財上最後一元的邊際效用大於花在第二種消費財的。為了追求最大效用，該大專生就會把原來花在第二種消費財的錢移往第一種消費財，也就是說，她（他）會少買第二種消費財，多買第一種消費財，圖形上而言，上述消費行為改變相當於沿著所得預算線由點 B 往右下方移動，新的消費組合點能夠接觸到的無異曲線之效用水準會愈來愈高。移動後，只要還是相交點，上述移動會持續下去，最後，由於邊際效用遞減法則的存在，所得預算線與無異曲線的斜率自然會相等，也就是說，當所得預算線與無異曲線相切在點 A 時，移動就會停止。同樣地，若所得預算線與無異曲線相交在點 G，所得預算線的絕對值會大於無異曲線的，代表：花在第一種消費財上最後一元的邊際效用小於花在第二種消費財的，該大專生就會少買第一種消費財，多買第二種消費財，消費組合點就會沿著所得預算線從點 G 往左上方移動，直至點 A 才會停

止。也就是說,只要不是在切點,所得預算線與無異曲線的斜率就不會相等,消費者就可以透過可支配所得在兩種消費財之間重新分配,來提升她(他)的效用水準。但是,到了點 A 後,所得預算線與無異曲線的斜率相等,消費者就沒有辦法再透過可支配所得在兩種消費財之間重新分配來提升其效用水準,代表她(他)的效用水準不再可能有任何改善(improvement)空間,亦即,在點 A,該大專生已處於最佳狀態。換句話說,點 A 就是該大專生的消費均衡點,其代表之意義為:當可支配所得為 8000 元,第一種與第二種消費財價格分別為 100 元與 200 元時,該大專生若選擇消費 40 單位第一種消費財與 20 單位第二種消費財,其效用水準會是最高。從圖形上來詮釋的話,上述推理過程相當於:所得預算線最高可以切到的無異曲線之效用水準即為最大效用水準,而其切點即為消費者均衡點。在消費者均衡點時,

$$\frac{MU_{X_1}}{P_1}=\frac{MU_{X_2}}{P_2} \tag{4.14}$$

式(4.14)即為確保消費者效用達到最大的條件,被稱之為「消費者均衡條件」。若消費財種類有 n($n>2$)種,消費者均衡條件就擴展成

$$\frac{MU_{X_1}}{P_1}=\frac{MU_{X_2}}{P_2}=\cdots\cdots=\frac{MU_{X_n}}{P_n} \tag{4.15}$$

式(4.15)代表的經濟意義為:只要消費者能使她(他)花在任何一種消費財上最後一元的邊際效用相等,其效用水準就可達到最大。

關鍵詞

消費者行為理論　The theory of consumer behavior　52
消費者偏好　Consumer preferences　53
預算限制條件　Budget constraints　53
消費者抉擇　Consumer choices　53
非工作所得　Nonworking income　53
效用水準　The level of utility　53
效用函數　Utility function　54
所得預算限制條件　Income budget constraint　54
單一期決策模型　Single-period model　54
效用分析　The analysis of utility　55
計數效用　Cardinal utility　55
序列效用　Ordinal utility　55
一致性　Consistency　55
合理性　Rationality 或 reasonableness　55
完整性　Completeness　56
遞移性　Transitivity　56
貪婪性　Nonsatiation　56
多多益善　More is better than less　56
無異曲線　Indifference curve　57
邊際替代率　Marginal rate of substitution　61
邊際替代率遞減　Diminishing marginal rate of substitution　61
邊際報酬遞減法則　The law of diminishing marginal returns　61
邊際效用遞減法則　The law of diminishing marginal utility　61
完全替代品　Perfect substitutes　63
完全互補品　Perfect complements　63
中性財　Neutral good　64
經濟惡　Economic bads　65
可行性消費集合　Feasible consumption set　66
非可行性消費集合　Infeasible consumption set　67

問題與應用

1. 試畫出在下列情形下張三對漢堡與啤酒兩種財貨偏好之無異曲線：(1) 三瓶啤酒與兩個漢堡對張三來說無差異，且消費再多數量也不會改變此偏好；(2) 張三吃一個漢堡一定要喝一瓶啤酒，且消費再多數量也不會改變此偏好。

2. 由於現代的年輕人所面對的誘惑與日俱增，所以，在做決策時，往往無法辨別自己的偏好，並加以排序。針對上述現象，妳（你）如何利用序列效用分析法解釋？

3. 若欲修正一般的效用函數涵蓋利他行為（如慈善救濟）的存在，應如何修正？

4. 當某一消費者選擇了所得預算線以內可行性消費集合的某一消費組合點作為其最佳消費組合時，其所代表的經濟意義為何？

5. 試舉一例說明，所得預算線會有扭折點出現的情形？

6. 假設某一消費者想要擁有大哥大電信服務，可供其選擇的大哥大公司只有兩家：中華電信與臺灣大哥大，且這兩家公司皆採兩部定價（two-part tariff）法收費，中華電信的收費方案為：每月收 100 元固定基本費，免費送 50 分鐘服務，超過 50 分鐘以後，每分鐘收 1 元變動費率；臺灣大哥大的收費方案為：每月收 200 元固定基本費，免費送 150 分鐘服務，超過 100 分鐘以後，每分鐘收 1 元變動費率。在面對上述條件下，某一消費者對此兩種方案的所得預算線會有差別嗎？

7. 假設張三將牛肉與豬肉視為完全替代品，且在其心中，一斤牛肉相當於一斤豬肉，請畫出張三對牛肉與豬肉的無異曲線圖。若牛肉一斤 100 元，豬肉一斤 50 元，張三這個月對牛肉與豬肉的預算為 1000 元，則張三此月購買牛肉與豬肉的最適消費組合為何？請用圖形表示出來。

8. 當妳（你）的朋友有小孩誕生時，她（他）會比較喜歡妳（你）送禮物或等值現金當賀禮？

CHAPTER 5
消費者行為分析（Ⅱ）

5.1　所得變動對消費決策的影響
5.2　價格變動、個人與市場需求
5.3　價格變動效果解剖
5.4　消費者福利水準的衡量
5.5　存在交易成本的消費決策模型
5.6　消費者均衡分析的應用

5.1 所得變動對消費決策的影響

在 4.4 節介紹消費者均衡時,我們假設消費者之可支配所得及消費財價格是已知、固定的。事實上,隨著時間的經過,可支配所得與/或消費財價格可能會發生變動,所得預算線亦可能會移動或旋轉,消費者均衡也就可能發生變動。因此,本章將介紹可支配所得或消費財價格變動對消費者決策行為與效用水準之影響。

回到第四章大專生消費決策個案,當該大專生的可支配所得從 4000 元逐漸增加到 8000 元與 16000 元時,如圖 5.1 所示,其他情況不變下,所得預算線的斜率還是不變,但所得預算線會平行往外移動,消費者均衡點會從點 A 移到點 B,再到點 D,將這些不同可支配所得所對應的不同均衡點連接起來的軌跡,被稱之為**所得消費曲線(income-consumption curve)**,代表:隨著可支配所得變動,為了追求最大效用,該大專生就會選擇不同的消費組合點。將橫軸仍維持是第一種消費財的消費量,但縱軸改變為可支配所得(I),

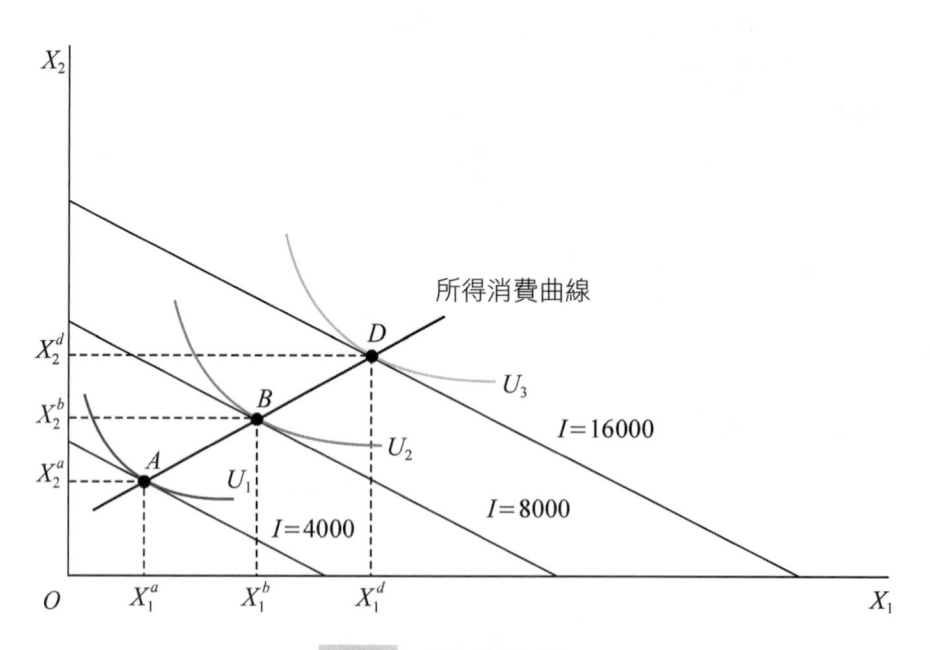

圖 5.1 所得變動的效果

■ 圖 5.2　恩格爾曲線

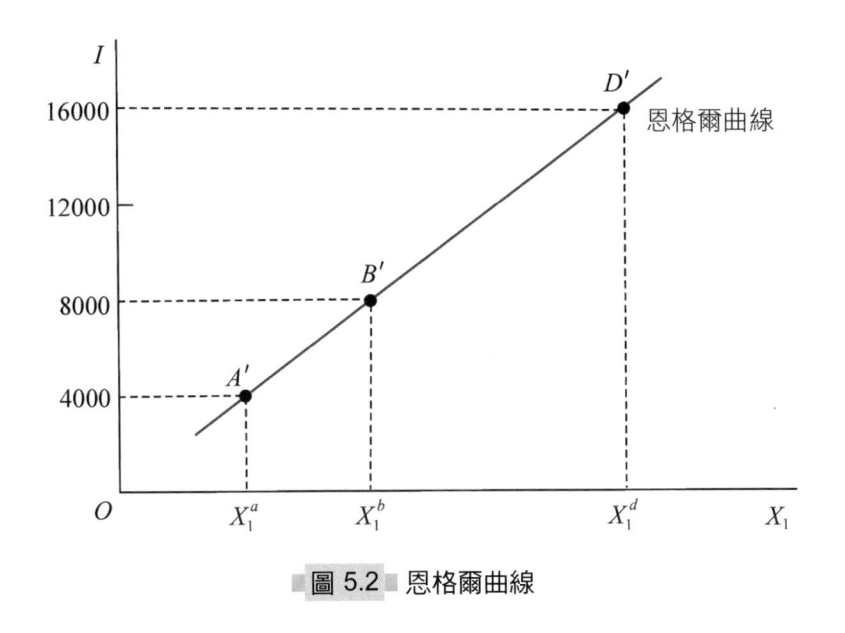

我們就可將圖 5.1 的所得消費曲線轉換成圖 5.2 的**恩格爾曲線**（Engel curve），代表：隨著可支配所得的變動，該大專生對第一種消費財的消費量也會發生變動。圖 5.2 恩格爾曲線上所有點的斜率皆為正值，代表：在該大專生的心目中，第一種消費財永遠都是正常財。

在現實社會裡，隨著時空環境的改變，同一種消費財在消費者心目中的地位，有可能發生變化。以大專生的消費行為為例，若將橫軸改為代表到自助餐廳用餐的次數，縱軸代表到牛排餐廳用餐的次數，如圖 5.3 所示，隨著可支配所得從 4000 元增加到 8000 元，該大專生的消費均衡點還是一樣會從點 A 到點 B，對兩種消費財的消費量都會增加，也就是說，在上述所得範圍內，自助餐與牛排餐在其心目中皆為正常財；但當可支配所得從 8000 元增加到 16000 元，消費均衡點則會從點 B 轉變成點 C，該大專生到自助餐廳的消費次數減少了，但到牛排餐廳的用餐次數仍持續增加，也就是說，在此階段，雖然牛排餐仍是正常財，但自助餐已變成劣等財，因此，所得消費曲線過了點 B 會往後彎。同樣地，將縱軸改成可支配所

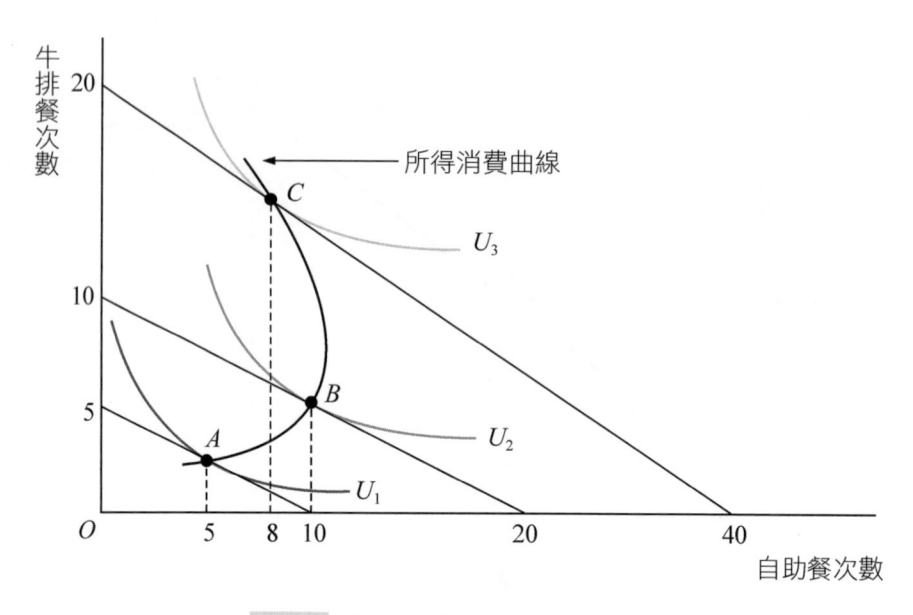

圖 5.3 存在劣等財的所得變動效果

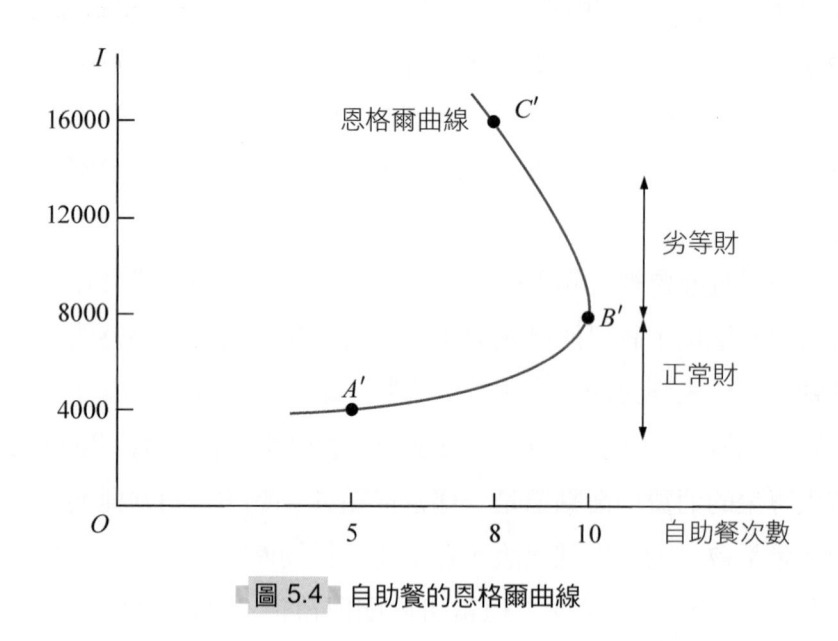

圖 5.4 自助餐的恩格爾曲線

得,圖 5.3 所得消費曲線所對應的恩格爾曲線也會如圖 5.4 所示,在所得水準超過 8000 元後,會往後彎,代表:在月可支配所得 8000 元以下時,該大專生將自助餐視為正常財;但月可支配所得超過

8000 元後，她（他）就把自助餐視為劣等財。也就是說，隨著所得水準的變動，某一消費財在消費者心目中的地位亦可能發生變動。

5.2 價格變動、個人與市場需求

隨著時間經過，除了可支配所得會發生變動外，消費財價格亦可能會發生變動，於是，消費者的消費行為亦有可能受到影響。回到大專生消費行為個案，在可支配所得及其他消費財價格不變之下，若第一種消費財的價格從 200 元逐漸降為 100 元與 50 元，如圖 5.5 的上圖所示，該大專生所面對的所得預算線會從 L_1 逆時鐘方向往外旋轉為 L_2 與 L_3，消費者均衡會從點 A 移到點 B，再從點 B 移到點 D，將點 A、點 B 與點 D 連接起來的軌跡，簡稱為**價格消費曲線**（price-consumption curve），代表：隨著相對價格的變動，為了追求最大效用，消費者的最適消費組合點亦會發生變動。進一步將縱軸轉換成代表第一種消費財的價格（P_1），我們就可將上圖的價格消費曲線對應導出該大專生對第一種消費財的個人需求曲線。當第一種消費財的價格為 200 元，上圖的均衡點 A 告訴我們，該大專生對第一種消費財的最適消費量為 4 單位，對應到下圖，我們可得到點 E；當第一種消費財的價格降為 100 元時，上圖的消費者均衡在點 B，該大專生對第一種消費財的最適消費量增加為 12 單位，對應到下圖，我們可得點 G；當第一種消費財的價格再降為 50 元，上圖的消費者均衡點變成點 D，第一種消費財的最適消費量再度增加到 20 單位，對應到下圖，可得點 H。同樣的步驟持續進行，在下圖，針對不同的第一種消費財價格，該大專生會有不同的最適消費量，將這些價格–消費量組合點（如點 E、點 G 與點 H）連接起來的軌跡，就是該大專生對第一種消費財的個人需求曲線。

市場上的每個消費者利用上述導引過程，皆獲得其對第一種消費財的個人需求曲線。再進一步將個別消費者的個人需求曲線加總起來，我們就可獲得第一種消費財的市場需求曲線。以圖 5.6 為例，

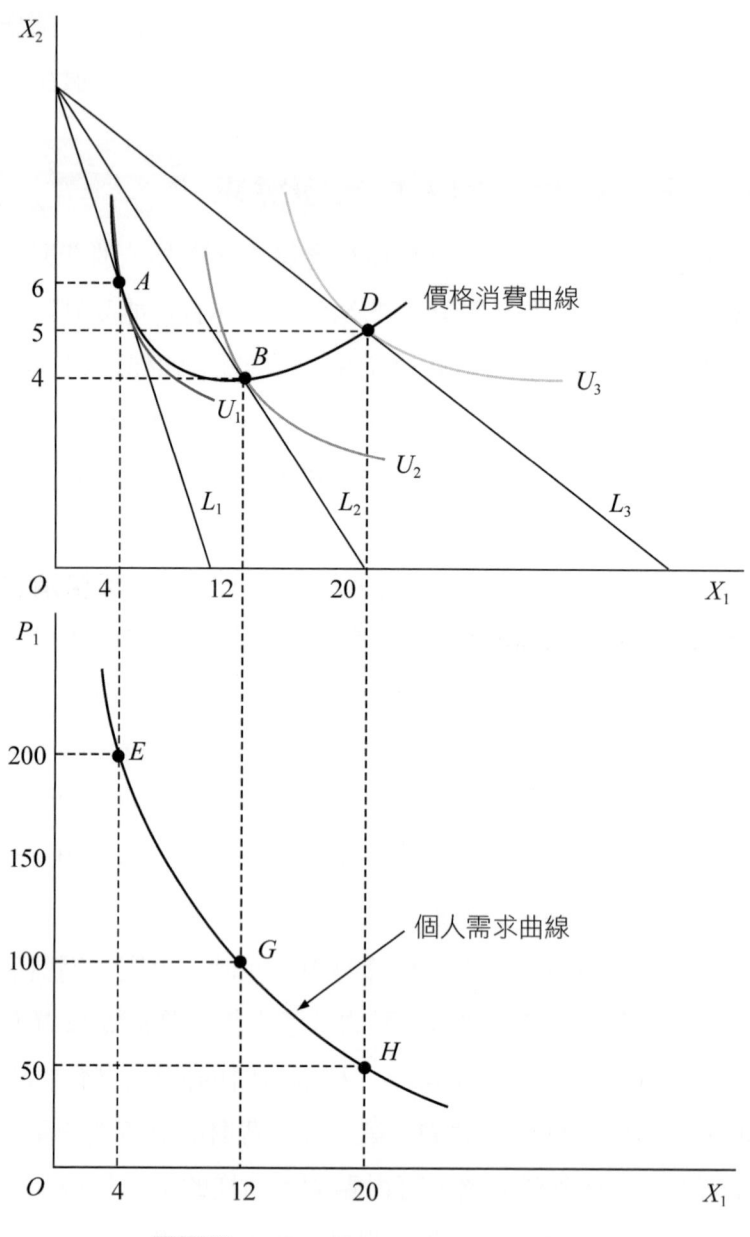

圖 5.5　價格變動效果與個人需求曲線

為了詮釋方便起見，假設市場上只存在著兩個或兩群消費者：甲與乙，其需求曲線分別如圖 5.6 的上面兩個圖形，當第一種消費財價格在 500 元時，甲與乙的需求量分別皆為 1 單位，市場總需求量合計為 2 單位，對應到下圖，我們得到點 A；當第一種消費財價格在

圖 5.6 ■ 市場需求的導引

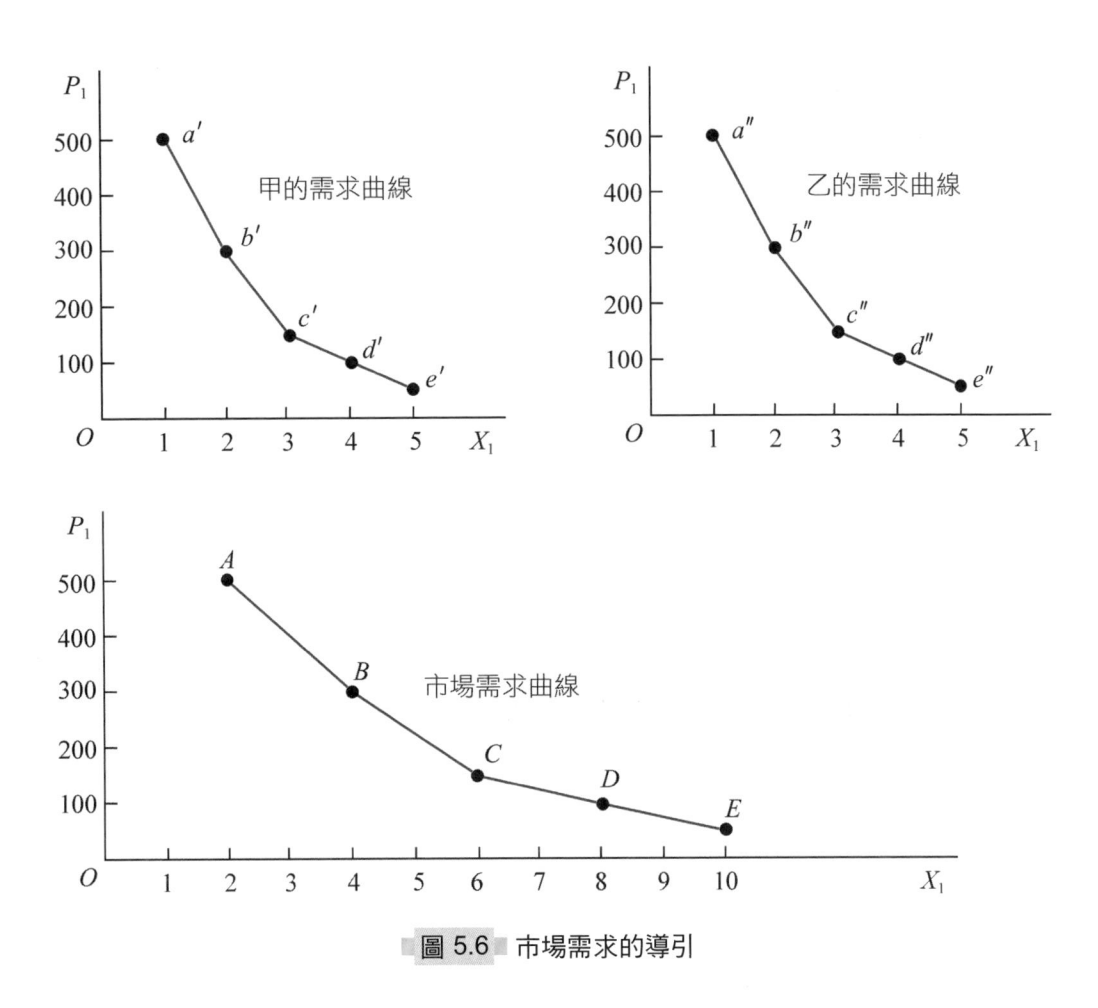

300 元時，甲與乙的消費量分別皆為 2 單位，市場總需求量合計為 4 單位，對應到下圖，我們得到點 B；當第一種消費財價格在 150 元時，甲與乙的需求量分別皆為 3 單位，市場總需求量合計為 6 單位，我們在下圖得到點 C；上述步驟持續進行，當第一種消費財價格分別在 100 元與 50 元，我們可在下圖得到點 D 與點 E。最後，將點 A、B、C、D 與 E 連接起來的軌跡，就是市場需求曲線。上述加總過程告訴我們，由於橫軸（水平距離）代表需求量，且針對某一特定價格，市場總需求量為所有個別消費者需求量的加總，所以，市場需求曲線實質上為所有個別消費者需求曲線的水平（距離）加總。

5.3　價格變動效果解剖

　　圖 5.5 的上圖顯示，在可支配所得及其他消費財價格不變之下，當第一種消費財價格從 200 元降為 100 元時，第一種消費財的相對價格（P_1/P_2）亦會下降，消費均衡點會從點 A 移到點 B，該大專生對第一種消費財的消費量會增加；但相對地，第二種消費財的相對價格會上漲，該消費者對它的消費量會減少。至於造成此一變動之原因，可能為：在其他情況不變之下，第一種消費財價格下降會導致第一種消費財相對價格下降與第二種消費財相對價格上漲，消費者會增加消費相對價格下降的消費財及減少消費相對價格上漲的消費財，也就是說，以相對價格下降的消費財替代相對價格上漲的消費財，此種純粹是因相對價格變動所導致的消費量變動被稱之為**替代效果**（substitution effect；簡稱 S.E.）。然當第一種消費財的價格進一步從 100 元降為 50 元時，第一種消費財的相對價格持續下降，第二種消費財的相對價格持續上漲，消費均衡點從點 B 再轉變為點 D，雖然第一種消費財的消費量持續增加，但第二種消費財的消費量卻不減反增，針對此一結果，替代效果很明顯地無法解釋，突顯：其他情況不變之下，某一種消費財的價格發生變動所衍生的效果可能不僅替代效果而已。

　　事實上，其他情況不變之下，若只有一種消費財的價格發生變動，該消費財的相對價格會變動，即使在可支配所得不變之下，為了追求最大效用水準，消費者會以相對價格下降的消費財來取代相對價格上漲的消費財，以節省消費支出；此外，即使名目（nominal）的可支配所得不變，該消費財價格下降會使以該消費財來衡量的消費者的實質購買力或實質所得（real income）發生變動（亦即截距會發生變動），連帶地亦會影響消費者對各種消費財的消費量，此種純粹是因實質所得變動所導致的消費量變動被稱之為**所得效果**（income effect；簡稱 I.E.）。為了在圖形上釐清上述價格變動所衍生的兩種效果，我們將先介紹**補償變量**（compensating variation；簡稱 *CV*）。補償變量的定義為：在消費財價格或／與貨幣所得發生變動以後，按照新的預算線斜率或相對價格，若欲將某一消費者從新效用水準拉回到舊效用水準，必須要給予或從其身上拿掉之所得，即為補償變量。也就是說，其他情況不變，當某一消費財的價格下降（上漲），預算線會逆（順）時間往外（內）旋轉，新預算線所能切到的新效用水準會比舊效用水準高（低），因此，按照新預算線的斜率或新相對價格，要將該消費者從新效用水準拉回舊效用水準，必須從其身上拿掉（給予）的所得即為補償變量。以圖 5.7 為例，橫軸代表第一種消費財的消費量，縱軸代表花在其他消費財的費用，原來的所得的預算線為 *IS*，其所切到的最高無異曲線之效用水準為 U_1，消費均衡點為點 *A*。其他情況不變之下，當第一種消費財的價格下降時，所得預算線會從 *IS* 逆時鐘方向往外旋轉為 *IT*，新的所得預算線所能切到的無異曲線之效用水準為 U_2，消費均衡點

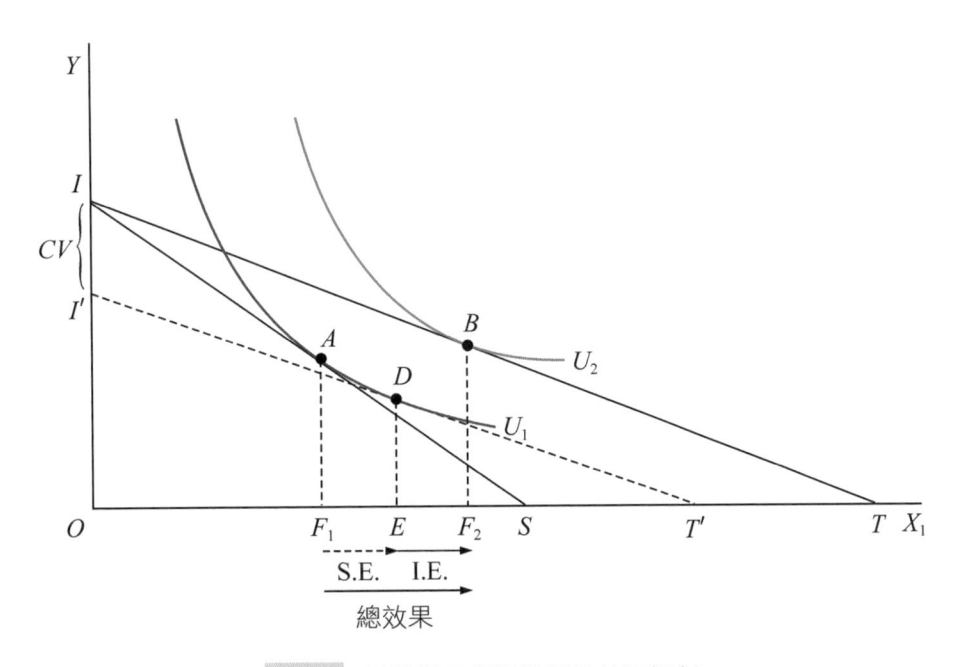

圖 5.7 補償變量與價格變動效果解剖

變為點 B。依據補償變量的定義，由於新的所得預算線斜率之絕對值為第一種消費財的新相對價格，且 $U_2 > U_1$，「按照新相對價格將消費者從新效用水準拉回到舊效用水準」指的是，將新的所得預算線平行往內移動，一直到與舊效用水準的無異曲線相切為止，也就是說，平行內移至 $I'T'$ 與 U_1 無異曲線切在點 D 為止。其代表之意義為：按照新的相對價格，該消費者若欲獲得舊效用水準（U_1），只需較低的消費者支出水準（可支配所得水準）I' 即可，原有的可支配所得水準（I）減掉 I'，即為補償變量。

引進補償變量概念後，在圖形上，我們就可將價格變動的總效果切割成替代效果與所得效果。回到圖 5.7，在原來的所得預算線、效用水準與消費均衡點，該消費者對第一種消費財的消費量為 OF_1；在新的所得預算線、效用水準與消費均衡點，該消費者對第一種消費財的消費量為 OF_2，所以，第一種消費財價格下降的總效果為 F_1F_2。拿掉補償變量（$I'I$）後，以新的相對價格，為了獲得舊效用水準（U_1），該消費者會選擇消費組合點 D，她（他）對第一種消費財的消費量為 OE，也就是說，在舊效用（實質所得）水準的無異曲線上，因為相對價格不同，所以，該消費者會有兩個不同的消費均衡點。這種純粹由相對價格不同所造成的第一種消費財購買量的變動（$F_1E = OE - OF_1$）即為價格變動的替代效果。價格變動的總效果（F_1F_2）扣掉替代效果（F_1E）後，我們可得價格變動的所得效果（EF_2），亦即，由於通過消費均衡點 D 與 B 的兩條所得預算線斜率之絕對值皆一樣，且等於新的相對價格，而消費均衡點之所以會從點 D 到點 B，完全是因為第一種消費財價格下降所衍生的實質所得增加所導致。

將上述價格變動效果解剖的步驟應用到大專生消費行為個案，在第一種消費財為正常財的情況下，我們可得圖 5.8，原有所得預算線為 RS，其所能切到的最高無異曲線之效用水準為 U_1，消費均衡點為點 A；在第一種消費財價格下降以後，其他情況不變之下，所

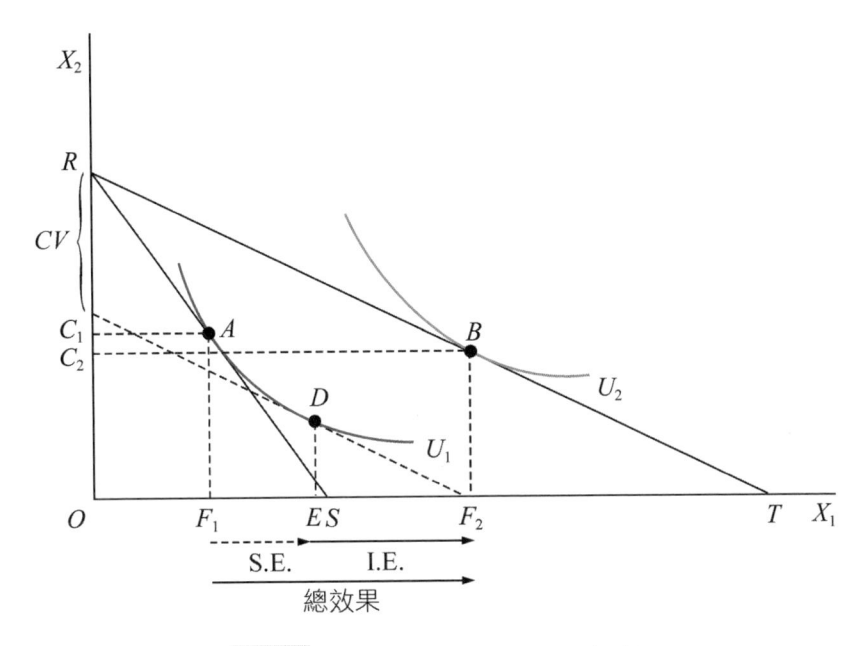

■ 圖 5.8 ■ 正常財的價格變動效果解剖

得預算線逆時鐘方向往外旋轉變為 RT，所切到的最高無異曲線之效用水準為 U_2，新消費均衡點為點 B，價格變動的總效果為 F_1F_2。依據補償變量的定義，將新的所得預算線 RT 平行往內移動，直至與原有效用水準之無異曲線相切在點 D 為止。縱軸顯示，補償變量為 CV；橫軸顯示，點 D 把價格變動總效果切割為：F_1E 為替代效果，EF_2 為所得效果。

若第一種消費財為劣等財，其價格變動效果的解剖就如圖 5.9 所示，F_1F_2 仍代表第一種消費財價格下降的總效果；F_1E 仍為替代效果；與圖 5.8 不同的是，點 D 位於點 B 的右方，代表：由於第一種消費財現已變為劣等財，由於其價格下降會導致實質所得增加，該大專生對第一種消費財的消費量會減少。所以，所得效果變為負的 F_2E。

在圖 5.9 裡，雖然所得效果是負的，但替代效果還是大於所得效果。所以，第一種消費財的價格下降還是會使第一種消費財的消

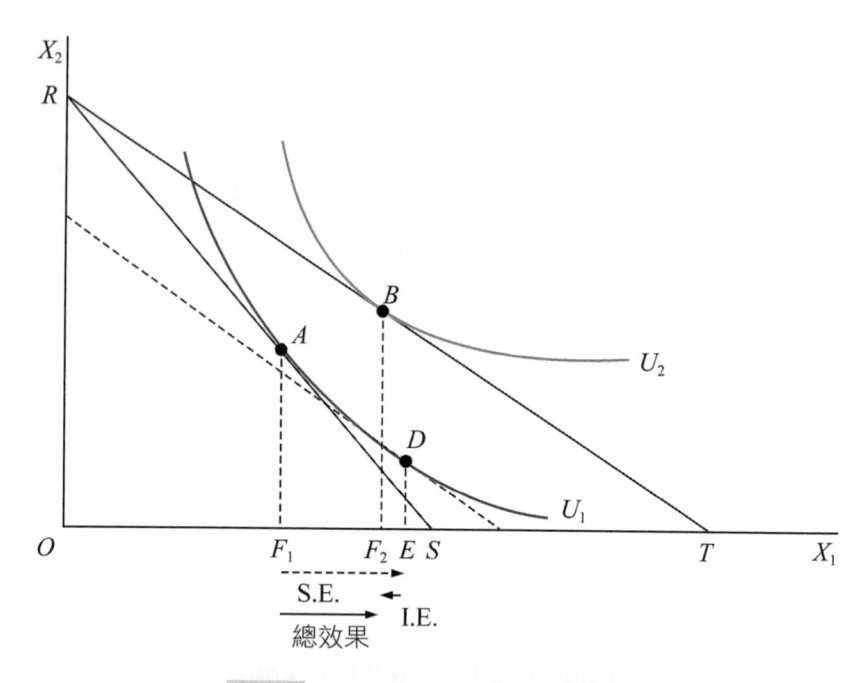

圖 5.9 劣等財的價格變動效果解剖

費量增加。若第一種消費財進一步變為**季芬財**（Giffen good）[1]，以圖 5.10 為例，第一種消費財不僅是劣等財，隨著其本身價格的下降，價格下降的所得效果（負的 EF_2）還會大於替代效果（正的 F_1E）。於是，第一種消費財的價格下降不僅不會使第一種消費財的消費量增加，反而會使其消費量從 OF_1 減少為 OF_2。上述分析顯示，某一種消費財若被歸屬於季芬財，它必須同時具備兩種條件：(1)它必須是劣等財；(2)價格變動的所得效果會大於替代效果。因此，我們可以獲得一推論：若某一消費財為季芬財，它必為劣等財；反之，則不必然成立。

---

[1] 其他情況不變之下，若某一種財貨的消費量會隨著其本身價格下降（上漲）而減少（增加），則該消費財被稱之為季芬財。

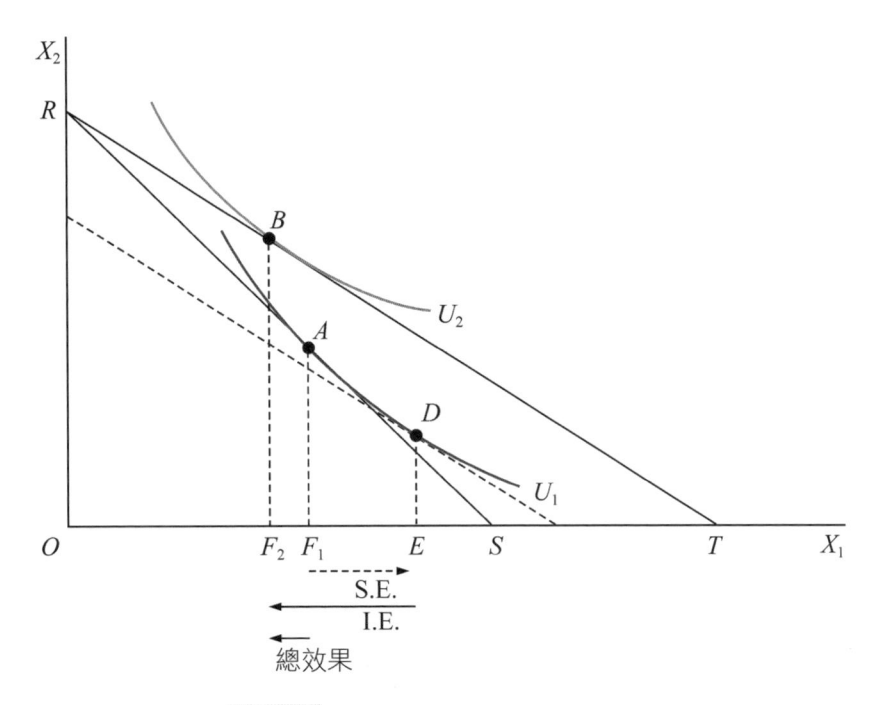

圖 5.10　季芬財的價格變動效果解剖

5.4　消費者福利水準的衡量

在現實生活裡，基於某些政策性目的，政府會干預市場運作。為了合理化其干預行為，政府可能會辯稱其干預行為可提升社會大眾（包含消費者與生產者）福利。在經濟學裡，前者的福利水準通常用**消費者剩餘（consumer surplus）**來衡量。那麼，什麼是消費者剩餘呢？用通俗話來定義的話，當妳（你）到一家實施不二價的百貨公司逛街，且看上某一件東西，上面標價為 200 元，若該件東西在妳（你）心裡的價值是 300 元，妳（你）就會買它。買了以後，心裡的感覺就好像賺了 100 元，這就是消費者剩餘。若用經濟學術語來定義的話，消費者願意支付之價格與實際支付之價格的差距就是消費者剩餘。在經濟學裡，消費者剩餘可用需求曲線來衡量。以圖 5.11 為例，由橫軸往上看，該消費者的個人需求曲線 d 與橫軸垂直距離就代表其對最後一單位第一種消費財願意支付的最高價格

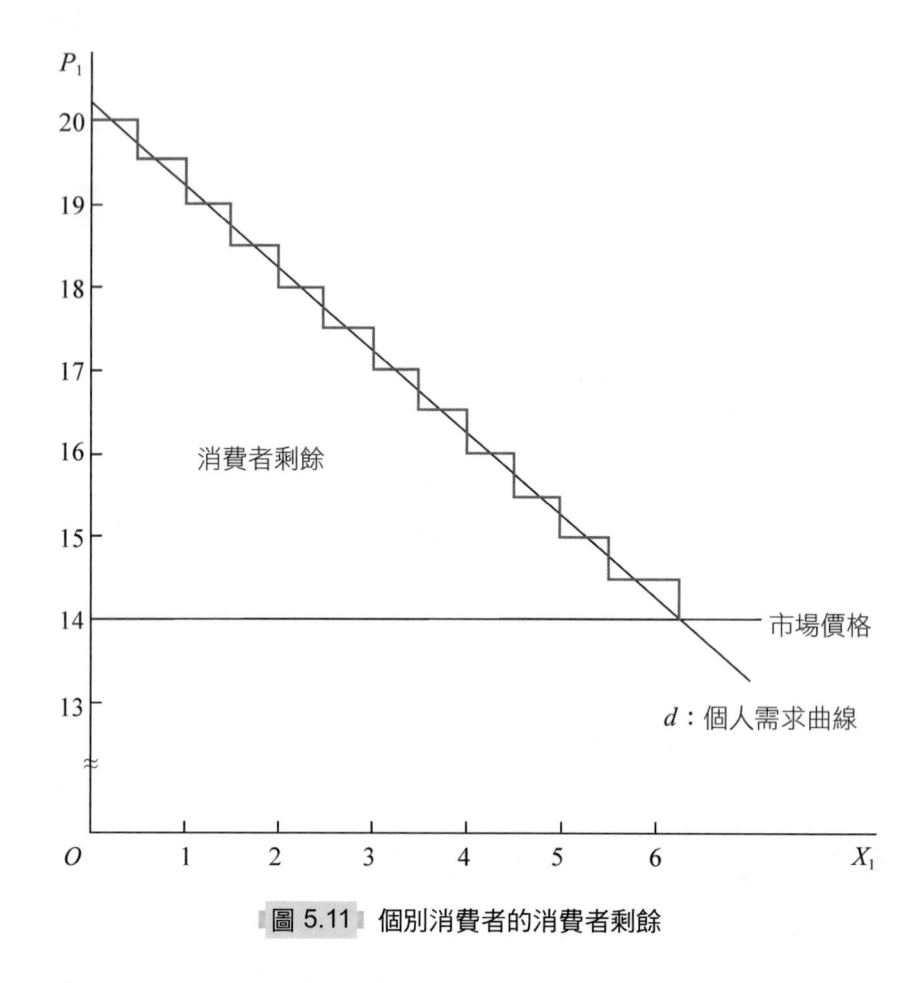

图 5.11　個別消費者的消費者剩餘

（marginal willingness to pay）；而實際支付的單位價格則為市場價格。若該消費者一單位一單位來決定是否繼續購買，只要願意支付的最高價格大於實際支付價格，她（他）就會繼續增加購買，一直到兩者相等為止。所以，當第一種消費財的市場價格為 14 元時，該消費者的最適購買量為 6 單位。將第一單位至第六單位每一單位之願意支付最高價格與實際支付價格的差價加總起來，即為該消費者的消費者剩餘。亦即，個人需求曲線以下，縱軸與市場價格線圍起來的面積，即為該消費者的消費者剩餘。

將上述定義及步驟延伸到整個市場，欲衡量整個市場所有消費者的福利水準加總，我們可以利用市場供需架構來衡量。以圖 5.12

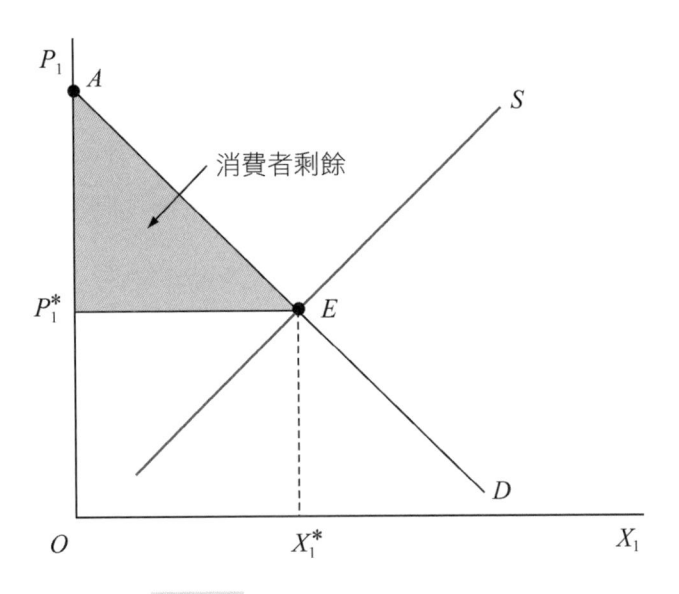

圖 5.12 整個市場的消費者剩餘

為例,首先,透過市場需求與供給曲線相交點(點 E)決定市場價格(P_1^*)與市場交易量(X_1^*);然後,依據消費者剩餘定義,市場價格線以上,需求線以下及縱軸圍起來的直角三角形 AP_1^*E 面積,即為整個市場的消費者剩餘。

5.5　存在交易成本的消費決策模型

　　至目前為止,在探討家計消費行為時,我們皆假設家計的消費行為不需交易成本。在經濟學裡,交易成本指的是:在進行任何一筆交易行為時,家計花在蒐集、整理與分析相關訊息、簽約及監督契約順利進行的時間與費用。事實上,在許多人類交易行為裡,交易成本是存在的;且隨著經濟與所得(工資率)成長,交易成本對家計消費行為的影響與重要性有逐漸升高趨勢。因此,當我們在探討家計消費行為時,若忽略交易成本的存在,決策出現誤差或瑕疵的機會就會提高。

　　雖然交易成本涵蓋了時間與費用,在建立存在交易成本的消費決策模型時，為了簡化起見，我們僅考慮時間的交易成本。令 X_i（$i=1, 2, \ldots, n$）代表第 i 種消費行為的消費量，P_i 代表每單位第 i 種消費行為的價格，I_0 代表非工作所得，w 代表工資率，T 代表可利用時間，t_i 代表進行一單位第 i 種消費行為所需之時間，且 $t_i \geq 0$，於是，第四章的家計消費決策模型就變成

$$\begin{aligned}
\text{Max. } & U = U(X_1, X_2, \ldots, X_n) \\
\text{s.t. } & P_1 \cdot X_1 + P_2 \cdot X_2 + \cdots + P_n \cdot X_n \\
& = I_0 + w \cdot [T - (t_1 \cdot X_1 + t_2 \cdot X_2 + \cdots + t_n \cdot X_n)]
\end{aligned} \quad (5.1)$$

其中，$t_i \cdot X_i$ 代表進行第 i 種消費行為總共需要之時間；$\sum_{i=1}^{n} t_i \cdot X_i$ 代表進行所有消費行為總共需要之時間；$[T - \sum_{i=1}^{n} t_i \cdot X_i]$ 代表工作時間；$w \cdot [T - \sum_{i=1}^{n} t_i \cdot X_i]$ 代表工作所得。值得注意的是，模型式（5.1）的可支配所得包含了非工作與工作所得[2]。

為了方便比較起見，我們再令 $n=2$，比照式（4.14），存在交易成本的消費決策模型式（5.1）所推導出的消費者均衡條件如下：

$$\frac{MU_{X_1}}{MU_{X_2}} = \frac{P_1 + w \cdot t_1}{P_2 + w \cdot t_2} \quad (5.2)$$

其中，$w \cdot t_i$ 代表每進行一單位第 i 種消費行為所需的交易（時間）成本；$P_i + w \cdot t_i$ 代表每進行一單位第 i 種消費行為所需的全部成本（full costs）；式（5.2）等號的右邊就代表第一種消費行為的相對成本。將式（5.2）與第四章的式（4.14）作比較，我們發現，在交易成本存在的情況下，為了追求最大效用，除了消費財的單位價格，消費者尚需考慮每單位消費行為所需的交易成本。

---

[2] 也就是說，第四章可支配所得全部來自於非工作所得的假設已被放鬆。

5.6 消費者均衡分析的應用

在人類日常生活裡，應用得到消費者均衡分析與消費者剩餘的案例相當多，本章僅選擇其中比較有趣的六個個案來討論。

個案 5.1　實物或現金當生日禮物的選擇

當妳（你）有個不具特殊感情（男女之情或親情）的親友過生日時，假設進口蘋果每個的價格為 50 元，她（他）會比較喜歡妳（你）送給她（他）10 個進口蘋果或 500 元現金當生日禮物？

如圖 5.13 所示，橫軸代表進口蘋果數量，縱軸代表她（他）花在其他消費財的費用（Y）。縱軸的截距（I）代表可支配所得；橫軸截距（$C=I/50$）代表她（他）最多可以買到的進口蘋果數量；IC 代表過生日前的所得預算線，其斜率等於負的進口蘋果價格（-50）。假設妳（你）送給她（他）10 個進口蘋果當生日禮物，點 I 會水平往外移到點 B，IB 的水平距離為 10 個進口蘋果，水平

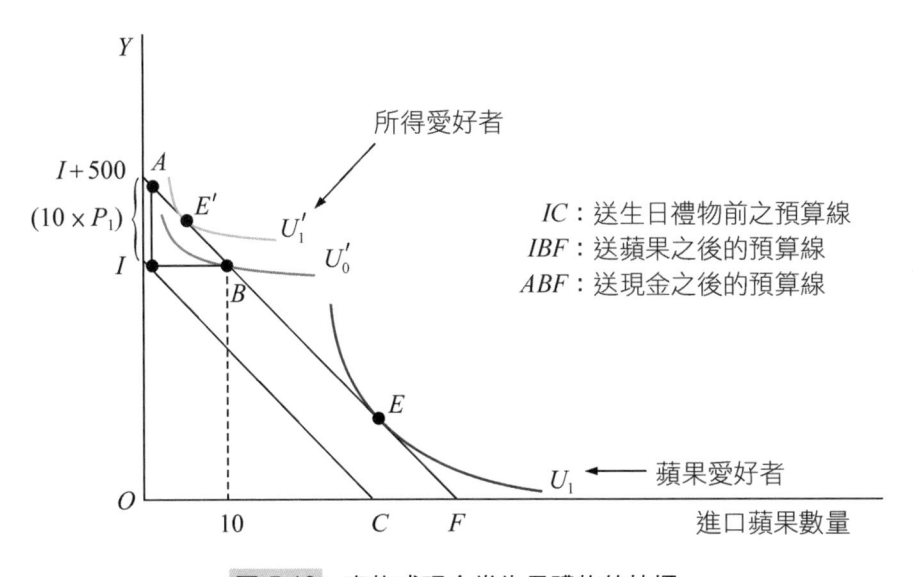

圖 5.13　實物或現金當生日禮物的抉擇

線段的斜率為 0，代表這 10 個進口蘋果是免費的（free）；同理，點 C 亦會水平往外移到點 F；BF 線段的斜率與 IC 線的一樣，代表她（他）消費了 10 個蘋果後，若還意猶未盡，還是可以繼續增加消費，但必須以市場價格（50 元）來買。所以，妳（你）給了她（他）10 個進口蘋果後，她（他）所面對的新所得預算線為 IBF。相反地，假設妳（你）送給她（他）500 元現金當生日禮物，縱軸截距變為 I+500，代表她（他）的可支配所得增加了 500 元；而這 500 元如全部用來買進口蘋果，最多可以買到的進口蘋果的數量可以增加 10 個（=500/50），故橫軸的截距亦會由點 C 水平外移到點 F。所以，妳（你）給了她（他）500 元後，她（他）的新所得預算線變成 AF，其斜率與舊所得預算線（IC）一樣。將兩種送禮方式作比較，給現金當生日禮物的可行性消費集合不僅比給等值進口蘋果的大，且包含後者，其差距為直角三角形 AIB 的面積，代表的通俗意義為：若給現金生日禮物，她（他）還是可以選擇所有實物生日禮物容許其篩選的消費組合點；但反過來，卻不成立。

現把受禮者的無異曲線圖加進來，我們發現，若她（他）屬蘋果愛好者，其無異曲線會較陡，消費均衡點會落在兩種送禮方式之所得預算線的重疊部分（BF），代表兩種送禮方式可以給她（他）的最大效用水準都是一樣的，也就是說，蘋果愛好者對兩種送禮方式都一樣喜歡。相反地，若受禮者屬所得或現金愛好者，其無異曲線會較為平坦，實物生日禮物可以達到的最大效用水準為 U'_0；而現金生日禮物可以達到的最大效用水準為 U'_1，且 $U'_1 > U'_0$。所以，所得愛好屬性的受禮者會比較喜歡現金當生日禮物。

圖 5.14 眷村改建方案的抉擇

個案 5.2　眷村改建方案的抉擇

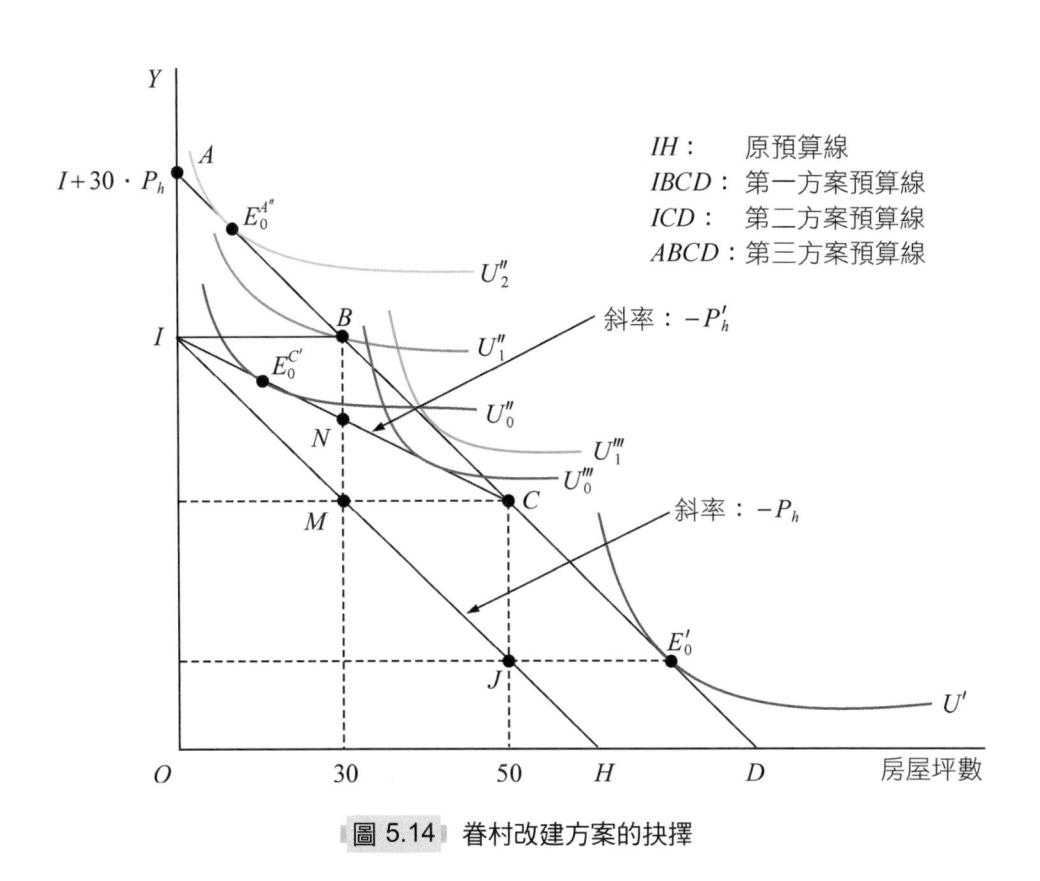

假設政府針對眷村改建擬了下列三種方案：

① 改建後，原住戶可享 30 坪免費，但 20 年內不得轉賣；超過 30 坪之部分，需以當地市價（P_h）購買。

② 改建後，原住戶可以優惠價格（P'_h，$P'_h < P_h$）買到 50 坪，若未滿 20 年轉售他人，須繳回優惠價差；超過 50 坪之部分，需以當地市價購買。

③ 直接用現金給付（30 坪×市價）請原住戶搬走；改建後，如欲購買，則依當地市場價格交易。

且不管採何種方案，政府對每一原住戶編列的預算皆相同（=30 坪房屋的市價）。若妳（你）是眷村原住戶，妳（你）會偏好哪一方案？

令橫軸代表房屋坪數，縱軸代表原住戶花在其他消費財的費用（Y），圖 5.14 顯示，在眷村改建方案未被引進前，縱軸的截距（I）代表該原住戶原有的可支配所得；橫軸的截距（H）代表該原住戶若將全部可支配所得用來買房屋，至多可購買到的房屋坪數；IH 線就代表原有的所得預算線，其斜率為負的房屋市價（$-P_h$）。眷村改建方案引進後，該原住戶若選方案 ①，所面對的新所得預算線為 IBD，IB 為水平線段，其斜率為零，代表這 30 坪是免費的，BD 線段的斜率與 IH 線的相同；若選方案 ③，新的所得預算線為 AD，點 A 的縱軸座標為 $I+30 \cdot P_h$，代表領了現金給付以後，可支配所得增加了 $30 \cdot P_h$，AD 線的斜率與 IH 線相同，代表：領了現金給付，於眷村改建後，若原住戶仍想回來住，必須按當地市價來買；若選方案 ②，新的所得預算線為 ICD，CD 線段的斜率與 IH 線相同，代表：超過 50 坪部分必須依當地市價來買，但 IC 線段的斜率為負的[3]，且其絕對值（P'_h）小於 IH 線段的（P_h），顯示 P'_h 為優惠價格。方案 ① 與 ② 20 年不能轉售的但書若不存在，其所得預算線就會跟方案 ③ 一樣。此外，若選擇方案 ②，且購買坪數大於或等於 50 坪，享受的優惠為點 C 與點 J 的垂直距離（$=30 \cdot P_h$），剛好把每一原住戶編列的預算用完；但若只購買 30 坪，則享受到的優惠為點 N 與點 M 的垂直距離（$< 30 \cdot P_h$），也就是說，若購買的坪數小於 50 坪，就代表該原住戶未把政府編列給每戶的預算用完。將三種方案所對應的可行性消費集合作比較，方案 ③ 的包含方案 ① 的，而方案 ① 的包含方案 ② 的。三種方案的所得預算線在 CD 線段是重疊的；除了 CD 線段外，方案 ① 與 ③ 亦在 BD 線段是重

---

[3] IC 線段來自於兩點法。首先，若原住戶選方案 ②，其可支配所得未變，仍為 I，因此，預算線在縱軸的截距仍為點 I；其次，在橫軸上先找到 50 坪，往上畫垂直線與 AD 線相交，可得點 C，代表：若該原住戶選方案 ②，且以優惠價格剛好購買 50 坪，則其所享受到的補貼總額（$=CJ$ 垂直距離）等於政府對每一原住戶所編列之預算（$=AI$ 垂直距離）；點 I 與點 C 連接後的 IC 線段即為原住戶選方案 ②，且購買坪數小於或等於 50 坪時所面對的預算線。

疊的。把原住戶的無異曲線加進來後,我們發現,若該原住戶屬房屋愛好者,亦即,她(他)比較喜歡大於 50 坪的房子,其消費均衡點會落在 CD 段的點 E'_0,三種方案能給她(他)的最大效用水準(U')皆一樣。若該原住戶屬所得愛好者,亦即,她(他)比較喜歡小於 30 坪的房子,方案 ③ 能給她(他)的最大效用水準(U''_2)大於方案 ① 的(U''_1),而後者又大於方案 ② 的(U''_0)。若該住戶的主觀偏好介於上述兩極端中間,亦即,她(他)比較喜歡介於 30 坪與 50 坪間的房子,其可能結果是:方案 ① 與 ③ 能給她(他)的最大效用水準(U'''_1)皆一樣,而方案 ② 的只能達到 U'''_0,且 $U'''_0 < U'''_1$。

個案 5.3　糧食價格上漲與社會救濟金調整

在糧食價格上漲後,領社會救濟金的低所得家庭之福利水準通常會受衝擊。為了彌補上述衝擊所導致的損失,政府通常會企圖對社會救濟金有所調整。若低所得家庭的社會救濟金按消費者物價指數的變動率調整,是否會出現補償不足或過度補償的情況?

令橫軸代表糧食數量,縱軸代表某一低所得家庭花在其他消費財的費用(Y),圖 5.15 的 AB 代表糧食價格上漲前該低所得家庭的所得預算線,消費均衡原來落在點 C,原有效用水準為 U_2。糧食價格上漲後,所得預算線由 AB 依順時鐘方向往內旋轉成 AD,消費均衡點變為點 E,效用水準降為 U_1,$U_1 < U_2$。面對新的消費財價格,若政府希望能將該低所得家庭的效用水準提升回到原來的效用水準(U_2),根據補償變量(CV)的概念,社會救濟金的調整幅度應是縱軸的 GA。現若依消費者物價指數的變動率調整,由於消費者物價指數的衡量係針對某一特定消費組合,以當期各種消費財價格購買該組合的總費用除以基期(base year)各種消費財價格購買同一

圖 5.15 救濟金調整

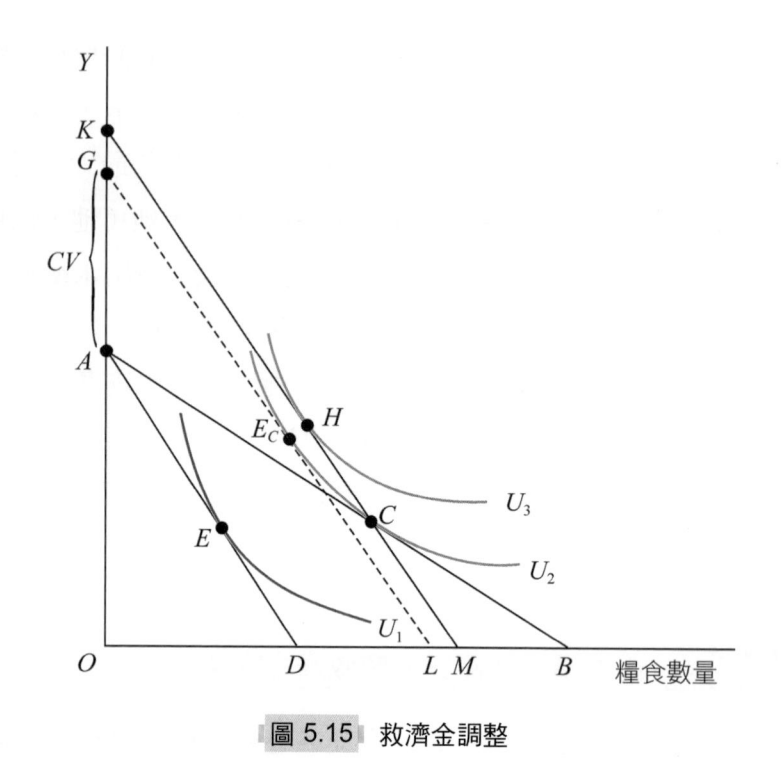

組合的總費用，再乘以 100 而得。所以，若依消費者物價指數變動率調整社會救濟金，就相當於要讓該低所得家庭按新的消費財價格可以買到原來的消費組合點（點 C），其圖形變動就相當於將新所得預算線 AD 平行往外移直到 KM 線通過點 C 才停止。在點 C，新所得預算線斜率大於無異曲線的斜率，亦即花在其他消費財上最後一元的邊際效用＞購買糧食最後一元的邊際效用，故該低所得家庭會少買糧食，多買其他消費財，也就是說，會沿著 KM 線由點 C 往左上方移動，直到 KM 線與無異曲線 U_3 相切於點 H 為止。很明顯地，按照消費者物價指數變動率調整社會救濟金後，會使該低所得家庭的最大效用水準提升到比糧食價格上漲前還高。從縱軸來看，按照消費者物價指數變動率所調整的社會救濟金增加量為 KA，比補償變量 GA 還大。所以，它當然是屬過度補償。至於會導致過度補償的原因，則是按照消費者物價指數變動率來調整社會救濟金為忽略了糧食價格上漲的替代效果。

個案 5.4 課多少退多少平民怨

　　基於節約能源與／或環保的考量，政府通常會對汽油使用者增加課徵燃料稅；但，由於臺灣每年都有選舉，政府又擔心汽油使用者不把票投給執政黨，於是，就有可能實施「課多少退多少」以弭平前述負面衝擊。妳（你）覺得，「課多少，退多少」真能平民怨嗎？

　　令橫軸代表某一開車者的年汽油消費量，縱軸代表她（他）花在其他消費財的費用，圖 5.16 的 AB 線代表增加課徵燃料稅前的所得預算線，而原有效用水準為 U_2，原有消費均衡點為點 C，原有的汽油消費量為 4800 公升。由於稅後的汽油價格上漲，稅後的所得預算線會由 AB 線以順時鐘方向往內旋轉變成 AD 線，與較低效用

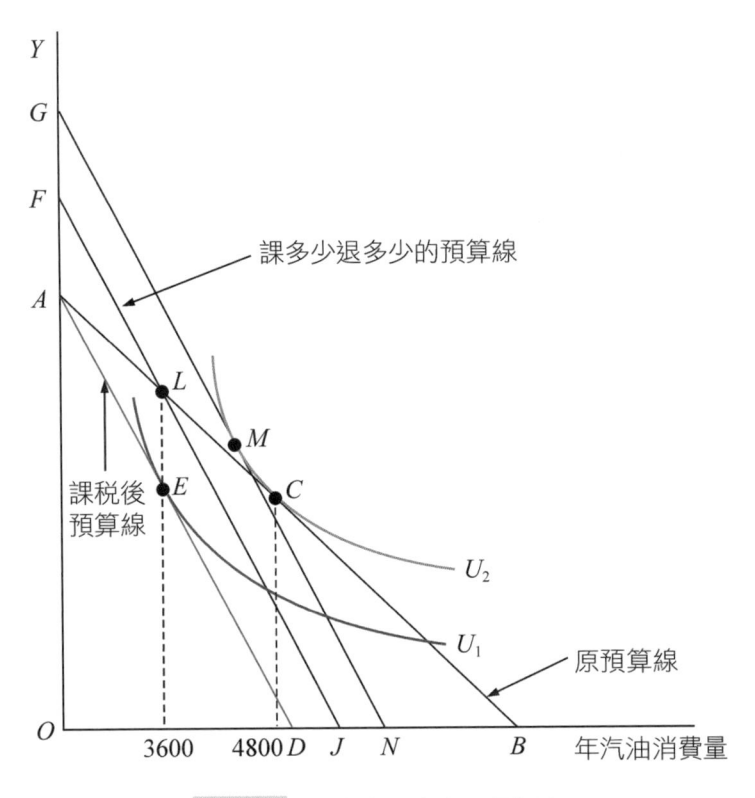

圖 5.16　課多少退多少平民怨？

水準（U_1）之無異曲線相切於新消費均衡點 E，新的汽油消費量為 3600 公升，該開車者為購買 3600 公升汽油而增加的負擔為點 L 與點 E 的垂直距離（簡稱 LE）。很明顯地，該開車者因燃料稅課徵而導致效用水準下降。政府在擔心其可能會抱怨與投情緒票的考量下，若將因燃料稅課徵而增加的負擔（LE）退還給她（他），面對新的消費財（含汽油）價格，所得預算線 AD 會平行往外移動變成 FJ 線。由於 AD 線與 FJ 線平行，縱軸上的 FA 就等於 LE，FJ 線就相當於是政府將 LE 退還給該開車者後的新預算線。很明顯地，「課多少，退多少」後的新所得預算線並無法讓該開車者的效用水準回復到原有效用水準（U_2）。若從縱軸來看，根據補償變量的定義，以新的消費財價格要讓該開車者回到原有效用水準（U_2）的補償變量應等於縱軸的 GA。由於 $GA>FA$，「課多少，退多少」顯然無法使該開車者回到原有效用水準。

個案 5.5　水與鑽石的矛盾

水與鑽石的矛盾：在現實社會裡，沒有水，人類就無法生存；沒有鑽石，雖然極少數的人可能會活得不快樂，絕大多數的人還是活得下去。奇怪的是，相對於鑽石，既然水對人類的永續生存具有極度重要性，但水卻是相當便宜；鑽石卻是相當昂貴。妳（你）如何解釋？

欲釐清上述矛盾，我們須先介紹「價值」這個概念。在經濟學裡，與價值相關的概念有兩種：**使用價值**（value in use）與**交換價值**（value in exchange）。前者來自消費者的主觀偏好或評價，可用最高願意支付價格或消費者剩餘來衡量；後者來自客觀的市場供需決定，可用市場價格來衡量。令橫軸代表水或鑽石的數量，縱軸代表水或鑽石的價格，圖 5.17 顯示，水的需求量非常大，且其需求曲線較為平緩；而鑽石需求相對少，且其需求曲線較為陡峭。此外，

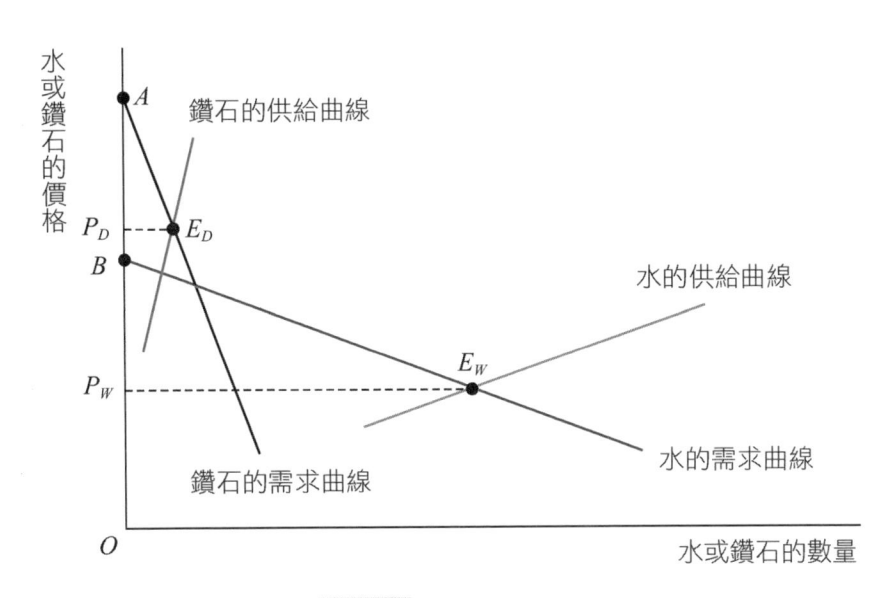

圖 5.17　水與鑽石矛盾

由於水資源蘊藏量較為豐富，鑽石的蘊藏量較為有限，所以，水的供給曲線較為平緩，而鑽石的供給曲線較陡峭。透過市場供需架構的分析，我們可發現，鑽石的市場價格（P_D）遠高於水的（P_W）；但是，鑽石的消費者剩餘（三角形 AP_DE_D）遠小於水的（三角形 BP_WE_W）。

個案 5.6　俱樂部運動與操場運動的興衰

在念大學時，學生為了健身、塑身或休閒目的，通常會選擇操場運動；畢業後，隨著薪資所得的不斷提升，愈來愈多人可能會逐漸以俱樂部運動取代過去的操場運動。針對此一行為，妳（你）如何解釋？

令 X_1 代表到健身俱樂部運動的次數，X_2 代表到操場運動的次數，P_1 代表每次到健身俱樂部的價格，P_2 代表每次到操場運動的價格，且 $P_1 > P_2$，t_1 代表每次到健身俱樂部運動所需的時間，t_2 代表每次到操場運動所需的時間，且 $t_1 < t_2$，模型式（5.1）可轉變成

$$\text{Max. } U = U(X_1, X_2)$$

$$\text{s.t.} \quad P_1 \cdot X_1 + P_2 \cdot X_2 = I_0 + w \cdot (T - t_1 \cdot X_1 - t_2 \cdot X_2) \quad (5.3)$$

令消費者均衡條件式（5.2）等號的右邊（每次健身俱樂部運動的相對成本）為 A，隨著畢業後工資率（w）的不斷成長，我們發現：

$$\frac{\Delta A}{\Delta w} = \frac{P_2 \cdot t_1 - P_1 \cdot t_2}{(P_2 + w \cdot t_2)^2} < 0 \quad (5.4)$$

式（5.4）代表的經濟意義為：假如其他條件不變，則隨著工資率的上漲，俱樂部運動的相對成本（A）會下降。因此，隨著工資率上漲，消費者會逐漸以相對成本下降的俱樂部運動取代相對成本上漲的操場運動。

關鍵詞

所得消費曲線　Income-consumption curve　80
恩格爾曲線　Engel curve　81
價格消費曲線　Price-consumption curve　83
替代效果　Substitution effect　86
所得效果　Income effect　86
補償變量　Compensating variation　87
季芬財　Giffen good　90
消費者剩餘　Consumer surplus　91
使用價值　Value in use　102
交換價值　Value in exchange　102

問題與應用

1. 隨著可支配所得的成長，消費者有可能將所有消費財皆當成劣等財嗎？
2. 當某一財貨為劣等財，其必也是季芬財，妳（你）同意嗎？
3. 網路上有人認為：對女生而言，帥哥為正常財；痞子為劣等財；好人為季芬財，如果妳（你）同意，其背後論述何在？

4. 對於任一低所得者而言，實物救濟（in-kind transfer）將永遠比現金救濟不受歡迎，妳（你）同意嗎？

5. 假設妳（你）經營一家西餐廳，餐廳內有提供主食、沙拉、甜點與飲料。為了吸引多一點的顧客上門，妳（你）會硬性要求顧客只能點用四種皆有的套餐，還是可點只有任三種或任兩種的套餐或容許其單點？

6. 政府希望降低汽油消費量，因此擬對每單位汽油課徵 10% 的燃料稅，試問在下列情況下，汽油消費量的降低幅度排列順序為何（從大排到小）？(1)汽油是季芬財；(2)汽油是劣等財；(3)汽油是正常財。

7. 假設某一消費者想要擁有大哥大電信服務，可供其選擇的大哥大公司只有兩家：中華電信與臺灣大哥大，且這兩家公司皆採兩部定價（two-part tariff）法收費，中華電信的收費方案為：每月收 100 元固定基本費，免費送 50 分鐘服務，超過 50 分鐘以後，每分鐘收 1 元變動費率；臺灣大哥大的收費方案為：每月收 200 元固定基本費，免費送 150 分鐘服務，超過 100 分鐘以後，每分鐘收 1 元變動費率。在面對上述條件下，妳（你）覺得該消費者會選購哪一家的服務？

8. 水的市場價格之所以會比鑽石低，主因為水的使用價值較低，妳（你）同意嗎？

9. 隨著工資率的上漲，搭高鐵會比搭臺鐵受人喜歡，妳（你）同意嗎？

CHAPTER 6

要素市場的家計決策行為

6.1 勞動市場的家計決策模型

6.2 勞動供給曲線的導引

6.3 跨期消費決策模型

6.4 跨期消費決策行為

6.5 要素市場家計決策行為的應用

至目前為止，我們所探討的家計決策行為乃是其在產品市場扮演消費者或需求者角色時的決策行為；且從第四章至第五章第四節，在探討家計決策行為時，我們仍假設：可支配所得全部為非工作所得；而且隱約假設所有消費財皆為**物質性消費財**（physical consumption goods），亦即，不包含**休閒性（或精神性）消費財**（leisure consumption goods）。事實上，在日常生活裡，人類用來直接滿足其慾望的消費行為同時涵蓋物質性與休閒性消費行為。對於後者，消費者除了需支付價格外，還需消耗時間。此外，在每個家庭的可支配所得裡，通常至少有一部分來自於工作，而工作亦需耗時間。由於每個人在某一特定期間之可利用時間是固定且有限的，而可利用時間等於休閒時間與工作時間相加，所以，消費者在追求個人最大效用時，除了會受到可支配所得限制外，亦會受到有限時間的規範，亦即，多工作一小時，就會少休閒一小時；反之，亦然。又因為可支配所得等於非工作所得與**工作所得**（working income）相加，而工作所得等於工資率乘以工作時間，所以，消費者在追求最大效用時，會同時遭受到非工作所得與可利用時間的限制。在上述消費行為裡，消費者係透過物質性與休閒性消費來追求最大效用，而前者取決於可支配所得；在非工作所得為已知、固定的情況下，可支配所得取決於工作所得；又在可利用時間與工資率為已知、固定的情況下，工作所得就取決於休閒時間。所以，休閒時間就變成唯一的決策變數。而在可利用時間已知、固定的情況下，最適的休閒時間一決定，工作時間亦同時決定。因此，上述消費決策亦相當於家計在勞動市場扮演供給者角色時的決策行為。

此外，在探討家計或消費者的消費決策模型時，我們一直假設她（他）是一個期間、一個期間分開、獨立做決策的。事實上，在日常生活裡，即使是小孩子，當她（他）喜歡上某一件東西，這件東西的價格若超過她（他）這個禮拜的零用錢，她（他）會想可否先跟父母預支未來的零用錢，或跟兄姊借錢；甚至在預支或借錢無門的情況下,她(他)也會想每個星期存一點錢,累積幾個星期後,就可存夠錢購買該種東西。長大變成大學生或研究生後,她(他)可能會在大一、大二或碩一存錢,以作為大三或碩二畢業旅行之用;甚至有人規劃大一至大四或至碩二要存多少錢,畢業後就可以有一筆創業基金。將上述行為升級至家庭管理上,一家之主可能煩惱的更多,剛結婚時,會規劃每年要儲蓄多少,以作為小孩的教育基金;上述目標達成後,還會規劃小孩未來結婚另立家庭的購屋訂金或全部價款;在對小孩未來謀生能力未具信心的情況下,甚至會提前規劃將來住進養老院的龐大費用。在經濟學裡,上述決策即為**跨期消費**(intertemporal consumption)決策。在當期(current period)所得已知的情況下,一旦家計決定了最適的當期消費水準後,其是否會在金融性資本或資金市場儲蓄或借錢就同時決定。所以,上述跨期消費決策行為就相當於家計在金融性資本或資金市場扮演供給者或需求者角色時的決策行為。

本章將首先探討家計在勞動市場的決策行為;然後,再探討家計在金融性資本或資金市場的決策行為[1];最後,則進行個案應用分析。

6.1 勞動市場的家計決策模型

令 X_i($i=1, 2, \cdots\cdots, n$)代表第 i 種物質性消費財的消費量,T 代表除了吃飯、睡覺、讀書以外的可利用時間,ℓ 代表休閒時間,P_i 代表第 i 種物質性消費財的價格,I_0 代表非工作所得,w 代表每小時的薪資(工資率)。於是,消費者的決策模型可設立如下:

---

[1] 根據 1.2 節的經濟活動流程圖,雖然生產要素還有自然資源與企業家才能,但因它們皆來自於上帝賜予或先天稟賦,為已知、固定,所以,也就沒有必要再探討其供給來由。

$$\text{Max. } U = U(X_1, X_2, \cdots\cdots, X_n; \ell)$$
$$\text{s.t.} \quad P_1 \cdot X_1 + P_2 \cdot X_2 + \cdots\cdots + P_n \cdot X_n = I_0 + w \cdot (T-\ell) \quad (6.1)$$

其中，$P_1 \cdot X_1 + P_2 \cdot X_2 + \cdots\cdots + P_n \cdot X_n$ 代表消費者花在所有物質性消費財之費用的加總，簡稱物質性消費支出；$T-\ell$ 代表工作時間；$w \cdot (T-\ell)$ 代表工作所得；$I_0 + w \cdot (T-\ell)$ 代表可支配所得。

為了將上述決策模型畫在二度空間的圖形上，我們首先令 Y 代表物質性消費支出，亦即，$Y = P_1 \cdot X_1 + P_2 \cdot X_2 + \cdots\cdots + P_n \cdot X_n$；再將式（6.1）效用函數括號內的 $X_1, X_2, \cdots\cdots, X_n$ 以 Y 代替，則式（6.1）就變成

$$\text{Max. } U = U(Y, \ell)$$
$$\text{s.t.} \quad Y = I_0 + w \cdot (T-\ell) \quad (6.2)$$

然後，令橫軸代表休閒時間（ℓ），縱軸代表物質性消費支出（Y），針對式（6.2）的預算限制式，圖 6.1 之橫軸截距（點 D），代表消費者將可利用時間（T）全部用來作為休閒之用；但，因有非工作所得（I_0）存在，即使不工作，消費者的物質性消費亦可達 I_0，亦

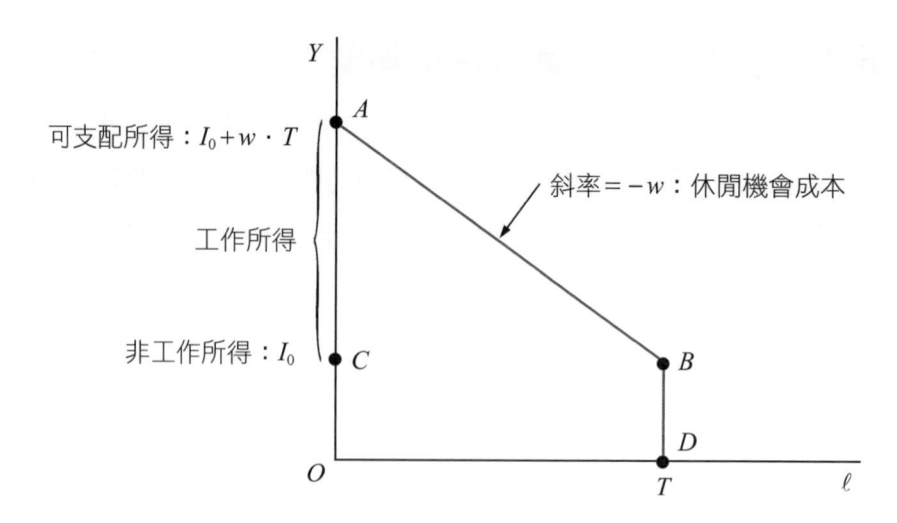

■ 圖 6.1 ■ 存在非工作所得的預算線

即,消費組合點 B 亦可供其選擇,BD 線段代表:消費者不工作時,所面對的預算線;此外,若消費者將可利用時間全部用來工作,工作所得等於 $w \cdot T$,可支配所得將等於 $I_0 + w \cdot T$,亦即,Y 最多可達 $I_0 + w \cdot T$,於是,我們可得點 A,AB 線段代表:在消費者有工作的情況下,所面對的預算線;將點 A、點 B 與點 D 連接起來,我們可得消費者所面對的預算線 ABD,其中,線段 AB 的斜率為 $-w$,代表休閒的(邊際)機會成本,也就是說,消費者若增加休閒時間一小時,她(他)就必須放棄工作所得 w。

再將消費者對休閒與物質性消費的無異曲線圖放進圖 6.1,式(6.2)的圖形就如圖 6.2。若預算線 ABD 最高可切無異曲線 U_0 於點 E_0,則均衡點 E_0 顯示:消費者為獲得最大效用,會分配 ℓ_0 時間作為休閒用;於是,工作時間為 $T - \ell_0$;最後,物質性消費支出則為 $I_0 + w \cdot (T - \ell_0)$。

當然,不同的消費者對休閒或物質消費(工作所得)相對偏好亦有可能不一樣。如果某一消費者屬休閒愛好者(leisure-lover),其無異曲線會比較陡(如圖 6.3 的 U_0^l),則預算線能夠切到的最高

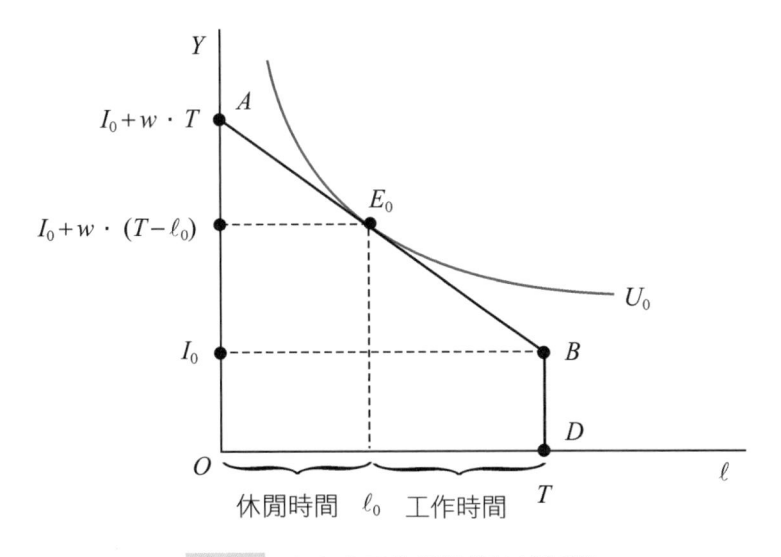

■ 圖 6.2 ■ 存在非工作所得的決策圖形

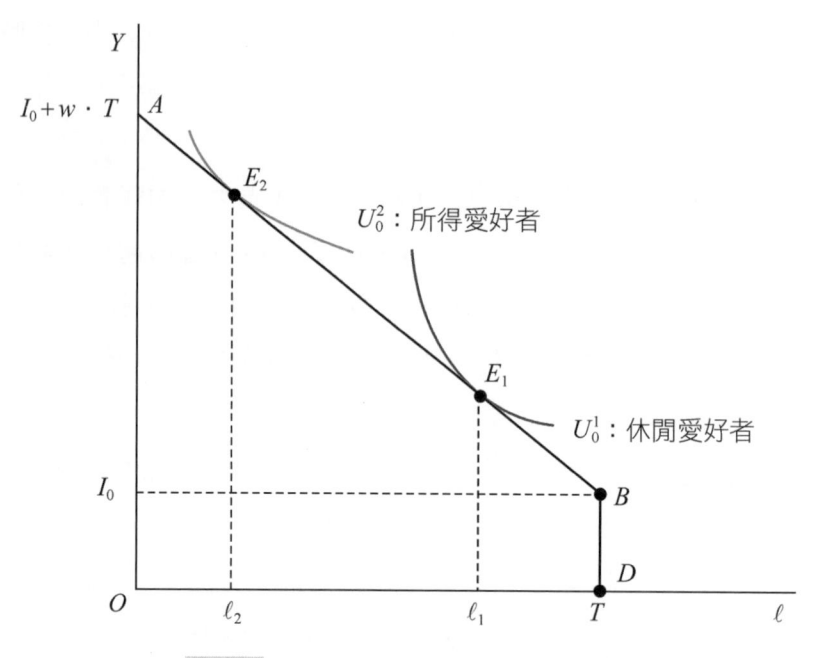

圖 6.3　休閒與所得愛好者的決策圖形

（效用水準）無異曲線之切點（點 E_1）會比較靠近點 B；相反地，如果另一消費者屬物質消費愛好者或所得愛好者（income-lover），其無異曲線會比較平緩，則預算線能夠切到的最高無異曲線之切點（點 E_2）會比較靠近點 A。將兩者的消費均衡點做比較，我們可發現，休閒愛好者的最適休閒時間會比所得愛好者的長（$\ell_1 > \ell_2$）；也就是說，前者的工作時間（$=T-\ell_1$）會比後者的工作時間（$=T-\ell_2$）短。

6.2　勞動供給曲線的導引

在二度空間的平面裡，勞動供給曲線乃代表工資率與工作時間之關係的軌跡。由於工資率是勞動的價格與休閒的機會成本，且工作時間與休閒時間具有逆向關係，所以，勞動供給曲線可透過無異曲線的比較靜態分析來導引，亦即，隨著外生變數工資率變動，消費者所面對的預算線會以圖 6.2 的點 B 為定點發生旋轉，消費均衡

點會跟著變動,休閒時間與工作時間亦會變動。為了方便導引起見,我們假設非工作所得為零,決策模型式(6.2)就可簡化為

$$\text{Max. } U = U(Y, \ell)$$
$$\text{s.t. } Y = w \cdot (T - \ell) \tag{6.3}$$

式(6.3)所代表的經濟意義為,在非工作所得不存在的情況下,所有的可支配所得全來自於工作,亦即,可支配所得等於工作所得。由於工作所得等於工資率乘以工作時間,所以,消費者在追求最大效用時,就相當於僅受到時間的限制。於是,預算線就變成如圖 6.4 上圖的直線(L_1、L_2 與 L_3)。當工資率為零時,預算線為橫軸上的 TO,消費均衡點為點 e_0,消費者的休閒時間與工作時間分別為 T 與零;當工資率上漲為 w_1 時,預算線以點 e_0 為定點順時鐘方向旋轉變成 L_1,消費均衡點為點 e_1,消費者的休閒與工作時間分別為 ℓ_1 與 $T-\ell_1$;當工資率從 w_1 上漲為 w_2 時,預算線旋轉變為 L_2,消費均衡點為點 e_2,消費者的休閒與工作時間分別為 ℓ_2 與 $T-\ell_2$;當工資率進一步從 w_2 上漲為 w_3 時,預算線旋轉變為 L_3,消費均衡點為點 e_3,消費者的休閒與工作時間分別為 ℓ_3 與 $T-\ell_3$。將不同工資率所對應的消費均衡點(點 e_0、e_1、e_2 與 e_3)連接起來的軌跡,被稱之為**提供曲線**(offer curve)。再令橫軸代表工作時間(H),縱軸代表工資率(w),將圖 6.4 上圖的消費均衡點 e_0、e_1、e_2 與 e_3 對應到下圖,可分別得點 O、E_1、E_2 與 E_3,而這些對應點連接起來的軌跡即為該消費者的個人勞動供給曲線。也就是說,上圖的提供曲線對應到下圖,即為勞動供給曲線。

根據供給法則,供給曲線的斜率應為正的,圖 6.4 的勞動供給曲線從原點至點 E_2,都符合供給法則;但點 E_2 以後,隨著工資率上漲,工資率與工作時間的關係卻是負相關,亦即,勞動供給曲線在點 E_2 以後就往後彎。欲探討其背後原因,我們需藉由補償變量來解剖工資率變動的總效果後,方能回答。以圖 6.5 為例,縱軸代表

■ 圖 6.4 勞動供給曲線的導引

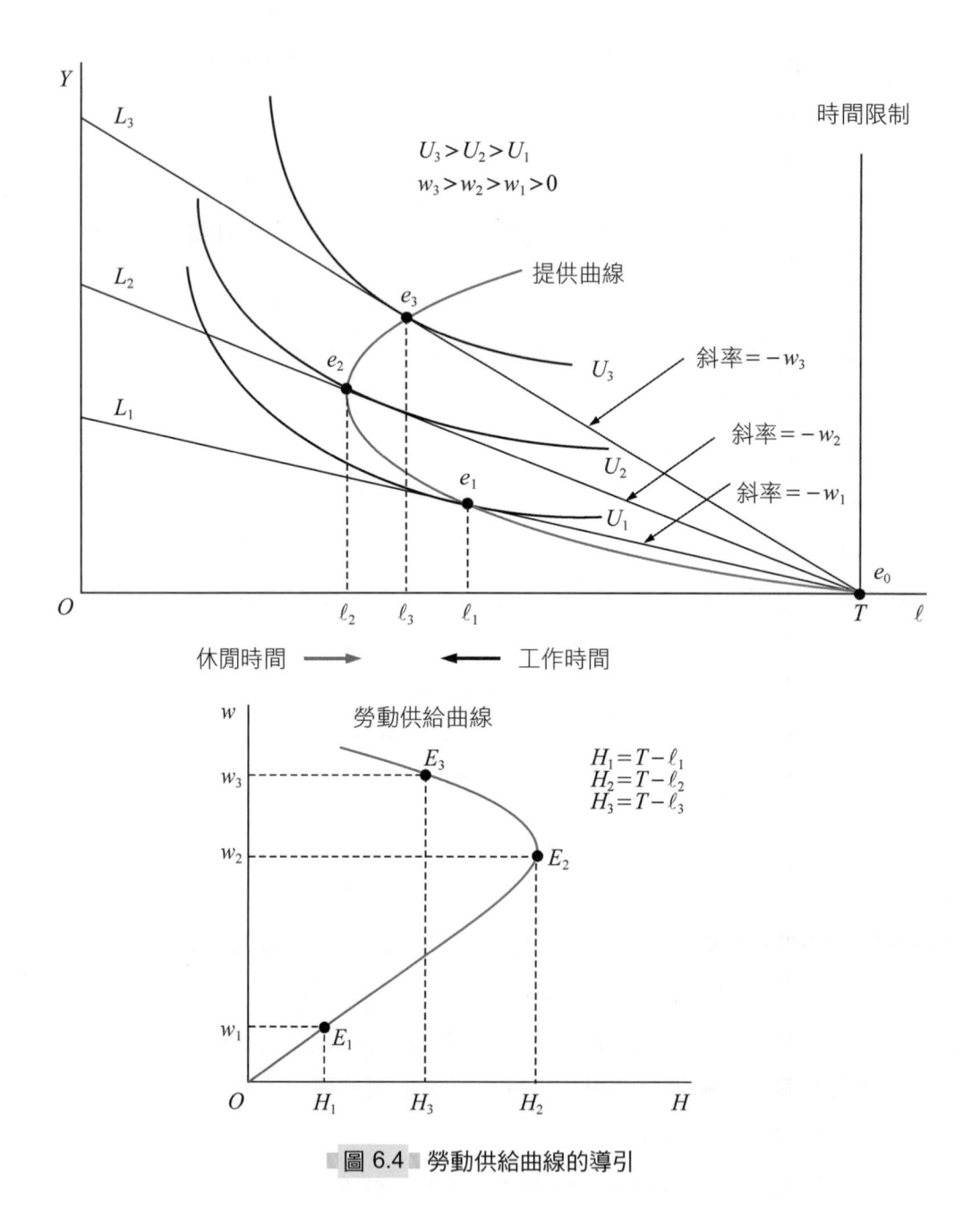

消費者花在物質性消費財的費用（Y）；在橫軸上，由原點往右看，代表休閒時間（ℓ）；由點 e_0 往左看，代表工作時間（H）。當工資率為 w_2 時，預算線為 L_2，消費均衡點為點 e_2，消費者的最大效用水準、休閒與工作時間分別為 U_2、ℓ_2 與 H_2；當工資率由 w_2 上漲為

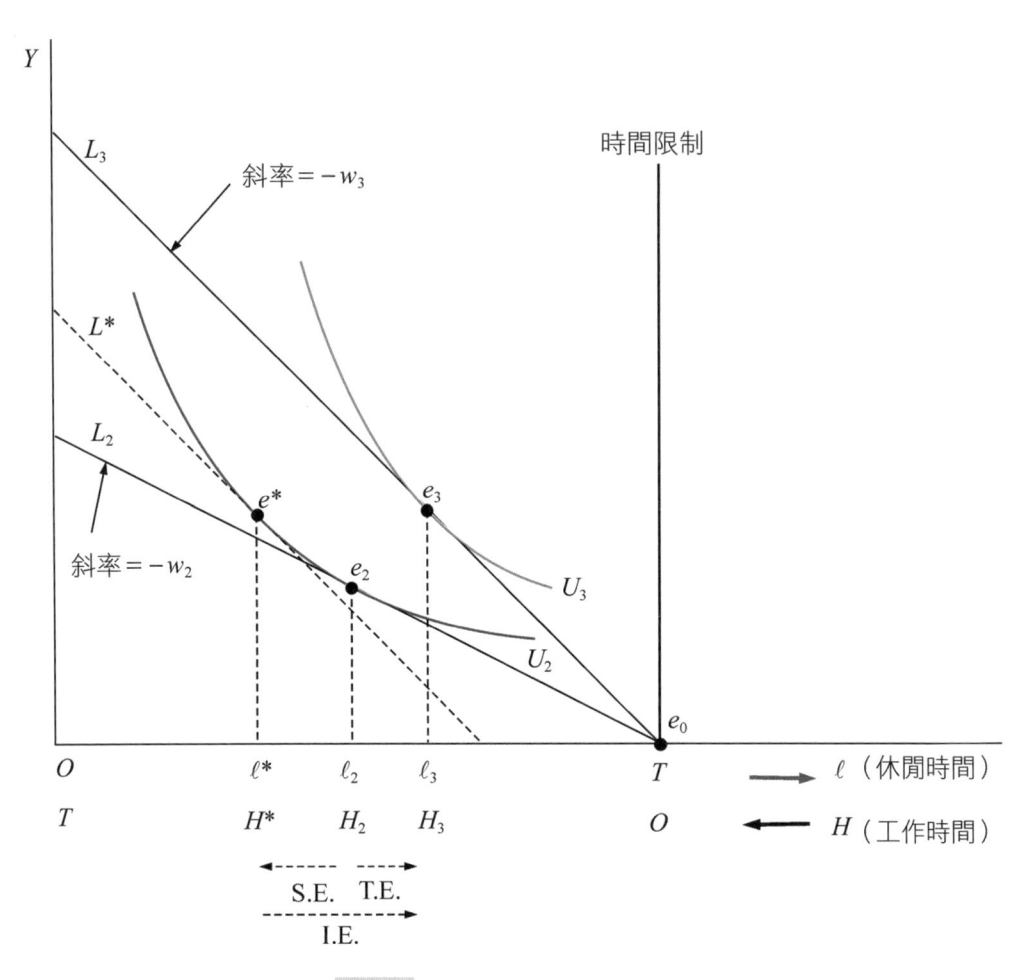

■ 圖 6.5 ■ 工資率變動效果的解剖

w_3 時,預算線從 L_2 順時鐘方向往外旋轉變為 L_3,消費均衡點為點 e_3,消費者的最大效用水準、休閒與工作時間分別為 U_3、ℓ_3 與 H_3。工資率上漲的總效果(簡稱 T.E.)為 $\ell_3 - \ell_2$ 或 $H_3 - H_2$,亦即,當工資率從 w_2 上漲為 w_3,該消費者會增加休閒時間($\ell_3 - \ell_2$),減少工作時間($H_3 - H_2$)。現在利用補償變量概念,依照新的預算線斜率或工資率(w_3),將該消費者由新效用水準(U_3)拉回到舊效用水準(U_2),消費均衡點為點 e^*,消費者的休閒與工作時間分別為 ℓ^* 與 H^*。於是,我們就可利用點 e^* 將工資率上漲的總效果切割成替代效果（簡稱 S.E.）與所得效果（簡稱 I.E.）。工資率上漲的替代效果為 $\ell^*-\ell_2$ 或 H^*-H_2，亦即，工資率從 w_2 上漲為 w_3，該消費者會減少休閒時間（$\ell_2-\ell^*$），增加工作時間（H^*-H_2）；而所得效果為 $\ell_3-\ell^*$ 或 H_3-H^*，亦即，隨著工資率從 w_2 上漲為 w_3，該消費者的工作與可支配所得會增加，於是，她（他）會增加休閒時間（$\ell_3-\ell^*$），減少工作時間（H^*-H_3）。而工資上漲的替代與所得效果加總起來為總效果，且因為所得效果大於替代效果，雖然工資率上漲了，但該消費者反而會增加休閒時間，減少工作時間。

圖 6.5 顯示，當工資率從 w_2 上漲到 w_3 時，隨著工作所得的增加，消費者視休閒為正常財，所以，對休閒的消費量亦會跟著增加。然在現實社會裡，不可否認地，會有少數人屬錢奴或工作狂，將休閒視為劣等財，隨著工資率與工作所得的增加，她（他）對休閒的需求量反而會減少，亦即，工作時間反而會增加。以圖 6.6 為例，隨著所得增加，預算線從 L_2 平行往外移動，變成 L_3，消費均衡點從點 e_2 變成點 e_3，休閒時間從 ℓ_2 減為 ℓ_3，工作時間從 H_2 增為 H_3。

將工資率變動的總效果切割成替代效果與所得效果後，我們就可以解釋勞動供給曲線為何會往後彎。在消費者視休閒為正常財的情況下，隨著工資率上漲，替代效果會使消費者減少休閒與增加工作時間；但所得效果會使消費者增加休閒與減少工作時間。當工資率剛開始從零上漲時，替代效果大於所得效果，所以，工作時間會增加；但，當工資率上漲超過某一水準後，所得效果會大於替代效果，即使工資率繼續上漲，工作時間卻會減少。然而，上述解釋隱約假設：隨著工資率上漲，替代效果會遞減而所得效果會遞增。此一假設合理嗎？讓我們回到圖 6.4，當工資率為零時，該消費者將可利用時間全部作為休閒用，工作時間、工作所得、可支配所得與花在物質性消費財的費用皆為零，根據邊際效用遞減法則，該消費者在休閒消費的邊際效用會很低，工資率上漲的所得效果會很弱；物質性消費的邊際效用會很高，工資率上漲的替代效果會很強。因此，

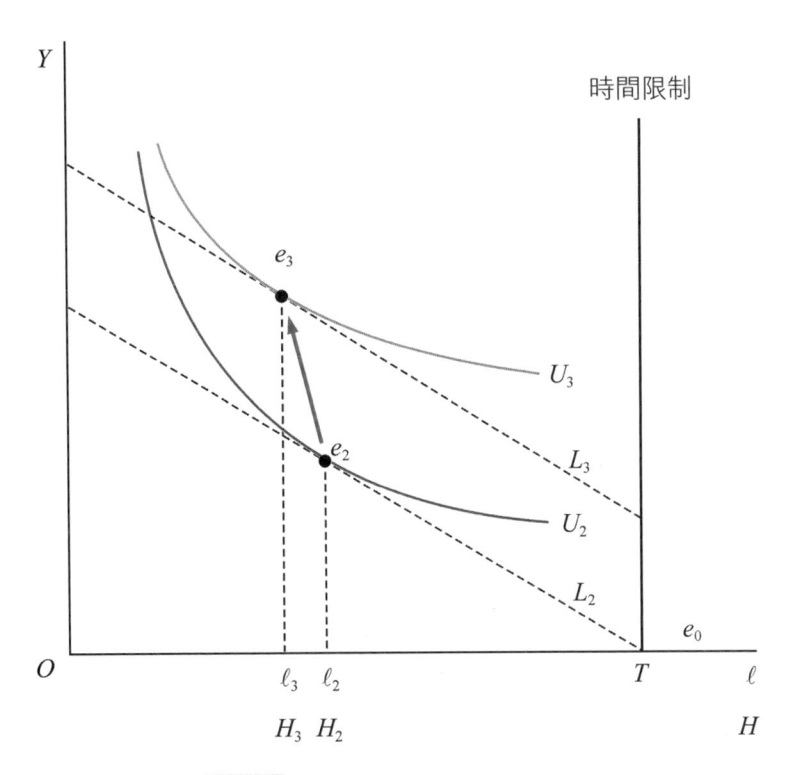

■ 圖 6.6 ■ 錢奴或工作狂的所得效果

當工資率剛開始從零稍微起漲時，替代效果會大於所得效果。但，隨著工資率持續上漲，由於邊際效用遞減法則的存在，一方面，工作時間、工作所得、可支配所得與物質性消費皆會增加，物質性消費的邊際效用與替代效果會遞減；另一方面，休閒時間會減少，休閒消費的邊際效用與所得效果會遞增。最後，所得效果會超越替代效果，導致工資率上漲反而使工作時間減少，勞動供給曲線往後彎。不過，假若某一勞動者是一個錢奴或工作狂，將休閒視為劣等財，由於工資率上漲的替代與所得效果皆會導致休閒時間減少與工作時間增加，所以，她（他）的勞動供給曲線就不可能往後彎。

6.3 跨期消費決策模型

本質上而言，在進行跨期消費決策時，決策者必須先釐清：

1. 納入規劃的未來期間有多長；
2. 在規劃期間內，每一期的可支配所得有多少；
3. 未來某一期間的一元，其現在的購買力（現值）是多少。

因此，在建立**跨期消費決策模型**（intertemporal consumption 或 life cycle model）時，我們首先假設：

1. 包含現在（當期）在內，某一家計納入規劃的未來期間共有 T 期；
2. 該家計目前這一期及未來 $T-1$ 期的所得分別為 $I_1, I_2, \cdots\cdots, I_T$；
3. 兩期之間的**折現率**（discount rate）為 i。

其次，令 U 代表規劃期間的總效用水準，C_i（$i=1, 2, \cdots\cdots, T$）代表第 i 期的消費水準，則該家計的**跨期效用函數**（intertemporal utility function）可設定如下：

$$U = U(C_1, C_2, \cdots\cdots, C_T) \tag{6.4}$$

也就是說，該家計在規劃期間的總效用水準取決於各期的消費水準。然後，該家計所面對的跨期預算限制條件則暫時利用**隱函數**（implicit function）形式設定如下：

$$f(C_1, C_2, \cdots\cdots, C_T; I_1, I_2, \cdots\cdots, I_T, i) = 0 \tag{6.5}$$

也就是說，在做跨期決策時，該家計所面對的預算限制包含內生變數（各期消費水準）與已知條件（各期所得水準與折現率）。然後，將式（6.4）與（6.5）合併起來，我們可建立該家計的跨期消費決策模型如下：

$$\text{Max. } U = U(C_1, C_2, \cdots, C_T)$$
$$\text{s.t. } f(C_1, C_2, \cdots, C_T; I_1, I_2, \cdots, I_T, i) = 0 \quad (6.6)$$

為了方便在二度空間的平面上畫圖，我們進一步令 $T=2$，其中，期間 1 代表現在；期間 2 代表未來。於是，該家計的跨期消費決策模型式（6.6）可簡化成：

$$\text{Max. } U = U(C_1, C_2)$$
$$\text{s.t. } f(C_1, C_2; I_1, I_2, i) = 0 \quad (6.7)$$

透過對式（6.7）的跨期效用函數進行全微分，並進行數學操作，我們可得該家計**跨期無異曲線**（intertemporal indifference curve）上某一點的斜率如下：

$$MRS_{C_1, C_2} \equiv \frac{\Delta C_2}{\Delta C_1} = -\frac{MU_{C_1}}{MU_{C_2}} \quad (6.8)$$

其中，MRS_{C_1, C_2} 代表現在與未來消費的邊際替代率；Δ 代表變動量；MU 代表邊際效用。直覺上，MRS_{C_1, C_2} 亦可用來代表該家計對現在與未來消費的跨期偏好。以圖 6.7 為例，令橫軸代表現在消費（C_1），

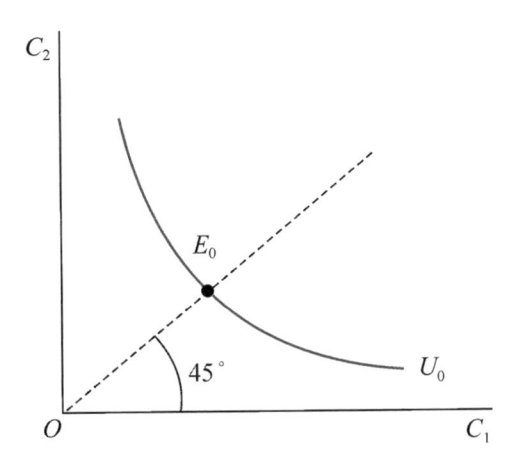

圖 6.7 跨期偏好圖形

縱軸代表未來消費（C_2），45°線（$C_1=C_2$）和無異曲線相交點（點 E_0）的 MRS_{C_1, C_2} 可被用來判斷該家計之跨期偏好。理論上而言，MRS_{C_1, C_2} 的絕對值可能 >1、$=1$ 或 <1，假設 $MRS_{C_1, C_2}=-1.5$，即表示為了增加現在消費 1 元，該家計願意放棄未來消費 1.5 元，代表該家計比較重視現在消費，亦即，該家計為及時行樂或缺乏耐心（impatient）型；假設 $MRS_{C_1, C_2}=-1$，表示為了增加現在消費 1 元，該家計只願意放棄未來消費 1 元，代表該家計屬先苦後樂或耐心（patient）型；假設 $MRS_{C_1, C_2}=-0.8$，表示若要該家計減少現在消費 1 元，妳（你）未來只要還她（他）0.8 元即可，此為不理性行為，故不在經濟學討論範圍[2]。此外，在現實社會裡，由於大多數人屬及時行樂型，所以，在本章中，我們假設決策者的 MRS_{C_1, C_2} 之絕對值皆大於 1。當 MRS_{C_1, C_2} 的絕對值愈大時，代表該家計愈重視現在的消費。

至於跨期預算限制條件的圖形，則因實際狀況的不同而有所差異，故我們將其留在下一節再詳細介紹。

6.4　跨期消費決策行為

依據實際狀況的差異，本節首先將客觀限制條件分成三種：

1. 假設金融資本市場存在，但決策者不會考慮做人力資本投資[3]；
2. 假設金融資本市場不存在，但決策者會考慮做人力資本投資；
3. 假設金融資本市場存在，決策者也會考慮做人力資本投資。

然後，分別在各種狀況下，探討家計的跨期消費決策行為。

一　存在金融資本市場但不考慮人力資本投資的跨期消費決策

由於有金融資本市場存在，決策者就有地方可存錢（儲蓄）與

---

[2] 在經濟學裡，我們通常假設決策者為理性的。
[3] 人力資本投資乃人類為提高其智慧、增進其知識與謀生能力的投資。

借錢,若現在的消費低於現在的所得,在不考慮進行人力資本投資的情況下,用不完的現在所得只有投入金融資本市場當儲蓄;當然,這筆儲蓄連本帶利可作為未來消費之用。相反地,若現在的消費高於現在的所得,透支之部分亦可從金融資本市場借得;不過,這筆負債必須連本帶利於未來還清。也就是說,儲蓄或借款的行為皆發生在現在,非未來,且「有金融資本市場存在」代表決策者有對象可以儲蓄或借款。由於決策是在現在做,所以,規劃期間的所得與消費支出都必須折算成現值。於是,決策者所面對之跨期預算限制條件為:未來這一生各期所得的現值加總等於未來這一生各期費用的現值加總,這也符合了式(6.5)所代表的含意。因此,在本狀況下,決策者所面對的特定(specific)跨期預算限制式為:

$$I_1 + \frac{I_2}{(1+i)} + \frac{I_3}{(1+i)^2} + \cdots\cdots + \frac{I_T}{(1+i)^{T-1}}$$
$$= C_1 + \frac{C_2}{(1+i)} + \frac{C_3}{(1+i)^2} + \cdots\cdots + \frac{C_T}{(1+i)^{T-1}} \tag{6.9}$$

其中,等號上面第二項代表第二期所得的現值,第三項代表第三期所得的現值,……;等號右邊第二項代表第二期消費支出的現值,第三項代表第三期消費支出的現值,……。

為了能將式(6.9)畫在二度空間的平面上,我們仍須做簡化工作。令 $T=2$,第一期代表現在,第二期代表未來,於是,式(6.9)可簡化為:

$$I_1 + \frac{I_2}{(1+i)} = C_1 + \frac{C_2}{(1+i)} \tag{6.10}$$

由於式(6.10)為二元一次式的線性函數,所以,其圖形為直線,且其斜率為:

$$\frac{\Delta C_2}{\Delta C_1} = -(1+i) \tag{6.11}$$

式（6.11）代表的經濟意義為：為了增加現在消費 1 元，根據資本市場利率（i），該決策者必須放棄未來 $1+i$ 元的消費，亦即，增加現在消費 1 元的機會成本為放棄 $1+i$ 元的未來消費。令橫軸代表現在消費（C_1），縱軸代表未來消費（C_2），由於跨期預算限制式（6.10）為直線，且其斜率為 $-(1+i)$，只要我們再找到它必會經過的某一點，就可畫出該預算線。由於 I_1 與 I_2 為已知，故其跨期預算線為通過原始稟賦（initial endowment）點 (I_1, I_2)，且斜率為 $-(1+i)$ 的直線，該點代表：若該決策者是那種每期有多少所得，就花費多少的人，亦即，$C_1=I_1$，$C_2=I_2$，屬於不賒不貸的人，那她（他）的跨期消費選擇點即為 (I_1, I_2)。有了該點，再搭配斜率，跨期預算線即如圖 6.8 所示。在不考慮人力資本投資的情況下，若金融資本市場不存在，該決策者將只有原始稟賦點可供其選擇；若金融資本市場存在，且該決策者考慮要儲蓄，則可供其選擇的跨期消費組合點涵蓋 AD 線段上的所有跨期消費組合點；同理，若金融資本市場存在，且該決策者考慮要借錢，則可供其選擇的跨期消費組合點涵蓋 DB 線段上的所有跨期消費組合點。

將圖 6.7 的無異曲線圖與圖 6.8 的跨期預算線合併在一起，該

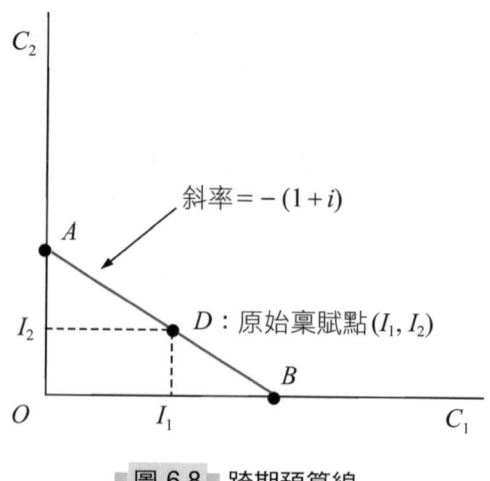

■ 圖 6.8 ■ 跨期預算線

家計就可進行跨期消費決策。若跨期預算線與無異曲線相切在原始稟賦點（請參考圖 6.9），則在均衡點 E_0，該家計選擇的現在消費為 C_1^*，恰好等於現在的所得（I_1），代表該家計既不賒也不貸。若跨期預算線與無異曲線相切在原始秉賦點的左上方（請參考圖 6.10），則在均衡點 E_0'，該家計選擇的現在消費為 C_1^{**}，小於現在的所得，代表該家計為儲蓄者（saver），其儲蓄金額為 $I_1 - C_1^{**}$。相反地，若跨期預算線與無異曲線相切在原始稟賦點的右下方（請參

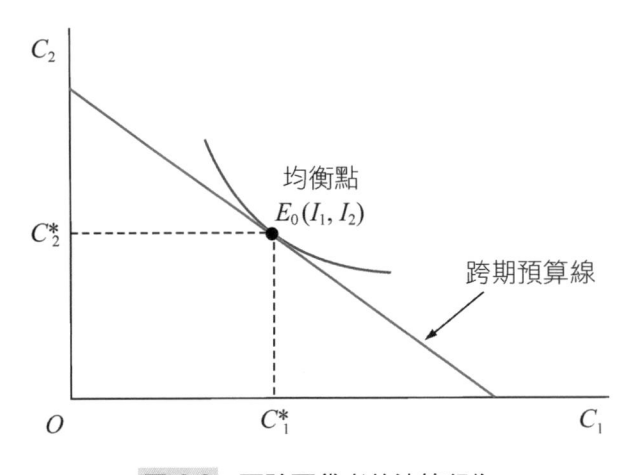

圖 6.9 不賒不貸者的決策行為

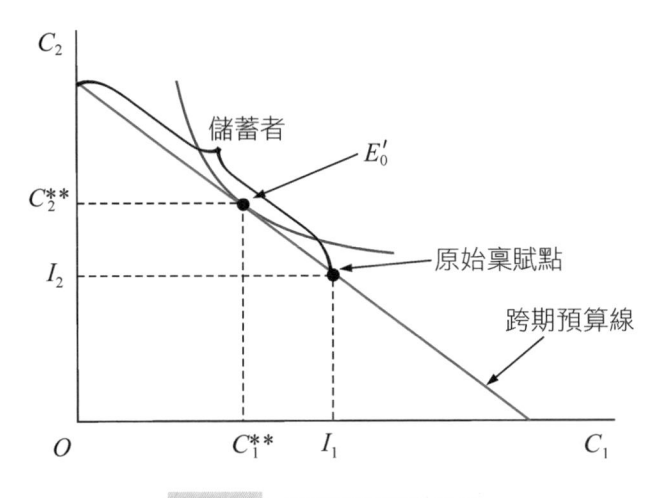

圖 6.10 儲蓄者的決策行為

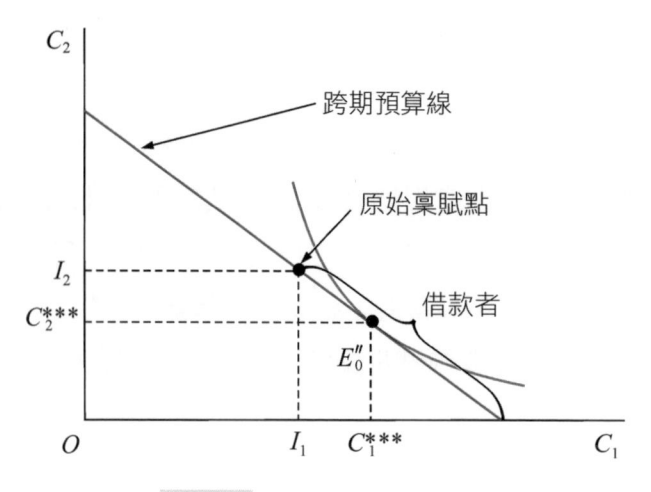

圖 6.11　借款者的決策行為

考圖 6.11），則在均衡點 E_0''，該家計選擇的現在消費為 C_1^{***}，大於現在的所得，代表該家計為借款者（borrower），其借款金額為 $C_1^{***} - I_1$。

在實務上，折現率通常以資本市場的利率來代表，也就是說，當後者發生變動，折現率與跨期預算線的斜率亦會跟著變動。以圖 6.12 為例，當資本市場的利率從 i_0 降為 i_1，因為原始稟賦點是跨期

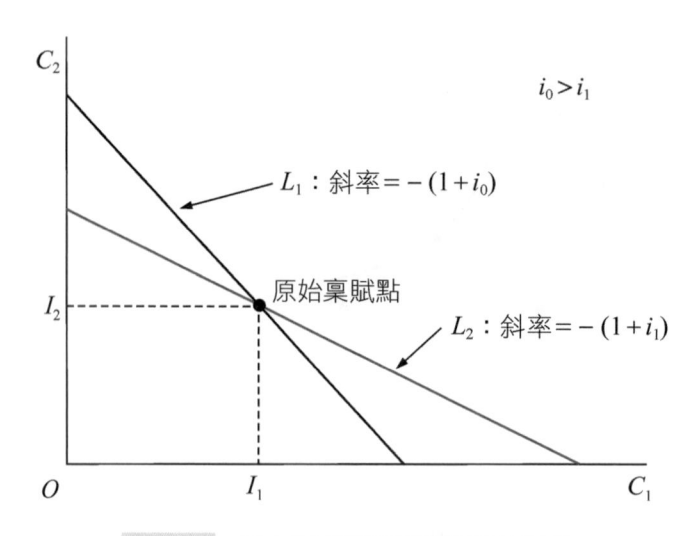

圖 6.12　利率下降對跨期預算線的影響

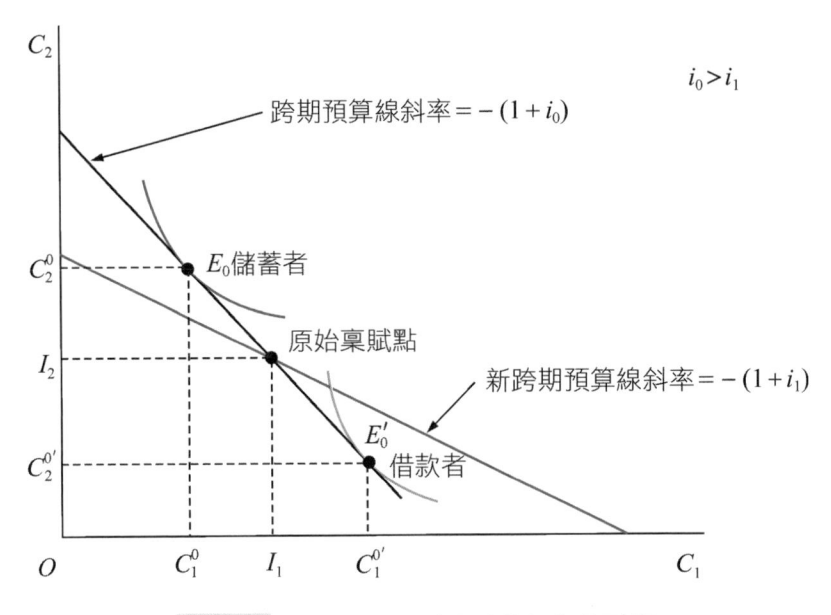

图 6.13 利率下降對跨期消費行為的影響

預算線必會通過之點，所以，跨期預算線會以該點為定點，由 L_1 逆時鐘方向旋轉變成 L_2，L_2 的斜率為 $-(1+i_1)$。

由於現在消費的機會成本或價格為 $(1+i)$ 的未來消費，所以，利率（i）變動也會像價格變動一樣，衍生替代效果與所得效果。以圖 6.13 為例，當利率從 i_0 降為 i_1，不管該家計屬儲蓄者或借款者，利率下降的替代效果都一樣為：現在消費的機會成本或價格下降，該家計會增加現在消費。由於現在的所得等於現在消費加儲蓄，且現在的所得為已知、固定，增加現在消費也就形同減少儲蓄。至於利率下降的所得效果，則會因該家計原為儲蓄者或借款者而有所不同。若原為儲蓄者，利率下降會使家計預期其未來利息所得會減少，可支配所得亦會減少，則她（他）會減少現在消費、增加儲蓄；相反地，若原為借款者，利率下降會使該家計預期未來的利息支出會減少、可支配所得會增加，則她（他）會增加現在消費、減少儲蓄。替代效果與所得效果合併起來，對於借款者，利率下降必定會使其增加現在消費與借款。但，對於儲蓄者，利率下降對其現在消費傾向與儲蓄意願之影響方向則不確定,須視替代與所得效果的相對大小而定,若替代效果大於所得效果,利率下降會使其增加現在消費、減少儲蓄;然若替代效果小於所得效果,利率下降會使其減少現在消費、增加儲蓄。

至於利率上漲對家計現在消費傾向與儲蓄意願的影響,仍然需要分別就借款者與儲蓄者分成替代與所得效果兩部分進行分析。不管對儲蓄者或借款者而言,利率上漲的替代效果會使她(他)減少現在消費、增加儲蓄。至於利率上漲的所得效果,對借款者而言,利率上漲的所得效果會使其減少現在消費與借款。替代與所得效果合併起來後,利率上漲必會使借款者減少現在消費、增加儲蓄。但,對儲蓄者現在消費傾向與儲蓄意願的影響方向,則跟利率下降一樣是不確定的,若替代效果大於所得效果,則利率上漲會使其減少現在消費、增加儲蓄;反之,若替代效果小於所得效果,則利率上漲會使其增加現在消費、減少儲蓄。

對借款者而言,其借款係用於現在消費,故上述借款屬消費性貸款。隨著利率的變動,該借款者會有不同的跨期消費均衡點與消費性貸款金額,將這些資料對應到橫軸為消費性貸款金額、縱軸為利率的平面上,我們可得該借款者的消費性貸款需求曲線。同理,對儲蓄者而言,隨著利率變動,該儲蓄者亦會有不同的跨期消費均衡點與儲蓄金額或可貸資金(loanable fund)供給量,將這些資料對應到橫軸為可貸資金供給量、縱軸為利率的平面上,我們可得該儲蓄者的可貸資金供給曲線。就整個市場而言,將每個借款者的消費性貸款需求曲線水平加總,我們可得消費性貸款的市場需求曲線;同理,將每個儲蓄者的可貸資金供給曲線水平加總,我們可得可貸資金的市場供給曲線。

在第一種狀況下,家計的現在所得若未用完,只能做為儲蓄;反之,家計的現在所得若小於現在的消費,就必須借錢。因此,現在的所得就等於現在的消費加上(減掉)儲蓄(借款)。又因為現在的所得為已知、固定，若現在的消費增加，則儲蓄（借款）就會減少（增加）；反之，若現在的消費減少，則儲蓄（借款）就會增加（減少）。也就是說，在本狀況下，家計要做的決策有兩種：跨期消費與儲蓄（借款），且這兩種決策是同時決定的。

二 金融資本市場不存在但考慮人力資本投資的跨期消費決策

在金融資本市場不存在的情況下，由於決策者無法儲蓄與借款，若現在的所得用不完，就只能做人力資本投資；反過來說，若欲進行人力資本投資，由於沒有地方可以借錢，其資金來源只有靠犧牲現在的消費，使其低於現在的所得，也就是說，現在所得未用完部分將全部作為人力資本投資。由於金融市場不存在，根據式（6.5），在本狀況下，決策者所面對的跨期預算限制條件就只包含各期消費水準與所得。假設現在與未來未進行人力資本前的所得分別為 I_1 與 I_2^0，消費者未來的消費水準就等於 I_2^0 加上現在人力資本投資所轉換的未來額外（incremental）所得。於是，式（6.5）的特定式變為：

$$C_2 = I_2^0 + f(I_1 - C_1); \quad f' > 1, f'' < 0 \tag{6.12}$$

其中，$I_1 - C_1$ 代表人力資本投資金額；$f(I_1 - C_1)$ 代表人力資本生產函數（human capital production function）；f' 代表人力資本投資的邊際報酬率（含本金），由於 6.3 節已假設 $MRS_{C_1, C_2} > 1$，所以，為了確保人力資本投資存在，我們亦假設 $f' > 1$；且由於人力資本投資亦受到邊際報酬遞減法則的規範，因此，人力資本投資的邊際報酬率的變動率為負的，亦即 $f'' < 0$。在二度空間的平面上，令橫軸代表現在消費（C_1），縱軸代表未來消費（C_2），依據式（6.12），由於現在的所得僅能做兩種用途：現在消費與人力資本投資，亦即，兩者相加等於現在的所得，若現在的所得（I_1）全部用來做現在消費用（C_1），未來消費（C_2）就只等於 I_2^0，我們得圖 6.14 的點 E_0；但，若現在的所得全部用來做人力資本投資（亦即，$C_1 = 0$），則未

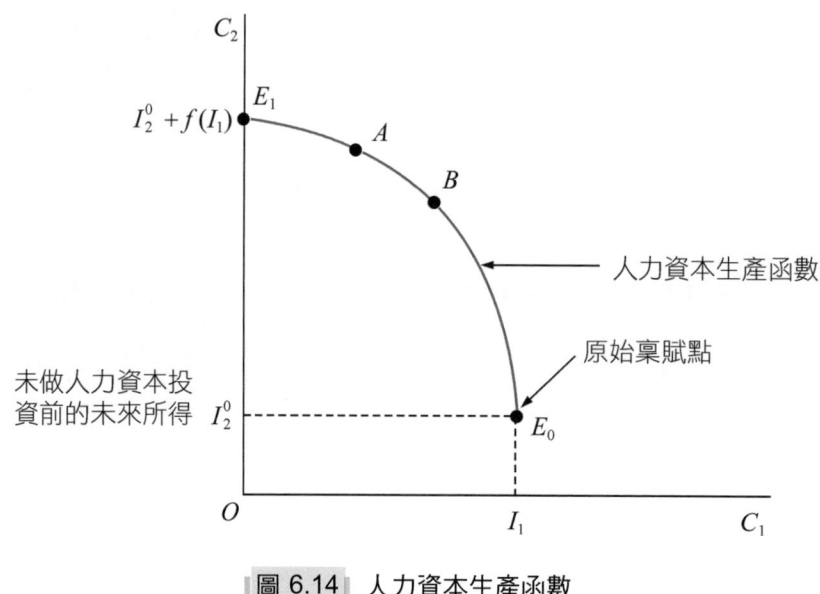

圖 6.14　人力資本生產函數

來消費就大於 I_2^0，且等於 $I_2^0+f(I_1)$，我們得到點 E_1；若只將部分的現在所得用來做人力資本投資，我們可得其他跨期消費組合點（如，點 A 與點 B），將這些跨期消費組合點（點 E_1、點 A、點 B、點 E_0）連接起來的軌跡，即為人力資本生產函數。也就是說，隨著人力資本投資的逐漸增加，該家計的跨期消費組合點會沿著人力資本生產函數往左上方移動。在此特別提醒讀者，圖 6.14 中人力資本生產函數的原點為 E_0；由 E_0 往左的距離代表投入人力資本的現在所得，往上的距離則代表投入人力資本所帶來的未來所得。由於受到邊際報酬遞減法則的規範，故圖形為一凹函數。

在引進新的跨期預算限制條件後，家計的跨期消費決策模型式（6.7）就變成

$$\begin{aligned}&\text{Max. } U = U(C_1, C_2)\\&\text{s.t. } \quad C_2 = I_2^0 + f(I_1 - C_1) \quad f' > 1, f'' < 0\end{aligned} \quad (6.13)$$

假設每個家計的人力資本生產函數皆相同，再將不同家計單位的跨期無異曲線圖納入圖 6.14，我們可得圖 6.15。由於家計甲較家計乙

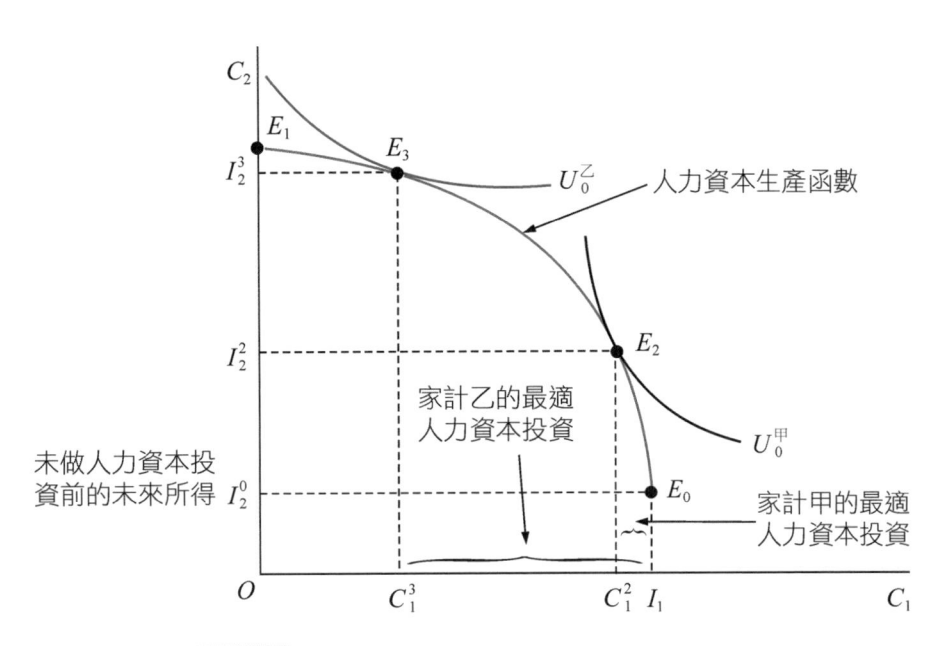

圖 6.15 金融資本市場不存在下的人力資本投資

重視現在的消費，亦即，其 MRS_{C_1,C_2} 的絕對值大於家計乙的。所以，家計甲與乙的跨期消費均衡點會分別落在點 E_2 與點 E_3，家計甲的現在消費、人力投資金額與未來的所得分別等於 C_1^2、$I_1 - C_1^2$ 與 I_2^2；家計乙的現在消費、人力資本投資金額與未來的所得分別等於 C_1^3、$I_1 - C_1^3$ 與 I_2^3。上述結果顯示，在金融資本市場不存在的情況下，家計的最適人力資本投資金額會受到跨期偏好的影響。若該家計是屬於及時行樂型，則其人力資本投資金額會較小，未來的所得會較低；反之，若該家計是屬於先苦後樂型，則其人力資本投資金額會較大，未來的所得會較高。

　　在第二種狀況下，由於家計的現在所得若未用完，只能做為人力資本投資用，所以，現在的所得就等於現在的消費加上人力資本投資。又因為現在的所得為已知、固定，若現在的消費增加，則人力資本投資就會減少；反之，若現在的消費減少，則人力資本投資就會增加。也就是說，在本狀況下，家計要做的決策有兩種：跨期消費與人力資本投資，且這兩種決策是同時決定的。

三 存在金融資本市場且考慮做人力資本投資下的跨期消費決策

在這種情況下,如果現在的所得用不完,與第一種狀況相比,家計除了將其投入金融資本市場外,尚可進行人力資本投資;同理,與第二種狀況相比,家計除了進行人力資本投資外,尚可投入金融資本市場,也就是說,現在用不完的所得之投資管道有兩個:金融與人力資本投資。此外,如果家計想進行人力資本投資,其資金來源除了來自犧牲現在的消費外,尚可從金融資本市場借得。於是,在金融資本市場存在,且家計也考慮做人力資本投資的情況下,家計要做的決策有三種:人力資本投資、跨期消費與儲蓄(或借款)。做跨期消費決策前,家計須先預估未來的所得,而未來的所得又取決於現在的人力資本投資,所以,在做跨期消費決策之前,必須先決定好人力資本投資。於是,此一狀況的決策須分為二個階段:人力資本投資決策與跨期消費決策。

第一階段:人力資本投資決策

由於家計的最後目的為追求最大跨期總效用水準,為達此一目的,她(他)必須想辦法讓自己的可行性跨期消費集合愈大愈好。在現在的所得與利率為已知、固定的情況下,可行性跨期消費集合的大小取決於未來所得(I_2),而未來所得的高低又取決於人力資本投資的大小。因此,令 PV 代表跨期總所得的現值,家計的第一階段決策模型可設定如下:

$$\text{Max. } PV = C_1 + \frac{I_2}{(1+i)}$$

$$\text{s.t. } I_2 = I_2^0 + f(I_1 - C_1) \quad f' > 1, f'' < 0 \quad (6.14)$$

其中,C_1 代表扣掉人力資本投資金額後可供跨期消費用的現在所得。將式(6.14)的限制式代入目標函數的 I_2,式(6.14)就變成下列無限制條件的極大化問題如下：

$$\text{Max.} \quad PV = C_1 + \frac{I_2^0}{(1+i)} + \frac{f(I_1 - C_1)}{(1+i)} \tag{6.15}$$

式（6.15）顯示，家計如欲使其跨期總所得的現值或可行性跨期消費集合極大化，她（他）必須對自己的人力資本投資做出適當的決策。以圖 6.16 為例，如果該家計完全不做人力資本投資，在第二階段，她（他）在金融資本市場作跨期消費決策的基準點就是原始稟賦點，隨著人力資本投資的逐漸增加，上述基準點就會沿著人力資本生產函數往左上方移動。因此，最適人力資本投資的決定可從成本效益分析法（cost-benefit analysis）或可行性消費集合極大法來進行。若採用前者，在存、放款利差為零的假設下，不管人力資本投資的錢是自己的或借來的，跨期預算線的斜率絕對值（$=1+i$）代表人力資本投資的邊際機會成本；而人力資本函數的斜率（f'）代表人力資本投資的邊際報酬率，在原始稟賦點時，若 $f' > 1+i$，該家計會做人力資本投資。於是，該家計的跨期消費基準點就會脫離

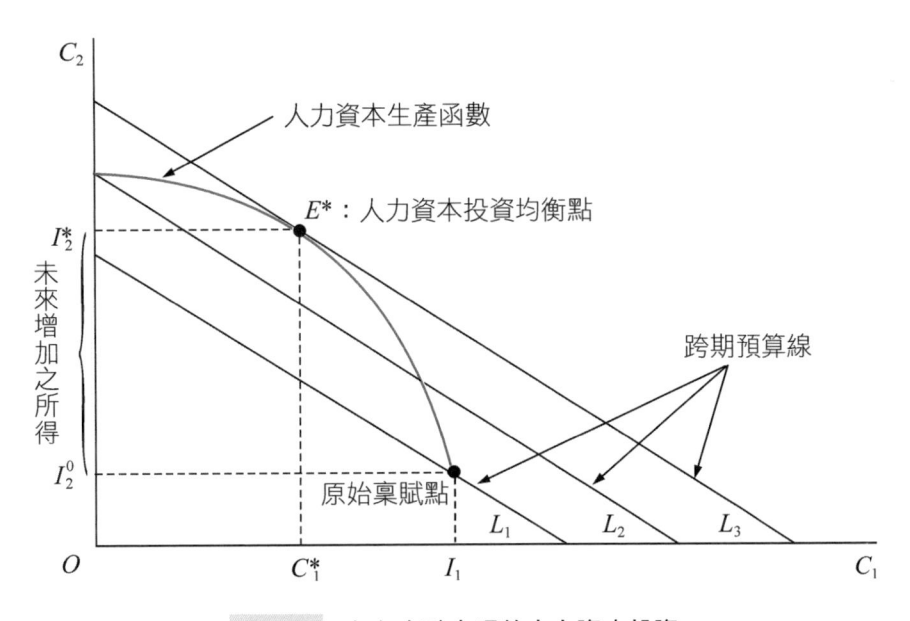

圖 6.16　存在金融市場的人力資本投資

原始稟賦點，沿著人力資本生產函數往左上方移動。只要 f' 仍然大於 $1+i$，人力資本投資就會持續增加，上述移動會持續進行，一直到點 E^*，$f'=1+i$，人力資本投資才不會繼續增加。因此，點 E^* 為人力資本投資的均衡點，且該家計的最適人力資本投資金額為 $I_1-C_1^*$。若採用可行性跨期消費集合極大法來分析，以 $-(1+i)$ 作為跨期預算線斜率，從原始稟賦點開始，沿著人力資本函數往左上方，針對不同的跨期消費基準點尋找其所對應之可行性跨期消費集合，如果後者是遞增的，人力資本投資就會持續增加，一直到可行性跨期消費集合已達最大。此一方法，就好像以通過原始稟賦點的跨期預算線（L_1）平行往外移動，一直到 L_3 與人力資本生產函數相切才停止。於是，切點（點 E^*）也就是人力資本投資的均衡點，且該家計的最適人力資本投資為 $I_1-C_1^*$，此時，第二階段的可行性跨期消費集合達到最大。值得注意的乃是，與金融資本市場不存在的人力資本投資決策相比較，我們可發現，存在金融資本市場的人力資本投資決策是完全不受跨期偏好的影響。因為，在第一階段，到目前為止，跨期效用函數或跨期無異曲線尚未被引進，但最適人力資本投資金額已被決定。最後，將 $I_1-C_1^*$ 代入式（6.14）的限制條件，我們可解出最適人力資本投資後的未來所得（I_2^*）。

第二階段：跨期消費決策

第一階段的 C_1^* 與 I_2^* 事實上是在第二階段可作為跨期消費決策用之現在與未來之可支配所得，故第二階段的跨期消費決策模型可建立如下：

$$\text{Max. } U = U(C_1, C_2)$$
$$\text{s.t. } C_2 = I_2^* + (1+i) \cdot (C_1^* - C_1)$$

或

$$C_2 = I_2^0 + f(I_1 - C_1^*) + (1+i) \cdot (C_1^* - C_1) \quad f' > 1, f'' < 0 \quad (6.16)$$

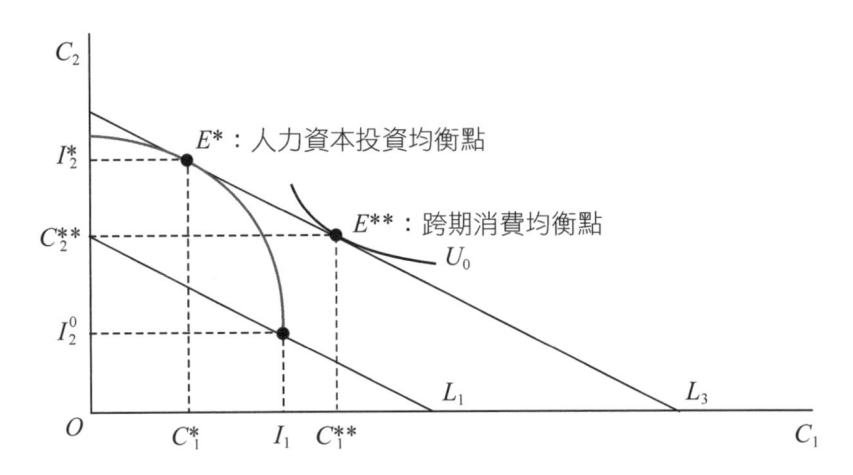

图 6.17 存在金融資本市場與最適人力資本投資下的跨期消費決策

若用圖形來表示的話，該家計第二階段所面對的跨期預算線為斜率等於 $-(1+i)$ 且通過點 E^* 的 L_3，再把該家計的跨期無異曲線圖放進來，L_3 可以切到之無異曲線（U_0）之切點（點 E^{**}）即為跨期消費均衡點。在點 E^{**}，該家計會選擇現在消費 C_1^{**}，未來消費 C_2^{**}（請參考圖 6.17）。綜合第一階段與第二階段的最適決策行為，我們可發現，該家計的現在總支出為現在人力資本投資加上現在消費，從金融資本市場舉債金額等於現在總支出減掉現在所得，亦即，為 $C_1^{**} - C_1^*$（$=(I_1 - C_1^*) + C_1^{**} - I_1$）；且，在有金融資本市場存在的情況下，不僅最適人力資本投資決策不會受到跨期偏好影響，而且人力資本投資決策與跨期消費決策亦可分開來做，此即金融理論裡的**分離定理**（the separation theorem）。

6.5 要素市場家計決策行為的應用

雖然有關要素市場家計決策行為在現實生活的應用案例不勝枚舉，本章僅篩選六個有趣案例進行討論。

個案 6.1 1970 年代中期前，臺灣人爭加班；現代臺灣人拒加班

　　臺灣在這四十多年的經濟發展過程裡，本土勞工的工作態度出現非常有趣且顯著的轉變。在 1970 年代中期前，在工廠當領班或班長的地位相當風光，班上組員為了平常能多點加班機會，逢年過節，會到領班或班長家裡送禮；但，在近十五年來，上述情形剛好倒轉過來，為了能說服組員願意加班以達成老闆臨時交付之任務，逢年過節，領班或班長會捐摸彩禮物，或直接送組員禮物。針對上述現象，妳（你）如何解釋？

　　在 1970 年代中期以前臺灣的製造業工作機會不多，多數勞工的工作時間少、休閒時間多，國民所得與物質消費水準比較低。因此，多數勞工的休閒邊際效用低、物質消費的邊際效用高。於是，即使加班的工資率比平常的稍高一點而已，只要有加班機會，替代效果很容易就會大於所得效果，也就是說，多數勞工會搶著加班（請參考圖 6.4 勞動供給曲線正斜率部分）。但，到了 1980 年代中期以後，臺灣的多數勞工所得與物質消費水準大幅提升，休閒時間遽減，於是，多數勞工的物質消費之邊際效用顯著下降、休閒之邊際效用明顯提升，隨著加班工資率的上漲，所得效果會超過替代效果，她（他）們的工作意願反而會下降（請參考圖 6.4 勞動供給曲線負斜率部分）。

個案 6.2 為下一代著想，別留太多遺產給她（他）們

　　在西方先進國家裡，不少富豪在生前會先立下遺囑，且希望在往生後把大部分遺產捐贈給慈善、公益或非營利團體，只留一小部分給自己兒女。難道她（他）們不喜愛自己兒女嗎？

在 6.2 節導引勞動供給曲線時，為了方便起見，我們假設非工作所得不存在，以致於工資率為零的物質消費之邊際效用非常的高。現在，若上一代所留下之遺產相當龐大，下一代的非工作所得很高，即使工資率與工作所得為零，物質消費水準亦會很高，其所對應的邊際效用會很低。所以，只要工資率稍微從零起漲，所得效果可能很快就會超越替代效果，該名富豪子女可能很快就喪失工作意願。也就是說，留愈多遺產給下一代，可能會愈快降低其工作意願。顧及此一負面效果，西方富豪才不願意留過多遺產給予自己的下一代。

個案 6.3 所得稅率降低，未必會提升工作意願

近十年來，臺灣的外勞愈來愈多。有人認為，其背後原因之一乃是本土勞工的工作意願低落。於是，她（他）們乃進一步建議降低所得稅率來提升本土勞工的工作意願。妳（你）的看法呢？

所得稅率下降會使稅後工資率上漲，然是否必然會使每個本土勞工的工作意願提高，則取決於所得稅率下降前、後個別勞工的供給曲線是位在正斜率部分或往後彎曲（負斜率）部分，如果下降前、後皆位在前者，則所得稅率下降會使稅後工資率上漲，且工作意願提升；相反地，如果下降前、後皆位在後者，則所得稅率下降雖然會使稅後工資率上漲，工作意願反而會下降；最後，如果下降前在正斜率部分，下降後落在負斜率部分，則所得稅率下降對工作意願的影響方向就不能確定，最後結果取決於其下降幅度（請參考圖 6.4）。

個案 6.4　提高利息所得免稅額不必然會提高每個人的儲蓄意願

臺灣早期為了經濟發展，乃大力鼓吹私人企業增加投資；然企業若欲增加投資，必須要有足夠的民間資金。於是，政府乃修訂所得稅法，允許利息所得稅有 36 萬元的免稅額。妳（你）覺得上述措施真能提高每個人的儲蓄意願嗎？

以圖 6.18 為例，橫軸代表現在消費（C_1），縱軸代表未來消費（C_2），i 代表利率，t 代表所得稅率。點 D 為原始稟賦點；稅前的跨期預算線為 $ABDF$，其斜率為 $-(1+i)$，點 D 代表家計的利息所得為零，由點 D 往點 A 的方向移動，代表家計的儲蓄與未來的利息所得愈來愈高；未有利息所得免稅額的稅後跨期預算線為 HDF，線段 HD 代表利息所得大於零，其斜率為 $-[1+i\cdot(1-t)]$，其中，$i\cdot(1-t)$ 代表稅後利率，由點 D 往點 H 移動，代表家計的儲蓄與未來的利息所得愈來愈高；有 36 萬元利息所得免稅額的稅後跨期預算線為 $GBDF$，點 B 代表家計的利息所得為 36 萬元，線段 BD 代表利

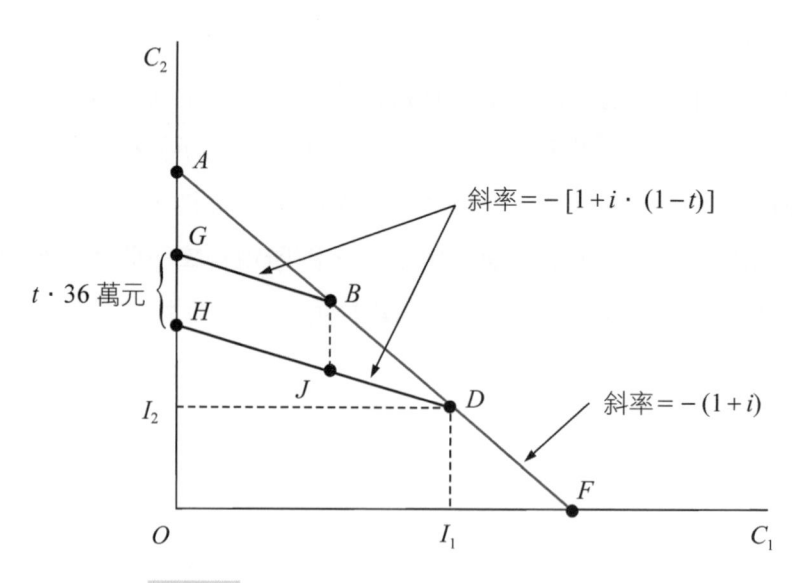

圖 6.18　利息所得免稅額對儲蓄意願的影響

息所得介於 0 與 36 萬元之間，而線段 GB 代表利息所得大於 36 萬元，其斜率為 $-[1+i\cdot(1-t)]$。點 B 往下畫垂直線與線段 HD 相交於點 J，該點亦代表家計的稅前利息所得為 36 萬元。假設本來有利息所得就得繳所得稅，現改為利息所得在 36 萬元以內，不需繳稅，唯有超過部分才需繳所得稅，此一所得稅法變動把跨期預算線由 HDF 變為 GBDF，其對家計儲蓄意願的影響可分為三段落來分析，對於利息所得小於或等於零的家計單位，由於稅法變動前後的跨期預算線都一樣為線段 DF，所以，稅法變動對這些家計的儲蓄意願未有任何影響。對於利息所得大於零且小於或等於 36 萬元之間的家計，跨期預算線由線段 JD 變為線段 BD，代表利率提高，上述所得稅法變動對這些家計儲蓄意願的影響取決於替代與所得效果的相對大小，若前者大於後者，則她（他）們會增加儲蓄；若後者超越前者，則她（他）們會減少儲蓄。對於利息所得大於 36 萬元的家計，跨期預算線由線段 HJ 平行往外移為線段 GB，代表稅法變動使她（他）們的未來所得增加了 $t\cdot 36$ 萬元，亦即，只有所得效果存在。因此，她（他）們不僅不會減少現在消費、增加儲蓄，反而會增加現在消費、減少儲蓄。

個案 6.5 教育部助學貸款對清寒大專生人力資本投資與現在消費的影響

教育部以優惠利率對清寒大專生辦理助學貸款，但額度僅侷限於學雜費及學分費，不含生活費。此一措施是否會影響清寒大專生的人力資本投資及跨期消費決策？

以圖 6.19 為例，橫軸代表現在消費（C_1），縱軸代表未來消費（C_2），點 D 為原始稟賦點，i_0 代表資本市場利率，i_1 代表助學貸款措施的優惠利率，也就是說，$i_1<i_0$。在教育部助學貸款措施未引進前，該清寒大專生的跨期預算線為 AE^*F，人力資本投資均衡點

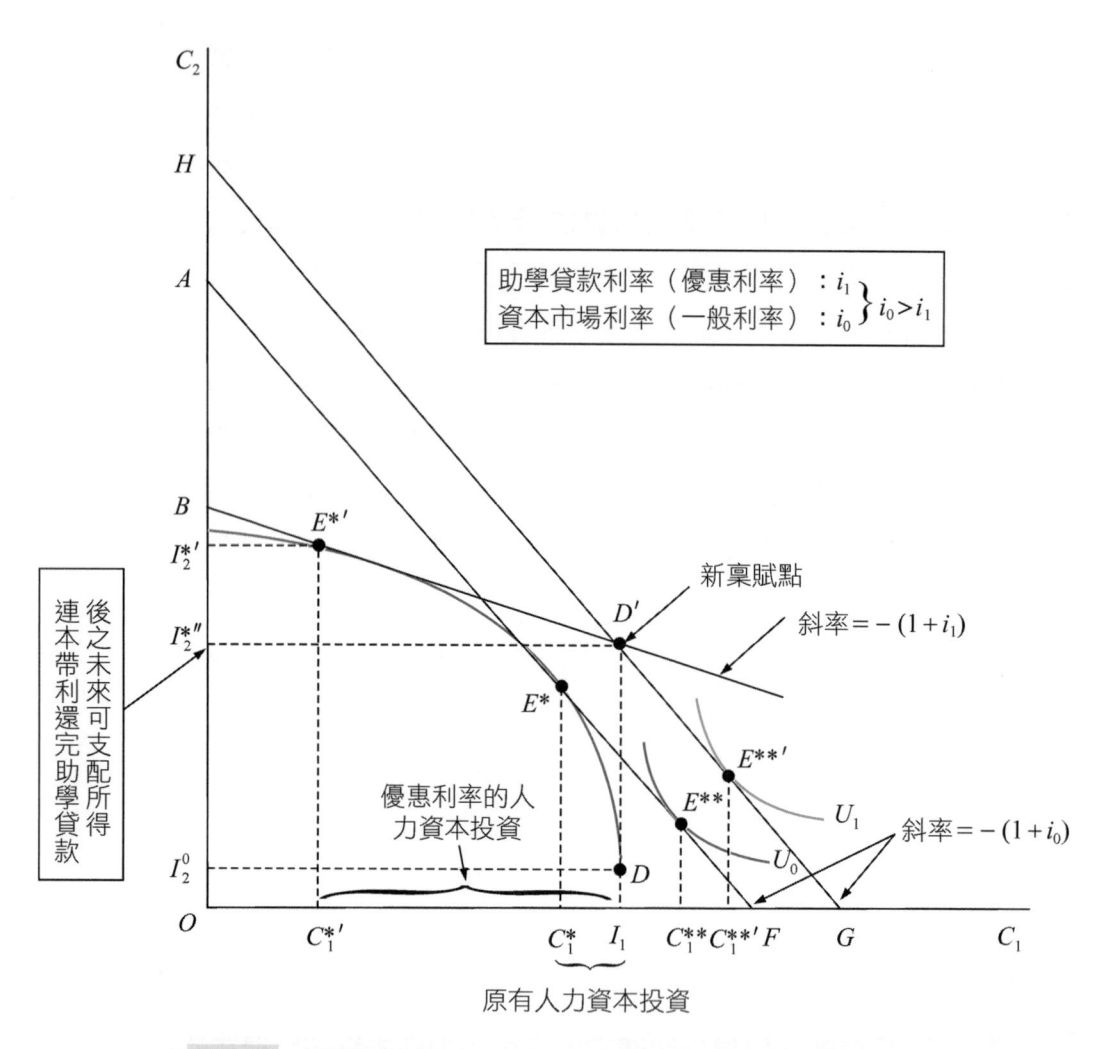

图 6.19 助學貸款對清寒大專生人力資本投資與現在消費的影響

為點 E^*，最適人力資本投資為 $I_1 - C_1^*$；跨期消費均衡點為 E^{**}，現在的消費為 C_1^{**}。引進助學貸款措施後，在第一階段，該清寒大專生所面對的跨期預算線為 $BE^{*\prime}D^\prime$，人力資本投資均衡點為點 $E^{*\prime}$，最適人力資本投資為 $I_1 - C_1^{*\prime}$，該大專生向教育部借了 $I_1 - C_1^{*\prime}$。由於 $I_1 - C_1^{*\prime} > I_1 - C_1^*$，此一結果顯示，教育部助學貸款措施有助於該大專生人力資本投資的增加。在第二階段，在未償還助學貸款之前的未來所得為 $I_2^{*\prime}$，連本帶利還完助學貸款之後的未來可支配所得為 $I_2^{*\prime\prime}$，

其中 $I_2^{*\prime} - I_2^{*\prime\prime} = (I_1 - C_1^{*\prime})(1+i_1)$；此外，由於第一階段的最適人力資本投資可全部透過教育部助學貸款取得，所以現在可作為跨期消費的可支配所得仍為 I_1。於是，新原始稟賦點為點 D'。在做跨期消費決策時，該大專生所面對的新跨期預算線為斜率 $-(1+i_0)$ 且通過點 D' 的 $HD'G$，此一新跨期預算線與該大專生的跨期無異曲線相切在新的跨期消費均衡點（點 $E^{**\prime}$），新的現在消費金額為 $C_1^{**\prime}$。因為 $HD'G$ 相當於由 AE^*F 平行往外移，對於現在消費之影響，只有所得效果存在。所以，$C_1^{**\prime}$ 必大於 C_1^{**}，亦即，教育部助學貸款措施亦有助於清寒大專生現在消費的提升。

個案 6.6　金融機構普及可縮小不同偏好族群的教育水準差距

> 隨著金融機構愈來愈普及，不同族群的教育水準差距已愈來愈小。針對上述現象，妳（你）如何解釋？

以圖 6.20 為例，橫軸代表現在消費（C_1），縱軸代表未來消費（C_2），點 D 為原始稟賦點，i 代表利率。假設有兩個不同偏好的族群：及時行樂型（甲）與先苦後樂型（乙），且假設兩族群面對相同的人力資本生產函數。在金融機構不普及時，極端的狀態為決策者無法透過市場存、借錢，人力資本投資的資金來源僅能依靠自己當期的所得，因此，最適人力資本投資金額會受到跨期消費偏好的影響（類似 6.4 節的第二種狀況）；所以，及時行樂型的人力資本投資（$I_1 - C_1^2$）較少、教育水準較低，而先苦後樂型的人力資本投資（$I_1 - C_1^3$）較多、教育水準較高。在金融機構普及後，決策者可透過金融資本市場存、借錢，因此，在進行人力資本投資時，跨期效用函數尚未被引進前，最適人力資本投資金額已被決定，完全不受跨期消費偏好的影響（類似 6.4 節第三種狀況的第一階段）；即在相同的利率與人力資本生產函數下，兩族群面對相同的跨期預算線

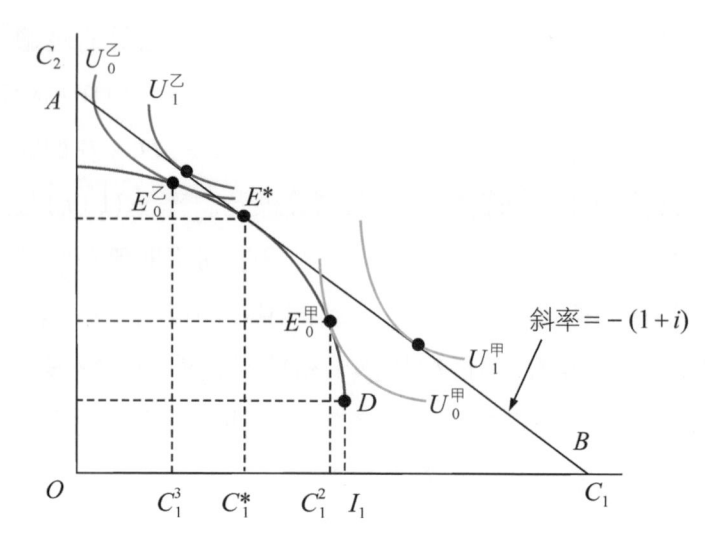

图 6.20　金融機構普及對不同偏好族群的教育水準之影響

為 AE^*B，人力資本投資均衡點皆為點 E^*，最適人力資本投資皆為 $I_1 - C_1^*$，教育水準差距縮小。因此，在金融機構普及的情況下，最適人力資本投資決策不會受跨期偏好的影響，不同偏好族群的教育水準差距會愈來愈小。

關鍵詞

物質性消費財　Physical consumption goods　108

休閒性消費財　Leisure consumption goods　108

工作所得　Working income　108

跨期消費　Intertemporal consumption　109

提供曲線　Offer curve　113

跨期消費決策模型　Intertemporal consumption or life cycle model　118

折現率　Discount rate　118

跨期效用函數　Intertemporal utility function　118

隱函數　Implicit function　118

跨期無異曲線　Intertemporal indifference curve　119

原始稟賦　Initial endowment　122

人力資本生產函數　Human capital

production function　127

成本效益分析法　Cost-benefit analysis

131

分離定理　The separation theorem　133

問題與應用

1. 當工資率上升超過某一水準後，替代效果會超越所得效果，所以個人之勞動供給曲線會向後彎（斜率由正變負），妳（你）同意嗎？

2. 隨著工資率的上漲，替代效果會遞減，所得效果會遞增。當工資率超過某一水準時，所得效果會超越替代效果而使勞動供給曲線往後彎。就臺灣各族群而言，其勞動供給曲線往後彎的時點會一樣嗎？

3. 一直到 92 歲，王永慶先生還是每天到臺塑大樓上班，你認為他的勞動供給曲線跟其他人一樣存在著往後彎的現象嗎？

4. 國民年金的財源若透過提高個人綜合所得稅率來籌措，將降低每個人的工作誘因，妳（你）同意嗎？

5. 對社會大眾而言，金融性資本市場不必然為零和遊戲，它的存在對人類福利還是會有正面貢獻的，妳（你）同意嗎？

6. 隨著利率水準的下降，每個人的儲蓄意願必也會下降，妳（你）同意嗎？

7. 若利息所得免稅額從 36 萬元降為 27 萬元，必會降低社會上每個人的儲蓄意願，妳（你）同意嗎？

8. 若某一決策者的人力資本投資邊際報酬率會逐漸遞增，則其人力資本生產函數的圖形會呈何種形狀？

9. 在 1980 年之前，高雄縣美濃鎮的子弟在大學聯考的上榜率一直高於其他鄉鎮，其背後原因何在？

CHAPTER 7
不確定情況下的家計決策行為

7.1 不確定情況下的家計決策模型
7.2 主觀偏好圖形
7.3 不確定決策模型的應用

至目前為止，當決策者在做決策時，我們皆假設其對市場訊息的掌握是充分的。實際上，當決策者在做決策時，上述假設不盡然成立。譬如說，當妳（你）在購買日常用品時，由於便利商店會給統一發票，但定價會較高；而傳統雜貨店則不給統一發票，但定價會較低，所以，到底要到現代化便利商店或傳統雜貨店購買取決於每張統一發票可能得到的獎金、兩者的價差與主觀偏好。前者又取決於該張統一發票可能中哪幾種獎項、每一種獎項能獲得的獎金額度與其出現的可能性或機率。同樣地，當妳（你）在決定是否購買樂透彩券時，也會考慮該張彩券可能出現的獎項種類、每一種獎項可能獲得的獎金額度與其出現的可能性或機率，及要花多少錢買一張彩券。此外，在投資理財上，當妳（你）在考慮買某一上市公司股票時，亦須考慮在購買後該支股票的股價到底會有哪幾種狀況可能發生、每一可能狀況所對應的股價為何與其出現的可能性或機率。上述決策問題通常不具**確定性**（certainty），也就是說，上述決策行為通常是在訊息不充分情況下做的。在社會科學裡，探討這些不確定情況下之決策行為的經濟分析就通稱為**不確定經濟學**（economics of uncertainty）。

　　就像在充分訊息情況下做決策一樣，即使在不確定情況下做決策，決策者仍須依賴某些訊息方能做決策。問題是：在不確定情況下，決策者如欲做決策，至少需要哪些訊息？若以上述索取統一發票或購買彩券個案為例，決策者至少須釐清：(1)有哪幾種獎項（包含未中獎狀態）可能出現？(2)每一獎項可能得到的獎金或**報償**（pay-off）是多少？(3)每一獎項出現的**機率**（probability）是多高？也就是說，在不確定情況下，決策者若欲做決策，至少須知道：(1)有哪幾種狀況可能出現？(2)每一種可能狀況出現的結果？(3)每一種可能狀況出現的機率？方能做出決策。

7.1 不確定情況下的家計決策模型

為建立決策者在不確定情況下的決策模型,針對上述所列的三項訊息,就某一不確定情況下的決策行為,我們假設:

1. 有下列 n 種或有狀態(contingent states)或可能狀況存在:S_1, S_2, ……, S_n。
2. 每一種或有狀態所對應之或有商品(contingent commodities)或可能報償分別為:$C_1, C_2, \ldots, C_n$。
3. 每一種或有狀態出現的機率分別為:$P_1, P_2, \ldots, P_n$;且 $P_1 + P_2 + \cdots + P_n = 1$。

根據上述假設,不確定情況下的一般化決策模型仍跟以往一樣,包含目標函數與預算限制條件兩部分,其詳細內容分別如下:

一 決策模型之目標函數

如果妳(你)是統計學系或應用數學系的學生,則目標函數可能會被妳(你)設定為

$$EV = P_1 \cdot C_1 + P_2 \cdot C_2 + \cdots + P_n \cdot C_n \tag{7.1}$$

其中,EV 代表該決策行為的**期望值**(expected value),為每一種或有狀態所對應的或有商品乘以其機率後加總而得。如果妳(你)是經濟學系或心理學系的學生,則目標函數可能會被妳(你)設定為

$$EU = P_1 \cdot U(C_1) + P_2 \cdot U(C_2) + \cdots + P_n \cdot U(C_n) \tag{7.2}$$

其中,EU 代表**預期效用**(expected utility),為每一種或有狀態所對應之或有商品的效用水準乘以機率後加總而得;$U(C_i)$ 代表第 i($i = 1, 2, \ldots, n$)種或有商品(C_i)所對應的效用水準。

在所得邊際效用固定或決策者為**風險中立**(risk-neutral)者的情況下,上述兩種目標函數是一樣的。亦即,在所得邊際效用固

定（$=k$）情況下，$U(C_i)=k \cdot C_i$，$i=1, 2, \ldots, n$。於是，式（7.2）可轉換成

$$EU = P_1 \cdot k \cdot C_1 + P_2 \cdot k \cdot C_2 + \cdots + P_n \cdot k \cdot C_n$$
$$= k \cdot [P_1 \cdot C_1 + P_2 \cdot C_2 + \cdots + P_n \cdot C_n]$$
$$= k \cdot EV$$

至於在風險中立者情況下的證明，將於 7.2 節說明。但若上述條件不成立，預期效用目標函數會比期望值目標函數較具一般性，亦即，前者涵蓋了後者。因此，在建立不確定決策模型時，我們將採用預期效用目標函數。

二 決策模型之預算限制條件

由於不同特性的不確定決策行為會有不同的預算限制條件，因此，在本節一般化模型設定裡，我們暫時將決策者所面對之預算限制條件以隱函數方式表示如下：

$$f(C_1, C_2, \ldots, C_n\,;\, 已知或確定條件) = 0 \tag{7.3}$$

其中，$C_1, C_2, \ldots, C_n$ 為內生變數；已知或確定條件為外生變數。也就是說，在不確定情況下，決策者所面對之預算限制條件會包含內生變數及已知或確定條件。

三 決策模型

將目標函數與預算限制條件結合起來，該不確定情況下的決策行為之一般化決策模型可建立如下：

$$\text{Max. } EU = P_1 \cdot U(C_1) + P_2 \cdot U(C_2) + \cdots + P_n \cdot U(C_n)$$
$$\text{s.t. } f(C_1, C_2, \ldots, C_n\,;\, 已知或確定條件) = 0 \tag{7.4}$$

其所代表的經濟意義為：在面對客觀預算限制條件情況下，決策者要如何來選擇各種或有商品才能獲得最大預期效用。

7.2 主觀偏好圖形

為了要把不確定情況下的家計決策模型在二度空間裡圖形化，我們必須把或有狀態的種類簡化成只有兩種，亦即，令 $n=2$，於是，決策模型式（7.4）隨之簡化成

$$\text{Max. } EU = P_1 \cdot U(C_1) + P_2 \cdot U(C_2)$$
$$\text{s.t. } f(C_1, C_2 ; 已知或確定條件) = 0 \tag{7.5}$$

令橫軸代表第一種或有狀態所對應的或有商品（C_1），縱軸代表第二種或有狀態所對應的或有商品（C_2），在圖 7.1 的 45° 線上的任何一點，C_1 皆等於 C_2，代表：無論哪一種或有狀態出現，決策者所得到的報償皆會一樣。所以，45° 線又被稱為**確定線**（certainty line）。而確定線以外的第一象限的點，C_1 不等於 C_2，代表：決策者所得之報償大小取決於何種或有狀態出現。由於狀態的出現具有不確定性，所以，這些點也就具有風險性。為了畫決策者的主觀偏好圖形（預期效用函數），我們先假設每一種或有商品皆有可能發生變動，然後看預期效用水準總變動量。若以微積分術語來表示的話，那就相當於對式（7.5）的目標函數進行全微分。於是，我們可得

$$\Delta EU = P_1 \cdot \frac{\Delta U}{\Delta C_1} \cdot \Delta C_1 + P_2 \cdot \frac{\Delta U}{\Delta C_2} \cdot \Delta C_2 \tag{7.6}$$

其中，Δ 代表變動量；$\Delta U/\Delta C_i$ 代表第 i 種或有商品的邊際效用（MU_{C_i}，$i=1, 2$）。由於同一條無異曲線每一點的預期效用皆相同，所以，$\Delta EU = 0$。於是，式（7.6）就變成

$$0 = P_1 \cdot MU_{C_1} \cdot \Delta C_1 + P_2 \cdot MU_{C_2} \cdot \Delta C_2 \tag{7.7}$$

式（7.7）透過移項操作，可得無異曲線在某一點的斜率及在該點 C_1 對 C_2 的邊際替代率（MRS_{C_1, C_2}）如下[1]：

$$MRS_{C_1, C_2} \equiv \frac{\Delta C_2}{\Delta C_1} = -\frac{P_1}{P_2} \cdot \frac{MU_{C_1}}{MU_{C_2}} \tag{7.8}$$

沿著確定（45°）線，由於 $C_1 = C_2$，所以，$MU_{C_1} = MU_{C_2}$。於是，式（7.8）就變成

$$MU_{C_1, C_2} \frac{沿著}{確定線} - \frac{P_1}{P_2} \tag{7.9}$$

式（7.9）的含意為：不管決策者對風險傾向為何，她（他）的任何一條無異曲線與確定線相交那一點的無異曲線斜率必等於負的橫軸或有狀態出現的機率（P_1）除以縱軸或有狀態出現的機率（P_2）。此一比率在不確定經濟學上被稱為是公平機率比（fair odds），其經濟意義為：假設莊家要妳（你）拿出 1 元跟她（他）賭博，若妳（你）贏的話，除了本金 1 元要拿回外，莊家須再給予 P_1/P_2 的獎金，妳（你）才會認為該項賭博是公平的。

當或有狀態種類數目為二時，式（7.1）亦可簡化成

$$EV = P_1 \cdot C_1 + P_2 \cdot C_2 \tag{7.10}$$

由於式（7.10）為二元（C_1 與 C_2）一次的線性方程式，其圖形為直線。在期望值（EV）為已知或固定的情況下，對其進行全微分，再透過移項操作，可得其斜率為

$$\frac{\Delta C_2}{\Delta C_1} = -\frac{P_1}{P_2} \tag{7.11}$$

式（7.9）與式（7.11）聯合起來告訴我們：決策者任一條無異曲線與確定線的相交點的斜線之斜率為公平機率比，且該斜線上任何一

---

[1] 與式（4.6）相比，式（7.8）多了機率比（P_1/P_2），那是因為：在本章裡，C_1 與 C_2 的出現具有不確定性。

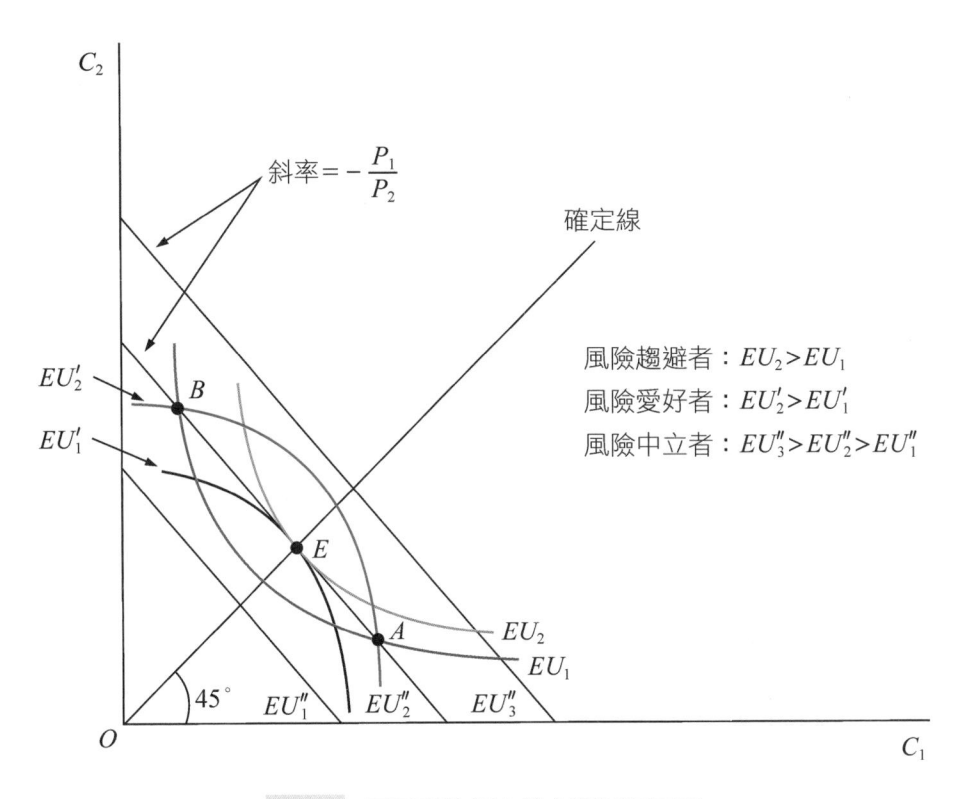

圖 7.1 不同風險傾向的主觀偏好圖形

點的期望值皆一樣。因此，在第一象限裡，我們可以沿著確定線畫斜率皆等於公平機率比的無限多條平行直線，而愈往右上方，平行直線的期望值愈高。以圖 7.1 為例，EU_3''' 的期望值會大於 EU_2''' 的；EU_2''' 的期望值會大於 EU_1''' 的。

一般而言，依據決策者對風險傾向的差異，我們可將決策者分成三類：**風險趨避者**（risk-averter）、**風險愛好者**（risk-lover）與**風險中立者**。顧名思義，在期望值一樣的情況下，風險趨避者會比較偏好風險程度低的決策，比較不喜歡風險程度高的決策。以圖 7.1 為例，在期望值相同的 EU_2''' 直線上，點 E 在確定線上，不具任何風險；點 A 與點 B 不在確定線上，具有風險。對於風險趨避者而言，通過點 E 之無異曲線（EU_2）的預期效用會比通過點 A 與點 B 之無異曲線（EU_1）的還高。若欲滿足上述偏好特性，其無異曲線必須向原點突出。相反地,在期望值一樣的情況下,風險愛好者會比較偏好點 A 與點 B,比較不喜歡點 E。因此,風險愛好者的無異曲線會像 EU_1' 與 EU_2' 一樣,凹向原點,且 EU_1' 的預期效用水準小於 EU_2' 的。至於風險中立者,在期望值一樣的情況下,決策點是否具有風險對其預期效用水準不具任何影響。以圖 7.1 為例,由於點 A、點 B 與點 E 皆在斜率等於 $-P_1/P_2$ 的直線上,所以,三點的期望值會一樣。雖然前兩點具有風險,後者不具任何風險,但對風險中立者而言,三點的預期效用水準皆會一樣。因此,風險中立者的無異曲線(預期效用函數)為斜率等於 $-P_1/P_2$ 的平行直線;愈往右上方,其預期效用水準愈高。且由於每一條直線皆代表某一特定期望值,所以,風險中立者的預期效用水準完全取決於期望值高低。這亦印證了我們在 7.1 節所提的論點:若決策者屬風險中立者,不管目標函數採期望值或預期效用型態,其主觀偏好圖形皆會相同,且最適決策亦會相同。

依風險傾向差異,雖然決策者可分為風險趨避者、風險愛好者與風險中立者三類,但在現實社會裡,由於絕大多數的決策者屬第一類[2],所以,在第 7.3 節的個案裡,我們假設決策者皆為風險趨避者。

7.3 不確定決策模型的應用

在現實生活裡,不確定情況下的決策案例相當多,且其性質差異性亦很大。不過,一般而言,不確定決策行為可分成三類:

1. 或有狀態的數目只有兩種,且決策者對於是否要冒風險擁有自主權;
2. 或有狀態的數目仍只有兩種,但決策者對於是否要冒風險並未擁

---

[2] 舉例而言,當政府與私人企業所發行的債券之到期期間與報酬條件皆一樣時,基於風險程度的考量,絕大多數的投資者會買政府公債。

有自主權；

3. 或有狀態的數目有三（含）種以上。

在上述三類決策行為裡，我們將在本節篩選六個個案進行分析，其中，前四個屬第一類，第五個屬第二類，最後一個屬第三類。

個案 7.1　是否參與以撲克牌為賭具的賭博

> 假設妳（你）參加美西旅遊團，到 Las Vegas，進入了某一賭場，發現某一櫃檯的莊家以撲克牌為賭具，將一副 52 張的撲克牌放入黑箱中，每日下午開獎一次，由莊家從黑箱中抽出一張撲克牌，若其為紅心牌，則除了不給獎金外，參與者之賭金亦會被沒收；若其為紅心以外的牌，則參與者除可取回賭金之外，每張賭券尚可獲得獎金 0.4 美元。若遊客欲參與此項賭博，則須購買賭券，每張賭券的價格為 1 美元。假設妳（你）為風險趨避者，妳（你）會參與該項賭博嗎？

就此一賭局而言，或有狀態僅有兩種：紅心（h）與非紅心（n）。或有商品亦只有兩種：(1)若抽出紅心，則代表參與者輸，那妳（你）還剩下多少錢可以使用（C_h）；(2)若抽出紅心以外的牌，則代表參與者贏，那妳（你）會有多少錢可使用（C_n）。紅心出現的機率（P_h）為 1/4（＝13/52）；紅心以外的牌出現的機率（P_n）為 3/4（＝39/52 或 1－1/4）。假設妳（你）進入賭場時，身上帶有 I 美元。若妳（你）不參與該賭局，則 $C_h=C_n=I$；反之，若妳（你）參與該賭局，則 $C_h<I$，$C_n>I$。$I-C_h$ 就代表賭金或購買的賭券張數；而 C_n-I 就代表：紅心以外的牌出現時，妳（你）贏得的總獎金。因為，每張賭券贏得的獎金為 0.4 美元，所以，妳（你）購買的賭券張數就等於（C_n-I）/0.4。於是，在做是否參與該賭局的決策時，妳（你）所面對的預算限制條件就可設定如下：

$$C_h = I - 1 \cdot \frac{C_n - I}{0.4}$$

或

$$C_n = I + 0.4 \cdot (I - C_h) \qquad (7.12)$$

有了預算限制式以後,妳(你)是否參與賭博的決策模型可建立如下:

$$\text{Max. } EU = P_h \cdot U(C_h) + P_n \cdot U(C_n)$$

$$\text{s.t.} \quad C_h = I - 1 \cdot \frac{C_n - I}{0.4}$$

或

$$C_n = I + 0.4 \cdot (I - C_h) \qquad (7.13)$$

令橫軸代表 C_h,縱軸代表 C_n,若妳(你)不參與該賭局,則從式(7.13)的限制條件裡,我們可得知 $C_h = C_n = I$,亦即,我們可獲得圖 7.2 的點 A;反之,若妳(你)將身上帶的錢 (I) 全部用來買該賭局的賭券,則 $C_h = 0$,$C_n = 1.4 \cdot I$,亦即,我們可獲得點 B。由於式(7.12)屬線性的,為一條直線,且點 A 與點 B 為該直線的兩個端點,所以,妳(你)所面對的預算線為線段 AB [3]。現把妳(你)的無異曲線或預期效用函數圖形加進圖 7.2,妳(你)就可以決定到底要不要參與該賭局,以及若要參加該賭局,到底會拿多少錢出來買賭券?圖形上而言,若均衡點落在點 A,妳(你)就不會參與該賭局;反之,妳(你)會參與該賭局。那到底妳(你)的決策均衡點會不會落在點 A 呢?答案就取決於在點 A 時,妳(你)的主觀偏好條件與妳(你)所面對的客觀條件。根據式(7.9),在點 A 時妳(你)的無異曲線斜率為 $-P_h/P_n = -1/3$(為主觀條件),其經濟意義為:假設要妳(你)拿出 1 美元出來賭博,若妳(你)贏的話,

---

[3] 若線段 AB 要延伸到點 A 的右下方的話,就代表莊家亦接受本賭局另一邊的賭注,紅心出現代表參與者贏;紅心以外的牌出現代表參與者輸。

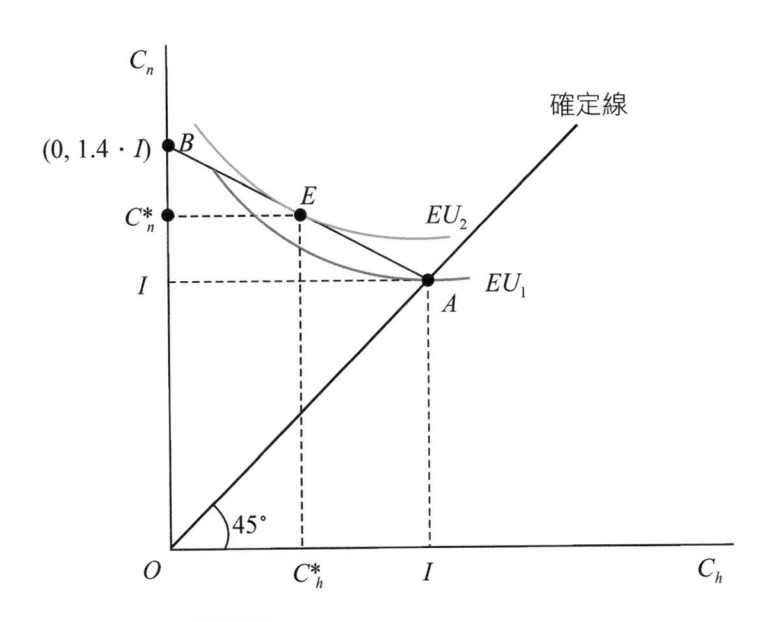

■ 圖 7.2 ■ 是否參與賭博的決策模型

莊家除退回本金外，尚須給付 1/3 美元獎金，妳（你）才會認為該賭局是公平的。再根據式（7.12）或線段 AB，妳（你）所面對的預算線之斜率為 -0.4，其經濟意義為：假設參與者拿 1 美元參與該賭局，若贏的話，則除可拿回賭金外，莊家還會給予獎金 0.4 美元。上述主客觀條件顯示：在妳（你）心目中，該賭局是有利妳（你）的，故妳（你）的決策均衡點不會落在點 A；而是會落在點 A 的左上方之預算線上，也就是說，妳（你）會參與該賭局。若預算線最高可切到妳（你）的無異曲線 EU_2 於點 E，亦即，妳（你）的決策均衡點落在點 E，當莊家抽出紅心時，則妳（你）會剩下 C_h^* 的錢，代表：妳（你）拿出 $I-C_h^*$ 的錢來購買賭券；反之，當莊家抽出紅心以外的牌時，妳（你）會有 C_n^* 的錢，代表：妳（你）贏了 C_n^*-I 的獎金。

個案 7.2 風險貼水（risk premium）

假設有一位投資者是風險趨避者，手上現有閒置資金 10 萬元。再假設她（他）可投資的管道只有兩種：買定存與買股票。若選擇前者，其條件為：三年到期，到期後可領回本金加上本金乘以 50% 的利息。若選擇後者，其條件為：三年之後，假如股票市場行情好，投資報酬率為 100%；假如股票市場行情不好，投資報酬率為 0%，而股票市場行情好不好的機率分別為 1/2。面對上述條件，經濟直覺顯示，她（他）會將 10 萬元全部用來買定存。假如妳（你）被指派負責說服該投資者改變主意來買股票，妳（你）要如何才能順利達成任務？

就此一投資個案而言，或有狀態只有兩種：股票市場行情好（s）與行情不好（n）。或有商品亦僅有兩種：(1)股票市場行情好時，可拿回多少錢（C_s）；(2)股票市場行情不好時，還可拿回多少錢（C_n）。股票市場行情好與不好的機率（P_s 與 P_n）皆為 1/2。在做決策時，該投資者的目標函數為

$$EU = P_s \cdot U(C_s) + P_n \cdot U(C_n) \tag{7.14}$$

令橫軸代表 C_s，縱軸代表 C_n，若該投資者將 10 萬元全部用來買定存，不管股票市場好或不好，三年後確定可以拿回 15 萬元，我們可以得到圖 7.3 的點 A。由於該點位於確定線上，故不具任何風險。相反地，若該投資者將 10 萬元全部用來買股票，股票市場行情好時，C_s=20 萬元；股票市場行情不好時，C_n=10 萬元，我們可得到點 B，該點並未位於確定線上，代表存在著風險；而其期望值（EV）等於 $P_s \cdot C_s + P_n \cdot C_n = \frac{1}{2} \cdot 20$ 萬 $+ \frac{1}{2} \cdot 10$ 萬 $= 15$ 萬。由於點 A 與點 B 連接起來的直線之斜率等於 -1，且等於公平機率比（$-P_s/P_n = -\frac{1}{2}/\frac{1}{2}$），所以，該直線為期望值等於 15 萬元的公平機率比線。由於點 A 代表該投資者將全部資金買定存，點 B 代表她（他）將全

図 7.3 風險貼水

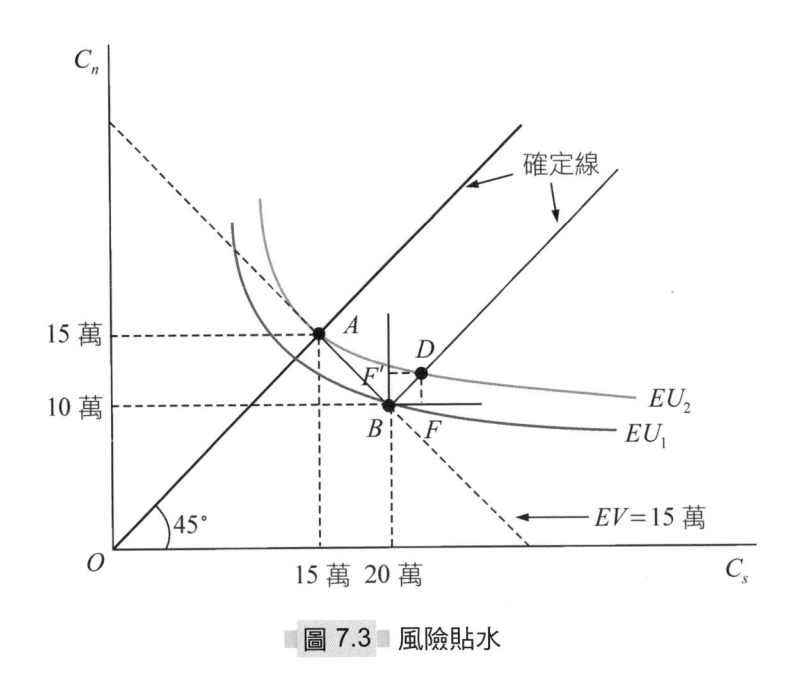

部資金買股票,點 A 與點 B 連接起來的 AB 線段即代表該投資者所面對的預算線。而點 A 與點 B 之間的選擇點即代表上述兩點的線性組合點,亦即,該投資者用一部分的資金買定存,另一部分買股票,由點 A 沿著預算線往點 B 移動,即代表她(他)用來買股票的資金比例愈來愈高;反之,由點 B 往點 A 移動,即代表她(他)用來買定存的資金比例愈來愈高。若以風險程度來表示,沿著預算線,離點 A 愈來愈遠(近),即代表該投資組合點的風險程度就愈來愈高(低)[4]。因為該投資者屬風險趨避者,將其無異曲線圖加入圖 7.3 後,我們可發現,通過點 A 的預期效用水準(EU_2)會比通過 AB 線段上其他的點還高。因此,該投資者會選擇將 10 萬元全部用來買定存。如果妳(你)要說服她(他)將全部資金用來買股票,亦即,要她(他)來選擇點 B,那就相當於,在期望值一樣的情況下,妳(你)要她(他)來冒風險,由於她(他)屬風險趨避者,她(他)

---

[4] 沿著某一特定期望值的公平機率比線,若離確定線愈遠,代表 C_s 與 C_n 的差距愈大,其風險程度也就愈高。

在點 B 的預期效用水準（EU_1）必低於 EU_2，在未有任何補償措施前，她（他）當然不會來買股票。換言之，若欲說服她（他）來買股票，妳（你）必須要對她（他）冒風險的預期效用損失有所補償。那冒風險的補償（風險貼水）至少要多少才能說服她（他）將全部資金用來買股票呢？就圖形上而言，以點 B 為新原點，新的 45° 線與通過點 A 的無異曲線（EU_2）相交點（點 D）之新橫軸或縱軸座標即為風險貼水，亦即，風險貼水為點 F 與點 B 的水平距離（FB）或點 F' 與點 B 的垂直距離（$F'B$）。也就是說，給了她（他）上述風險貼水後，她（他）就可以從點 B 移動到點 D，而獲得與點 A 一樣的預期效用水準。於是，她（他）就會把 10 萬元資金全部用來買股票。

個案 7.3　別把所有的雞蛋都放在同一籃子裡

假設妳（你）有閒置資金 100 萬元準備在股票市場投資，且目前只有 A 與 B 兩種股票可供選擇，A 種股票的投資報酬率條件為：未來一季的下雨天日數若比較多，則其報酬率是 7%；反之，若晴天日數比較多，則其報酬率是 0%。相反地，B 種股票的投資報酬率條件為：未來一季的下雨天日數若比較多，則其報酬率是 0%；反之，若晴天日數比較多，則其報酬率是 7%。而下雨天與晴天日數比較多之機率皆為 1/2。如果妳（你）是風險趨避者，針對這 100 萬元資金，妳（你）要如何來投資？

針對此一投資個案，或有狀態只有兩種：下雨天日數比較多（R）與晴天日數比較多（S）。或有商品亦僅有兩種：(1)下雨天日數比較多時，妳（你）的投資資金變為多少（C_R）；(2)晴天日數比較多時，妳（你）的投資資金變為多少（C_S）。下雨天日數比較多與晴天日數比較多的機率（P_R 與 P_S）皆為 1/2。依據式（7.5），妳（你）的目標函數為

$$EU = P_R \cdot U(C_R) + P_S \cdot U(C_S) \tag{7.15}$$

令橫軸代表 C_R，縱軸代表 C_S，若妳（你）將 100 萬元全部用來買 A 種股票，下雨天日數比較多時，$C_R=107$ 萬元；晴天日數比較多時，$C_S=100$ 萬元，所以，我們可得到圖 7.4 的點 A。若妳（你）將 100 萬元全部用來買 B 種股票，下雨天日數比較多時，$C_R=100$ 萬元；晴天日數比較多時，$C_S=107$ 萬元，我們得到圖 7.4 的點 B。點 A 的期望值等於 103.5 萬元（$\frac{1}{2} \cdot C_R + \frac{1}{2} \cdot C_S = \frac{1}{2} \cdot 107 + \frac{1}{2} \cdot 100$）；點 B 的期望值亦等於 103.5 萬元（$\frac{1}{2} \cdot C_R + \frac{1}{2} \cdot C_S = \frac{1}{2} \cdot 100 + \frac{1}{2} \cdot 107$），點 A 與點 B 連接起來的直線就代表期望值等於 103.5 萬元的直線；又由於該直線的斜率等於公平機率比（$=-1=-P_R/P_S=-\frac{1}{2}/\frac{1}{2}$），所以，該直線亦是期望值等於 103.5 萬元的公平機率比線。由於點 A 與點 B 分別代表妳（你）將全部資金用來買 A 種與 B 種股票，這兩點連接起來的線段 AB 即代表妳（你）所面對的預算線；

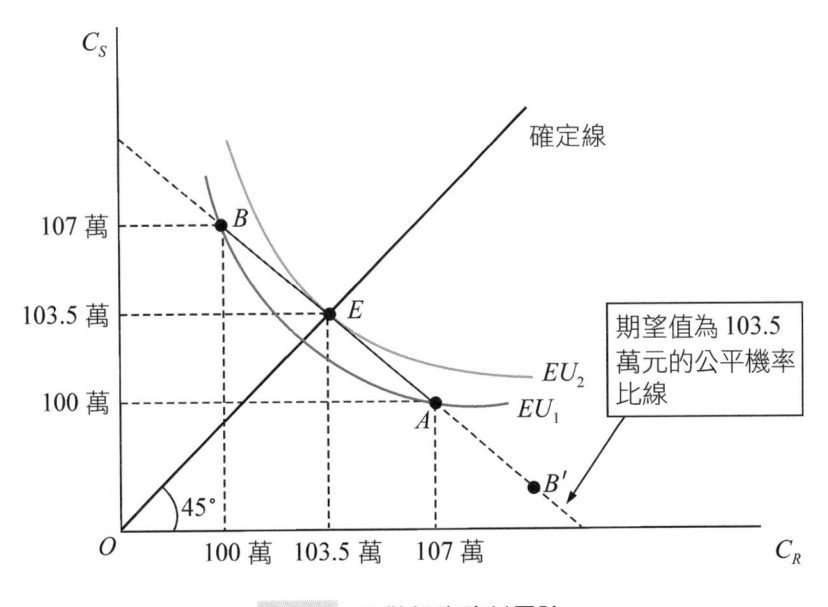

■ 圖 7.4 ■ 分散投資降低風險

點 A 與點 B 間的組合點即代表妳（你）將一部分的資金用來買 A 種股票，剩下另一部分資金用來買 B 種股票。由點 A 沿著預算線往點 B 移動，即代表妳（你）用來買 B 種股票的資金比例愈來愈高；反之，由點 B 往點 A 移動，即代表妳（你）用來買 A 種股票的比例愈來愈高。把風險趨避者的無異曲線圖引進來後，妳（你）投資決策均衡點會落在確定線上的點 E，也就是說，妳（你）會把 100 萬元均分為兩半，一半買 A 種股票，一半買 B 種股票。如此，妳（你）的預期效用水準會比線段 AB 上其他投資組合點的還高。其背後理由非常直接，線段 AB 上的各種投資組合點的期望值皆等於 103.5 萬元，但點 E 不具任何風險，其他組合點皆存在著風險性。而存在上述答案的前提條件為：A 種與 B 種股票的投資報酬條件之相關性為負的，且相關係數為 -1。根據**資產組合理論**（the portfolio theory），當投資標的物之投資報酬條件為負相關時，分散投資可降低投資風險。如果上述條件不成立，譬如，點 B 往右下方移到點 B'，則兩種股票的投資報酬條件為正相關，分散投資（點 A 以外線段 AB' 上的其他投資組合點），反而會比全部資金被用來買 A 種股票（點 A）的風險性還高。

個案 7.4　營利事業逃漏稅行為

> 假設妳（你）是個風險趨避者，獨資經營某家廠商。再假設該廠商本年度的稅前盈餘（I）為 150 萬元，目前所面對的營利事業所得稅之稅率（t）為 1/3，被查稅（audited）的機率為 1/4，如果你有漏報盈餘，被查到的話，除應補繳稅款外，尚須被處以罰款，罰款內容為：每漏報 1 元的盈餘，罰款（f）0.6 元。面對上述條件，妳（你）會嘗試漏報盈餘嗎？

針對此一是否漏報盈餘的決策行為，或有狀態只有兩種：被查稅（a）與未被查稅（n）。或有商品亦僅有兩種：(1)被查稅的話，還剩多少盈餘（C_a）；(2)未被查稅的話，可有多少盈餘（C_n）。被查稅的機率（P_a）為 1/4；未被查稅的機率（P_n）為 3/4。依據式（7.5），妳（你）的目標函數為

$$EU = P_a \cdot U(C_a) + P_n \cdot (C_n) \tag{7.16}$$

若妳（你）誠實申報，則 $C_n = I \cdot (1-t)$；反之，若妳（你）不誠實申報，則 $C_n > I \cdot (1-t)$，在此情況下，$C_n - I \cdot (1-t)$ 就代表漏繳的稅。由於每漏報 1 元盈餘，妳（你）就可少繳 t 元的稅，所以，漏報的盈餘就會等於 $[C_n - I \cdot (1-t)]/t$。於是，妳（你）所面對的預算限制條件就可設定如下：

$$C_a = I - I \cdot t - f \cdot \frac{C_n - I \cdot (1-t)}{t}$$

或

$$C_n = -\frac{t}{f} \cdot C_a + \frac{(1-t) \cdot (t+f)}{f} \cdot I \tag{7.17}$$

式（7.16）與（7.17）合併起來後，妳（你）對於是否漏報盈餘的決策模型就可建立如下：

$$\text{Max. } EU = P_a \cdot U(C_a) + P_n \cdot U(C_n)$$

$$\text{s.t.} \quad C_a = I - I \cdot t - f \cdot \frac{C_n - I \cdot (1-t)}{t}$$

或

$$C = -\frac{t}{f} \cdot C_a + \frac{(1+t) \cdot (t+f)}{f} \cdot I \tag{7.18}$$

令橫軸代表 C_a，縱軸代表 C_n。若妳（你）誠實申報，則 $C_a = C_n = I \cdot (1-t) = 150$ 萬元 $\cdot (1 - 1/3) = 100$ 萬元，我們得到圖 7.5 的點 A。若申報的盈餘為零，根據式（7.17），$C_a = 10$ 萬元，$C_n = 150$ 萬元，我們得到點 B。連接點 A 與點 B 的線段 AB 就是妳（你）所面對的預

算線,從點 A 往點 B 移動,就代表:妳(你)漏報愈來愈多的盈餘;反之,從點 B 往點 A 移動,就代表:妳(你)愈來愈誠實申報。點 A 右下方的虛線若變成實線,就代表所得稅法存在下述條款:若申報盈餘超過實際盈餘(過度誠實),則政府會予以獎賞,由於此一條款不可能存在,所以,點 A 的右下方為虛線。類似地,故點 B 左上方的虛線亦不可能變為實線,因為所得稅法亦不可能存在下述條款:若申報虧損,則政府會予以補貼。將風險趨避者的無異曲線加入圖 7.5 後,第一個要探討的問題乃是:到底妳(你)會不會誠實申報盈餘?也就是說,點 A 是否為妳(你)的決策均衡點?在點 A,根據式(7.9),無異曲線的斜率為 $-1/3$($=-P_a/P_n=-\frac{1}{4}/\frac{3}{4}$);根據式(7.17),預算線的斜率為 $-5/9$($=-t/f=-\frac{1}{3}/\frac{3}{5}$),也就是說

$$\frac{t}{f} > \frac{P_a}{P_n}$$

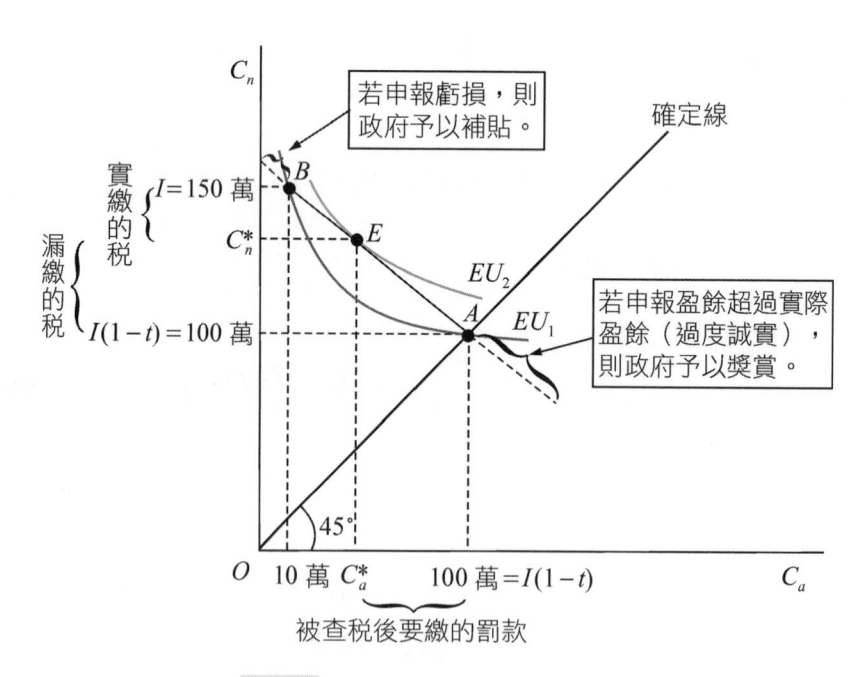

■ 圖 7.5 ■ 營利事業逃漏稅決策模型

或

$$t \cdot P_n > f \cdot P_a \tag{7.19}$$

式（7.19）不等號的左邊代表漏報盈餘一元的預期利得（expected-gain）；右邊代表漏報盈餘一元的預期損失（expected loss）。也就是說，式（7.19）顯示：在點 A 時，漏報一元盈餘的預期利得大於預期損失，亦即，現有制度存在著誘因讓妳（你）漏報盈餘。所以，妳（你）的決策點會離開點 A，沿著預算線往左上方移動。假設預算線段 AB 最高可以切到無異曲線 EU_2 於點 E，點 E 就是妳（你）的決策均衡點，此時，妳（你）會漏報盈餘為 $3 \cdot (C_n^* - 100\text{ 萬})$ $(= [C_n - I(1-t)]/t)$。

當財政部長發現：現有制度存在誘因讓身為風險趨避者的妳（你）也會漏報盈餘，根據式（7.19），她（他）能採取降低妳（你）逃漏稅誘因之措施有三種：(1)降低稅率；(2)加強稽徵（提高被查稅機率）；(3)加重罰款。上述任何一種措施皆可縮小式（7.19）預期利得與損失的差距，於是，妳（你）逃漏稅的誘因當然也就會降低。

個案 7.5　外科醫生的職業保險決策

假設某一外科醫生屬風險趨避者，若其執業沒有發生意外或誤診，其所得為 I；反之，若其執業發生意外或誤診而被控告（suited），則其醫生執照會被吊銷，所得就會變為零。再假設該外科醫生執業發生意外或誤診的機率為 P_s。現有一保險公司的業務員向他推銷職業保險，所提供之條件為：每購買 1 元投保金額的費率為 r，且 $0<r<1$。面對上述條件，在何種情況下該外科醫生會購買足額保險（full insurance）？又在何種情況下該外科醫生會從足額保險轉變為非足額保險（partial insurance）？

與前面四個個案不同的是,若該外科醫生要繼續執業,發生意外或誤診而被控告的風險就存在,她(他)能做的是決定要不要買職業保險來移轉風險。就此一是否購買職業保險的個案而言,或有狀態只有兩種:發生意外或誤診而被控告(s)與未發生意外或誤診(n)。或有商品亦僅有兩種:(1)發生意外或誤診而被控告後,還有多少錢可用(C_s);(2)未發生意外或誤診時,有多少錢可用(C_n)。發生意外或誤診而被控告的機率為P_s;未發生意外或誤診的機率為P_n,且$P_s+P_n=1$。在該外科醫生是否購買職業保險的決策模型裡,在主觀條件方面,依據式(7.5),其目標函數為

$$EU=P_s \cdot U(C_s)+P_n \cdot U(C_n) \tag{7.20}$$

在客觀條件方面,若該外科醫生未買保險,且未發生意外或誤診,則$C_n=I$;若她(他)有買保險,但未發生意外或誤診,則$C_n<I$。於是,$I-C_n$就代表她(他)所繳交的保險費用;$(I-C_n)/r$就代表投保金額。由於每購買1元投保金額的淨效益(net benefit)等於$1-r$,該外科醫生在做決策時,所面對的預算限制條件可設定如下:

$$C_s=0+(1-r) \cdot \frac{I-C_n}{r}$$

或

$$C_n=I-\frac{r}{1-r} \cdot C_s \tag{7.21}$$

將式(7.20)與(7.21)合併起來,該外科醫生是否購買職業保險的決策模型可建立如下:

$$\text{Max. } EU=P_s \cdot U(C_s)+P_n \cdot U(C_n)$$

$$\text{s.t.} \quad C_s=0+(1-r) \cdot \frac{I-C_n}{r}$$

或

$$C_n=I-\frac{r}{1-r} \cdot C_s \tag{7.22}$$

令橫軸代表 C_s，縱軸代表 C_n，若該外科醫生未購買保險，則 $C_s=0$，$C_n=I$，我們可得到圖 7.6 的點 A。由於式（7.21）屬線性，且依據式（7.21），其斜率等於 $-r/(1-r)$，所以，該外科醫生所面對預算線為線段 AB。點 B 代表她（他）買了足額保險，由點 A 沿預算線往點 B 移動，代表她（他）的投保金額會逐漸增加，自己承擔的風險逐漸降低；由點 B 沿預算線往點 A 移動，代表她（他）的投保金額會逐漸減少，自己承擔的風險逐漸提高。點 B 右下方虛線部分代表超額保險（類似賭博），因為不被保險法允許，故此一部分為虛線。現將該外科醫生的無異曲線圖加入圖 7.6，若要她（他）購買足額保險，決策均衡點必須落在點 B。由於預算線的斜率為 $-r/(1-r)$，而根據式（7.9），在點 B 該外科醫生的無異曲線斜率為 $-P_s/P_n$，所以，該外科醫生的決策均衡點若要落在點 B，亦即，要她（他）購買足額保險的必要條件為

$$\frac{r}{1-r}=\frac{P_s}{P_n}$$

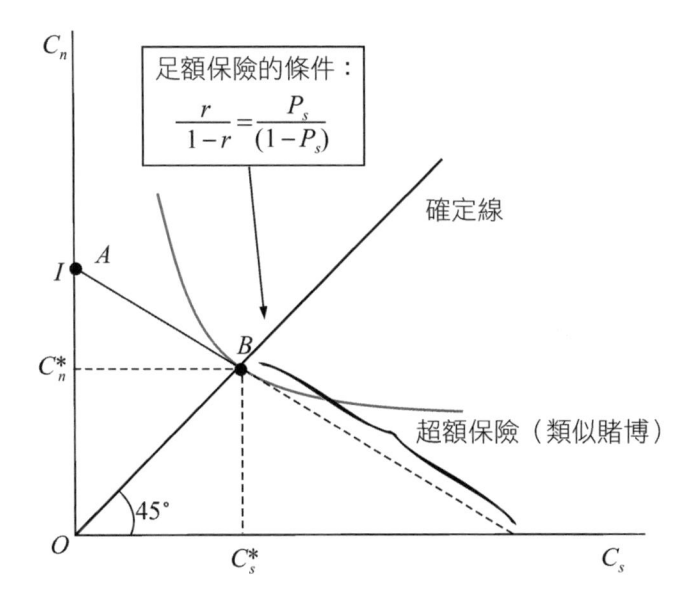

■圖 7.6■ 外科醫生購買職業保險的決策模型

或

$$P_s \cdot (1-r) = P_n \cdot r \qquad (7.23)$$

其中，式（7.23）等號左邊代表每購買一元保險金額的預期利得；右邊代表每購買一元的預期損失。此時，她（他）所繳交的保險費用為 $I - C_n^*$。

假設該外科醫生原來是購買足額保險，會有兩種可能因素發生變動而導致她（他）從足額保險轉變為非足額保險。第一種情況為，當發生意外或誤診而被控的機率下降時，她（他）的無異曲線會變得比較平緩（請參考圖 7.7），在點 B，$r/(1-r) > P_s/P_n$，或 $P_s \cdot (1-r) < P_n \cdot r$，亦即，每購買一元保險金額的預期損失大於預期利得，所以，她（他）就會離開點 B，減少購買保險而沿預算線往左上方移動，一直到新的均衡點（點 E）為止。點 E 顯示，保險費用從足額保險的 $I - C_n^*$，降為非足額保險的 $I - C_n^{**}$。第二種情況為，當保險費率提高時，預算線會變得比較陡峭（請參考圖 7.8），新的足額保險點落在點 B'。在點 B'，新預算線（線段 AB'）的斜率會大

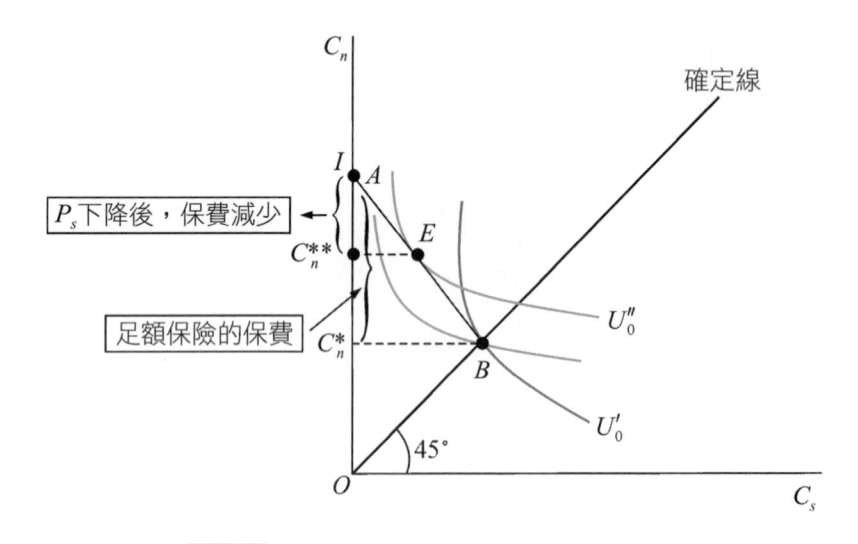

圖 7.7 被控告機率下降導致的非足額保險

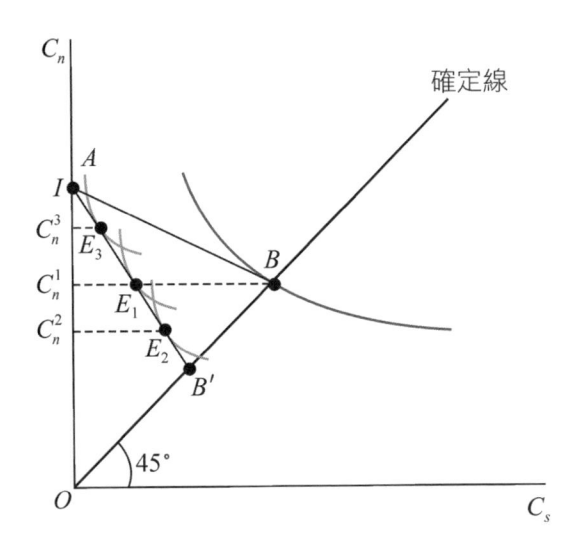

圖 7.8 保險費率上漲導致的非足額保險

於該外科醫生的無異曲線斜率。因此，她（他）會放棄足額保險，而採非足額保險。至於保險費用增減與否，則取決於新均衡點是在點 E_1、E_2 或 E_3。若在點 E_1，則保險費用不變；若在點 E_2，則保險費用增加；若在點 E_3，則保險費用減少。

個案 7.6　大四學生報考研究所的決策行為

　　假設某一大四學生，已決定要報考研究所碩士班，且其僅對法律與商學研究所有興趣。經過一番相關資料的蒐集與整理，她（他）發現：(1) 假如她（他）選擇法律研究所，畢業後，有 0.2 的機率可以通過考試獲得律師執照，且律師的年所得為 240 萬元；有 0.8 的機率無法通過律師考試，只能在一般私人企業或公家機關上班，年所得為 80 萬元。(2) 假如她（他）選擇商學研究所，畢業後，有 0.1 的機率可以通過考試獲得證券分析師執照且獲聘為基金經理人，年所得為 280 萬元；有 0.9 的機率無法通過證券分析師考試，只能在一般私人或公家機關上班，年所得為 80 萬元。依據上述訊息，她（他）會考法律研究所或商學研究所？

至目前為止，我們討論過的五個個案，皆只有兩種或有狀態及或有商品，所以，無異曲線圖可以被用來分析上述五個個案。無論如何，在現實社會的許多案例（包含本個案）裡，或有狀態（或有商品）數目會有三種以上，在此情況下，二度空間的圖形可能就無法被用來分析這些案例。因此，針對這些案例，我們可採用 Von Neu-mann-Morgenstern 效用法進行分析。以本個案為例，分析步驟如下：

1. 依據個案的選擇方案、或有狀態、其對應機率及或有商品，建構決策樹（decision tree）如下：

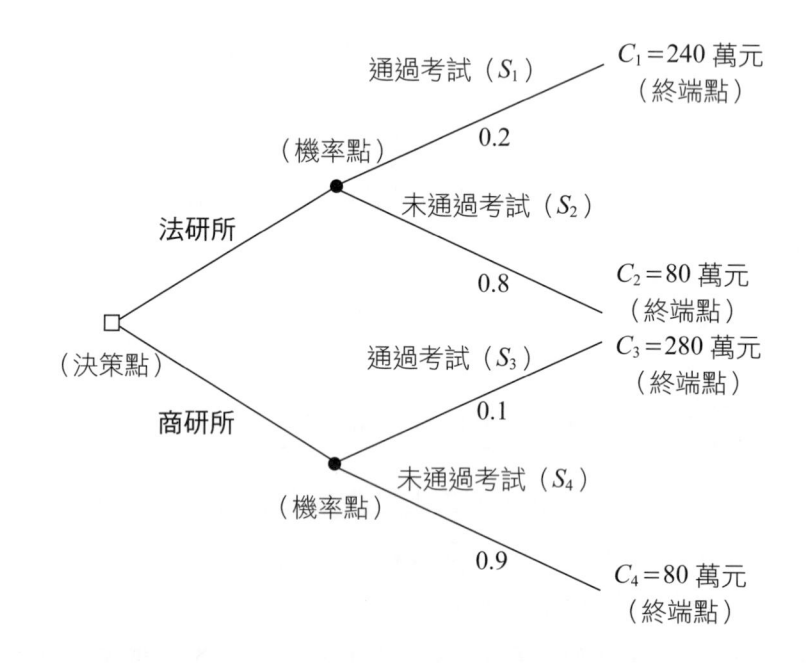

```
                    通過考試 (S₁)      C₁=240 萬元
                                      （終端點）
              （機率點） 0.2
         法研所 ●
                    未通過考試 (S₂)
                         0.8          C₂=80 萬元
                                      （終端點）
    □
（決策點）          通過考試 (S₃)      C₃=280 萬元
         商研所                        （終端點）
                         0.1
              （機率點） ●
                    未通過考試 (S₄)
                         0.9          C₄=80 萬元
                                      （終端點）
```

其中，S_i（$i=1, 2, 3, 4$）代表第 i 種或有狀態；C_i（$i=1, 2, 3, 4$）代表第 i 種或有商品。或有狀態（商品）的數目有四種。

2. 將每一端點的或有商品代入決策者的所得效用函數評估其所對應的效用水準。假設該大四學生所得效用函數為：$U=f(Y)$，其中，Y 代表可支配所得。將 C_i（$i=1, 2, 3, 4$）代入上述效用函數，則其所對應的效用水準為：$U(C_i)=f(C_i)$。

3. 計算每一選擇方案的預期效用水準。為了方便說明，我們再進一步假設該大四學生的具體所得效用函數為：$U=\sqrt{Y}$，則 $U(C_1) = \sqrt{240}$ 萬元 $= 15.49$ 萬元；$U(C_2) = \sqrt{80}$ 萬元 $= 8.94$ 萬元；$U(C_3) = \sqrt{280}$ 萬元 $= 16.73$ 萬元；$U(C_4) = \sqrt{80}$ 萬元 $= 8.94$ 萬元。然後，每一選擇方案的預期效用水準可計算如下：EU（法研所）$= 0.2 \cdot U(C_1) + 0.8 \cdot U(C_2) = 10.25$ 萬元；EU（商研所）$= 0.1 \cdot U(C_3) + 0.9 \cdot U(C_4) = 9.719$ 萬元。

4. 比較各種選擇方案的預期效用水準，並以預期效用水準最高的選擇方案為最佳方案。由於 EU（法研所）大於 EU（商研所），所以，該大四學生會選擇報考法律研究所。

關鍵詞

確定性　Certainty　144
不確定經濟學　Economics of uncertainty　144
報償　Payoff　144
機率　Probability　144
或有狀態　Contingent states　145
或有商品　Contingent commodities　145
期望值　Expected value　145
預期效用　Expected utility　145

風險中立　Risk-neutral　145
確定線　Certainty line　147
公平機率比　Fair odds　148
風險趨避者　Risk-averter　149
風險愛好者　Risk-lover　149
風險貼水　Risk premium　154
資產組合理論　The portfolio theory　158
足額保險　Full insurance　161
非足額保險　Partial insurance　161

問題與應用

1. 不管妳（你）對風險偏好態度如何，只要賭博條件不公平，妳（你）絕不會去參與賭注，妳（你）同意嗎？

2. 假如你帶 $I 到賭場，莊家用的賭具為撲克牌，開出的條件為：每張賭券為 $1，若紅心出現，你就輸，則 $1 沒收；若紅心以外的花色出現，你就贏，則可拿回 $1，且莊家還要賠你 $0.4。假設你是風險中立者，你會參與此項賭博？

3. 當兩家上市公司欲透過公開申購案來辦現金增資時，若它們過去 60 天的平均價格與未來展望都一樣，則其申購折價也應一樣，妳（你）同意嗎？

4. 假設：(1)妳（你）是風險趨避者；(2)手上現有閒置資金 10 萬元；(3)可投資的管道只有買股票；(4)想要買的股票只有兩種；(5)當經濟環境較好時，兩種股票的股價皆會上漲；但，當經濟環境較壞時，兩種股票的股價皆會下降。根據資產組合理論，將上述閒置資金分散投資，必可降低妳（你）的投資風險與提升妳（你）的預期效用水準，妳（你）同意嗎？

5. 當某一家廠商欲進行多角化投資或異質合併（conglomerate）時，資產組合理論給它的啟示為何？

6. 若欲防範廠商逃漏稅，惟有採「加重罰款」才有效，妳（你）同意嗎？

7. 假設營利事業所得稅率為 40%，每一營利事業被查稅的機率為 1/3，若被查到漏報營利事業所得，除了應補繳所得稅外，每漏報 1 元所得，將必須罰款 0.8 元。假如你（妳）是個風險趨避者且經營一家獨資廠商，面對上述營利事業所得稅制，是否會漏報營利事業所得稅？

CHAPTER 8

生　產

8.1　生產函數

8.2　短期生產函數

8.3　長期生產函數

在前面五章裡，我們把焦點集中於家計在產品市場與生產要素市場的決策行為上；現在，我們將轉移焦點到廠商或生產（供給）者在該兩類市場的決策行為，也就是所謂的**廠商理論**（the theory of the firm）。欲了解廠商的決策行為，我們必須先知道廠商得面對哪些問題或做哪些決策。一般而言，廠商所面對的決策問題包括：(1)廠商如何決定要進入哪一個或哪些產業？(2)廠商如何決定它要銷售的產品到底要生產多少？(3)廠商如何決定要採購哪些投入（inputs）或生產要素（factors of production）及其採購量來生產它所要生產的產品？(4)廠商如何決定產品價格？欲回答上述問題，廠商必須了解其本身的生產特性、成本特性及它們所衍生的分析工具。因此，本章將先介紹生產的基本概念及其相關的理論；而成本的基本概念及其相關的理論則在第九章介紹。

8.1 生產函數

在經濟學裡，廠商被定義為負責將各種投入或生產要素整合（integrate）起來從事某一種或某些產品生產的組織（organization）。根據此一定義，若某一廠商只生產一種產品，則**生產函數**（the production function）可被定義為：在某一特定技術水準下，該廠商的每一特定投入組合與其對應的產出水準（the level of output）或產量之間的關係式。又由於經濟學假設每一經濟個體戶皆在追求效率，廠商當然不能例外，也就是說，在進行生產程序時，廠商會努力使其生產達到技術效率（technically efficient）的境界，亦即，針對任一投入組合，廠商皆能獲得最大（the maximum）或最高（the highest）產出水準。因此，嚴謹的生產函數定義應為：在某特定技術水準下，廠商的每一特定投入組合與其對應的最大產出水準之間的關係式。若廠商生產兩種以上的產品，則生產函數的定義為：在某些特定技術水準下，廠商的每一特定投入組合與其對應的最大產出向量（vector）之間的關係式。回到單一產品情況，令 Q 代表某一產品的產出水準，假設某一廠商為了生產該產品，所需之投入只有兩種：勞動（labor）與資本財（capital），且這兩種投入之使用量分別用 L 與 K 來表示，則根據定義，該廠商生產此一產品的生產函數可表示如下：

$$Q = f(L, K) \tag{8.1}$$

8.2 短期生產函數

一般而言，廠商的決策可分為短期（short run）與長期（long run）兩種。於是，其所使用的分析工具亦可能會有短、長期之分。針對生產函數而言，若欲區分短、長期，我們得先把投入或生產要素分成兩類：固定生產要素（fixed factors of production）與變動生產要素（variable factors of production）。當某一種投入的使用量不會隨著產出水準或產量的變動而變動時，該種投入就屬固定生產要素；反之，若某一種投入的使用量會隨著產出水準的變動而變動時，該投入就屬變動生產要素。接下來我們就可定義短、長期。當廠商在做決策時，在決策期間裡，若至少有一種投入的使用量不會隨著產出水準的變動而變動，也就是說，至少有一種投入屬固定生產要素，則該決策期間就屬短期；反之，在決策期間裡，若所有的投入之使用量都會隨著產出水準的變動而變動時，也就是說，所有的投入皆屬變動生產要素，該決策期間就屬長期。在現實社會裡，短期的時間多長？時間要多久才可稱之為長期？答案會因人、因產業或因國家不同而有所不同。舉例而言，對缺乏耐心的決策者而言，一個月可能就屬長期；對相當具有耐心的決策者而言，半年可能仍屬短期。就投資行為而言，在製造業，兩年可能仍屬短期；在股票市場，一年可能就被稱為長期。就不同國家的股票投資而言，在美國，持股超過一年可能才會被歸納為長期投資；在臺灣，持股超過三個月,可能就會被稱為長期投資。

實務上,在短期裡,當廠商突然接獲一筆大訂單時,其因應對策通常是:暫時不擴充廠房、不添購機器設備,先要求現有員工加班,再增聘員工。也就是說,K 是固定的,L 是變動的。於是,短期的生產函數就變成

$$Q=f(L,\bar{K}) \quad (8.2)$$

其中,K 上方的"—"代表其使用量固定不變。式(8.2)為單一變動投入生產函數(single-variable-input production function),有時亦被稱為總產出函數(total product function;簡稱 TPF)。此時,廠商欲增加產出水準的唯一方法只有增加勞動使用量。為了滿足上述大筆訂單,廠商到底需要增加多少勞動使用量?我們需進一步引進兩個基本概念:勞動平均產出(average product of labor;簡稱 AP_L)與勞動邊際產出(marginal product of labor;簡稱 MP_L)[1]。前者被定義為每單位勞動的平均產出水準,其衡量公式為:

$$AP_L \equiv \frac{Q}{L} \quad (8.3)$$

後者被定義為最後一單位勞動能夠創造出來的總產出變動量,可用數學式表示如下:

$$MP_L \equiv \frac{\Delta Q}{\Delta L} \quad (8.4)$$

其中,ΔQ 代表總產出的變動量;ΔL 代表勞動投入的變動量。

假設某一廠商一個月投入產出相關資料如表 8.1。前三欄顯示,在一個月內,資本財投入量(第二欄)固定為 8 單位,隨著勞動投入量(第一欄)從 0 單位逐漸遞增,剛開始時,該廠商的總產出水準(第三欄)亦會逐漸增加;但,當勞動投入量超過 8 單位後,可

---

[1] 勞動平均產出俗稱為勞動生產力(labor productivity)。

■表 8.1 短期或單一變動投入生產表

L	K	Q	AP_L	MP_L
0	8	0	–	–
1	8	10	10	10
2	8	30	15	20
3	8	60	20	30
4	8	80	20	20
5	8	95	19	15
6	8	108	18	13
7	8	112	16	4
8	8	112	14	0
9	8	108	12	–4
10	8	100	10	–8

能因太多勞動使用固定量的資本財，擁擠（congestion）現象產生，總產出水準反而會遞減。第四欄為勞動平均產出或勞動生產力，根據式（8.3），該欄數字來自於第三欄（Q）除以第一欄（L），其在勞動投入量超過 4 單位後，就逐漸遞減。最右邊一欄為勞動邊際產出，根據式（8.4），該欄數字來自於第一欄與第三欄的變動量（ΔL 與 ΔQ），亦即，隨著勞動投入量從 0 單位一單位、一單位的增加，計算總產出水準的變動量，就可得勞動邊際產出。

　　令橫軸代表勞動投入量，縱軸代表總產出水準，從第一與第三欄的資料，我們可得圖 8.1 上圖的 TPF 曲線；將縱軸轉換成代表勞動平均產出或邊際產出，從第一與第四或第五欄的資料，我們可得圖 8.1 下圖的 AP_L 與 MP_L 曲線。由數學觀點而言，圖 8.1 的下圖亦可直接來自於上圖。事實上，AP_L 曲線與橫軸的垂直距離（亦即，不同勞動投入量所對應的勞動平均產出）即為上圖不同勞動投入量所對應之 TPF 曲線的點與原點所拉直線之斜率。譬如，點 B 與原點所拉直線之斜率即為勞動投入量 3 單位所對應之勞動平均產出。其理由為，點 B 與原點所拉的直線恰好是一直角三角形的斜邊，而該

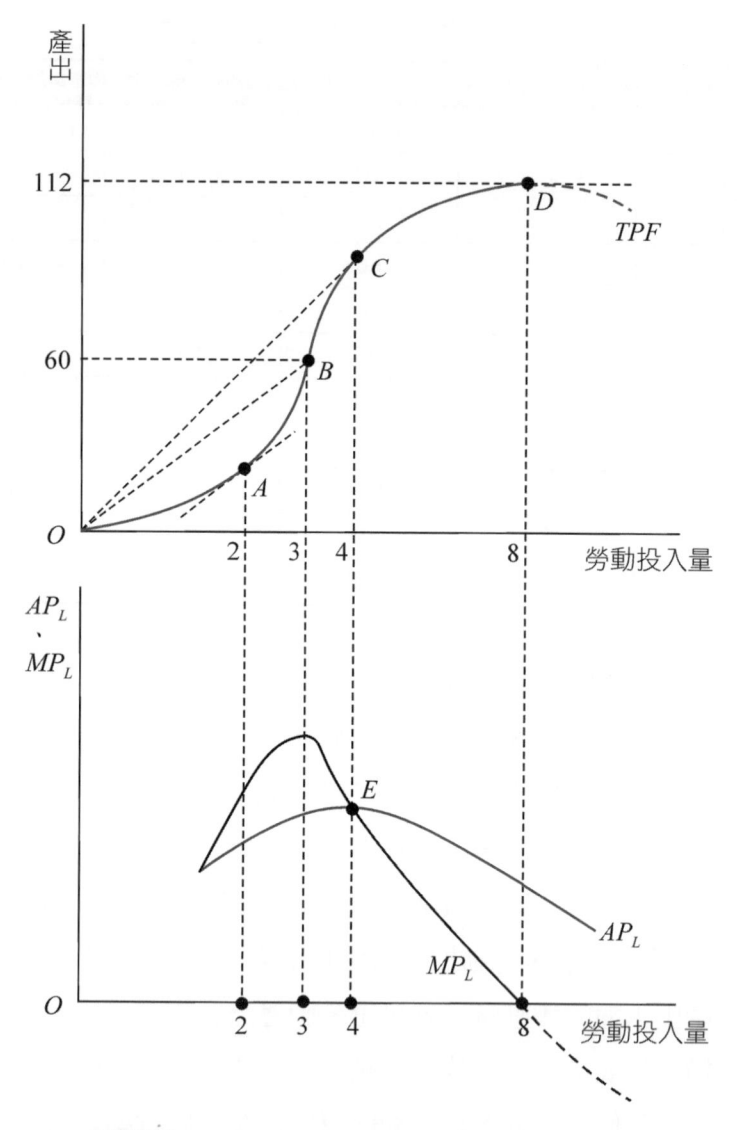

圖 8.1 短期總產出、勞動平均與邊際產出曲線

斜邊之斜率又等於該直角三角形的高（＝產出水準）除以底（＝勞動投入量）。類似地，下圖 MP_L 曲線與橫軸之垂直距離（亦即，不同勞動投入點所對應的勞動邊際產出）即為上圖不同勞動投入量所對應之 TPF 曲線的斜率。譬如，TPF 曲線在點 B 的斜率即為勞動投入量第 3 單位的邊際產出。值得注意的是，當勞動投入量為 4 單位

時，上圖 TPF 曲線點 C 與原點所拉直線的斜率剛好等於 TFP 曲線在該點的斜率，亦即 $AP_L=MP_L$。對應到下圖，在勞動投入量為 4 單位時，AP_L 曲線剛好與 MP_L 曲線相交於點 E。在點 E 的左邊，MP_L 曲線高於 AP_L 曲線，AP_L 曲線是遞增的；在點 E 的右邊，AP_L 曲線反過來高於 MP_L 曲線，AP_L 曲線是遞減的；點 E 為 AP_L 曲線由遞增轉為遞減的轉折點，故點 E 為 AP_L 曲線的最高點，也就是說，在勞動投入量為 4 單位時，勞動平均產出達到最高水準。其背後的原因乃來自於數學上「平均與邊際的關係」。

以日常生活為例，當妳（你）到水果行買蘋果時，若本來買 4 顆蘋果的重量為 20 兩，則每顆平均重量為 5 兩。若妳（你）現在想多買一顆，且該顆的重量為 7 兩，則第五顆的邊際重量為 7 兩，增加購買後之平均重量為 5.4 兩，高於原來只購買 4 顆的平均重量；反之，若第五顆的重量為 3 兩，則邊際重量為 3 兩，增加購買後之平均重量為 4.6 兩，低於原來只購買 4 顆的。上述例子突顯之「平均與邊際的關係」為：當邊際大於平均時，平均會遞增；反之，當邊際小於平均時，平均會遞減。將此一關係應用到圖 8.1，我們可發現，在勞動投入量為 4 單位之前，由於 MP_L 大於 AP_L，所以，隨著勞動投入量的遞增，AP_L 亦會遞增；但在勞動投入量超過 4 單位之後，由於 MP_L 小於 AP_L，所以，若勞動投入量繼續遞增，AP_L 會遞減。由於點 E 是 AP_L 由遞增轉為遞減的轉折點，因此，MP_L 由上而下剛好與 AP_L 相交於後者的最高點。也就是說，MP_L 與 AP_L 曲線相交時，勞動平均產出或生產力達到最高。

隨著勞動投入量從 0 開始逐漸遞增，不僅 AP_L 曲線會由遞增轉為遞減，MP_L 曲線亦同樣會如此轉變。以圖 8.1 為例，在勞動投入量為 3 單位之前，勞動邊際產出會隨著勞動使用量的增加而遞增，其背後原因為**專業化利得（gains from specialization）**存在，也就是說，勞動雇用量的增加允許勞動者專業化於某階段生產。但是，在勞動投入量超過 3 單位後，由於資本財投入量固定，若勞動投入量繼續增加,會導致太多勞動者使用太少的資本財,擁擠現象出現,勞動邊際產出也就會遞減。亦即,如同消費行為一樣,廠商的生產行為亦受到邊際報酬遞減法則的規範[2]。特別值得注意的是,在勞動投入量超過 8 單位後,勞動邊際產出變為負的,其所對應的 TPF 曲線亦變成遞減的。也就是說,即使勞動投入量繼續增加,總產出不僅不會增加,反而會減少。

邊際報酬法則不僅適用於固定的資本投入量,亦適用於特定的生產技術。所以,若欲避免負的邊際報酬導致總產出遞減,解決方法有二:增加資本財投入量與／或改善生產技術。此二解決方法若付諸實行,廠商的 TPF 曲線就會往上移動(請參考圖 8.2)。當然,其所對應的 AP_L 與 MP_L 曲線亦會往上移動。

此外,短期生產函數亦可被用來詮釋技術效率。若某家廠商使用的生產要素僅有勞動一種,短期生產函數就變成單一投入生產函數(single-input production)如下:$Q=f(L)$。根據生產函數的定義,在 TPF 曲線上的點(如,點 A 與點 B)乃具有技術效率的投入產出

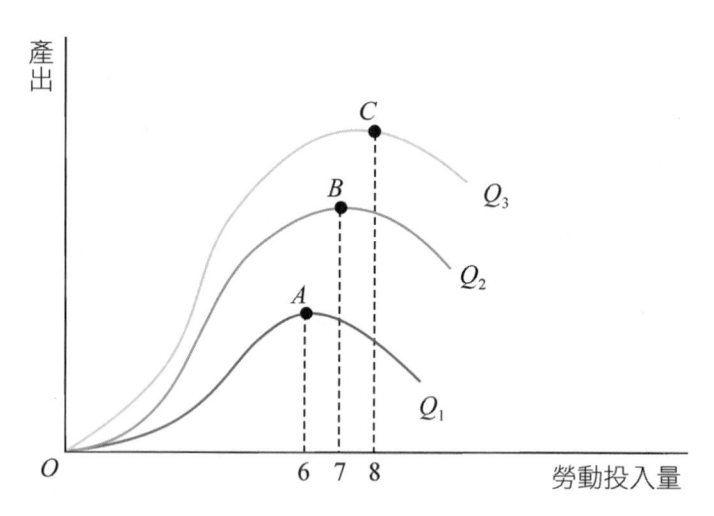

圖 8.2 資本財投入量與／或技術水準變動對總產出曲線之影響

---

[2] 由於勞動品質被隱含假設是一樣的,所以,勞動邊際產出遞減與勞動品質差異無關。

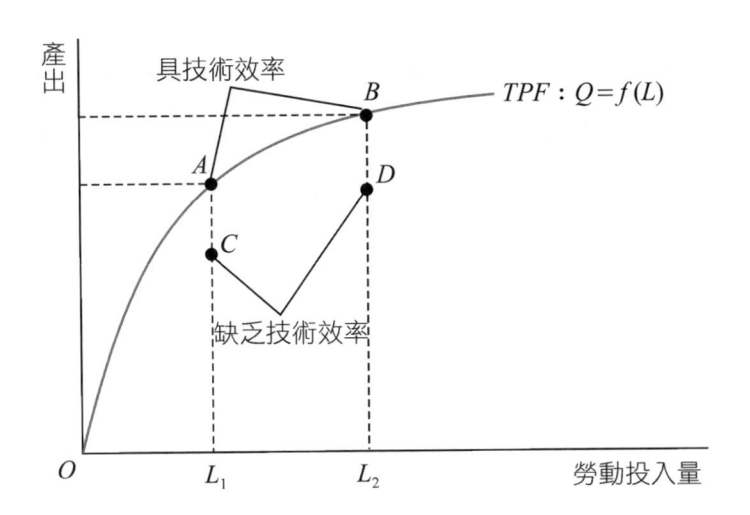

[圖 8.3 技術效率與缺乏技術效率]

組合點;而在 TPF 曲線內的點(如,點 C 與點 D)乃缺乏技術效率(technical inefficient)的投入產出組合點,因為針對特定的勞動投入量,它們無法獲得最大產出;或針對特定的產出水準,它們必須使用更多的勞動投入量(請參考圖 8.3)。

8.3 長期生產函數

隨著時間經過,短期的累積就會變為長期,所有的投入或生產要素使用量皆可變動。於是,長期的生產函數又回復到式(8.1)型態如下:

$$Q = f(L, K) \tag{8.5}$$

其中,短期生產函數裡 K 上面的 "—" 已被拿掉。在長期裡,雖然所有(兩種)投入皆為變動生產要素,對於理性的廠商而言,釐清各種生產要素的邊際產出亦有其必要性。

假設某一廠商可以自由變動勞動與資本財的使用量來生產某一種產品,且其生產投入與產出的生產資料如表 8.2。令橫軸代表勞動投入量,縱軸代表資本財投入量,表內的投入與產出資料可轉換成

表 8.2 長期投入與產出資料

產出 資本財投入量 \ 勞動投入量	1	2	3	4	5
1	20	40	55	65	75
2	40	60	75	85	90
3	55	75	90	100	105
4	65	85	100	110	115
5	75	90	105	115	120

許多條等產量曲線（isoquants）（請參考圖 8.4），而任何一條等產量曲線皆代表生產某一特定產出水準的所有投入組合連接起來的軌跡。譬如，圖 8.4 的最左下方的曲線代表產出水準為 55 單位的等產量曲線；中間的曲線代表產出水準為 75 單位的等產量曲線；最右上方的曲線代表產出水準為 90 單位的等產量曲線。理論上而言，在圖 8.4 的第一象限裡，我們可畫出無限多條等產量曲線，它們構成該廠商的等產量曲線圖（isoquant map）；而往愈右上方的等產量曲線，代表其產出水準會愈高。

在長期裡，雖然所有（兩種）投入皆為變動生產要素，對於理

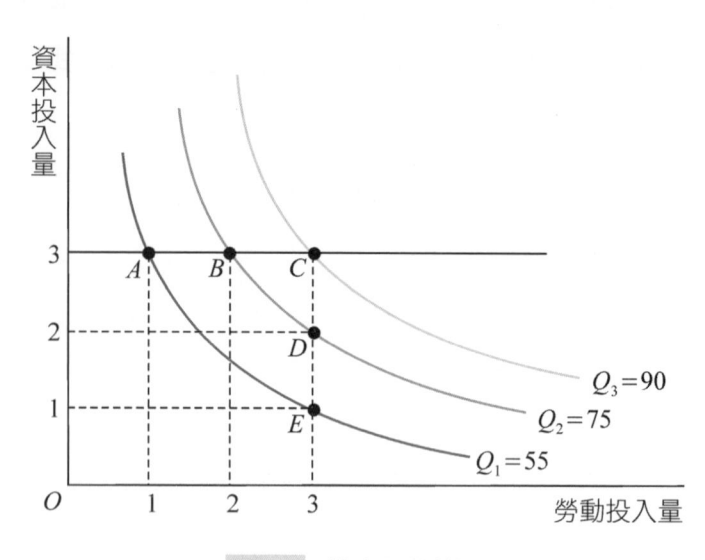

圖 8.4 等產量曲線圖

性的廠商而言,釐清各種生產要素的邊際產出亦有其必要性。首先,將資本財投入量固定在 3 單位,然後畫一水平線,我們發現,當勞動投入量為 1 單位時,投入組合位於點 A,產出水準為 55 單位;若勞動投入量增加 1 單位,變為 2 單位,投入組合位於點 B,產出水準為 75 單位,第 2 單位勞動的邊際產出為 20 單位;若勞動投入量繼續增加 1 單位,變為 3 單位,投入組合位於點 C,產出水準為 90 單位,第 3 單位勞動的邊際產出為 15 單位。上述發現顯示,不僅在短期,即使在長期,勞動亦受到邊際報酬遞減法則的規範。同理,將勞動投入量固定在 3 單位,然後畫一垂直線,由點 E、點 D 到點 C,我們亦可發現到,資本財亦會受到邊際報酬遞減法則的規範。

雖然圖 8.4 的等產量曲線都是負斜率的,理論上而言,等產量曲線亦可能存在著正斜率與往後彎的部分(請參考圖 8.5)。這兩部分的經濟意義為:在這兩部分,即使兩種投入同時增加,總產出水準仍維持不變,隱含:至少有一種生產要素的邊際產出為負的,或總產出是遞減的。由於經濟學假設理性廠商會追求成本極小化(cost minimization),當某一生產要素的邊際產出為負的時,廠商就不會

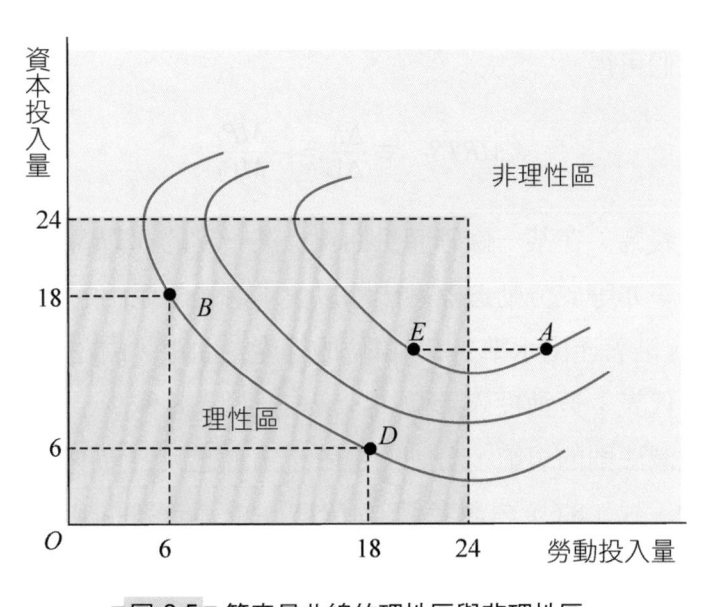

圖 8.5 等產量曲線的理性區與非理性區

再增加該生產要素投入量,故等產量曲線的正斜率或後彎部分應屬非經濟區(non-economic region)或不合乎理性行為區。因此,往後,在探討廠商決策行為時,我們將把非理性部分的等產量曲線排除。

當兩種生產要素投入量皆可自由變動時,欲做出最適決策,廠商必須要思考兩種投入間的替代關係。而有關上述替代關係的概念中,最常被使用者則為邊際技術替代率(the marginal rate of technical substitution;簡稱 MRTS)。以式(8.5)為例,勞動對資本財的邊際技術替代率($MRTS_{L,K}$)被定義為:在維持產出水準不變的情況下,增加一單位的勞動使用量,可以節省的資本財數量。比照消費理論的邊際替代率,$MRTS_{L,K}$可用等產量曲線的斜率來衡量。若對式(8.5)進行全微分(亦即,容許勞動與資本財的投入量同時變動),我們可得

$$\Delta Q = \frac{\Delta Q}{\Delta L} \cdot \Delta L + \frac{\Delta Q}{K} \cdot \Delta K$$
$$= MP_L \cdot \Delta L + MP_K \cdot \Delta K \tag{8.6}$$

在同一條等產量曲線上,$\Delta Q = 0$。將其代入上式,透過進一步數學操作,我們可得

$$MRTS_{L,K} \equiv \frac{\Delta K}{\Delta L} = -\frac{MP_L}{MP_K} \tag{8.7}$$

其經濟意義為:在某一條等產量曲線上某一點的 $MTRS_{L,K}$ 就等於在該點的斜率亦等於勞動邊際產出除以資本財邊際產出的負值。以圖8.6為例,沿著產出水準為 75 單位的等產量曲線,由左上方往右下方移動,代表:勞動投入量增加,資本財投入量減少。由於受到邊際報酬遞減法則的規範,勞動的邊際產出會遞減,資本財的邊際產出會遞增,式(8.6)告訴我們:$MRTS_{L,K}$或等產量曲線斜率的絕對值會遞減,所以,等產量曲線會向原點凸出。

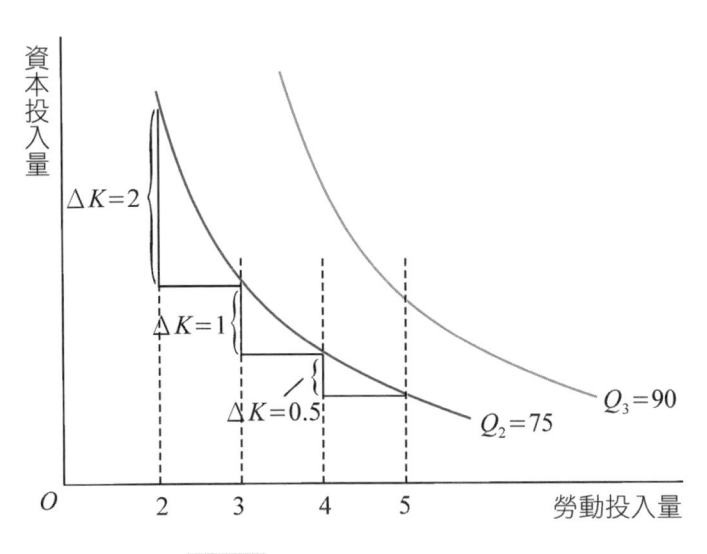

圖 8.6 邊際技術替代率遞減

在生產實務裡，根據不同實務特性，我們可能就有不同的投入可替代性（input substitutability）、不同等產量曲線或不同型態的生產函數。在本節中，我們將介紹在管理經濟分析裡較常被使用的四種生產函數如下：

一　線性生產函數

假設為儲存公司的資料檔案，某家廠商選用兩種不同硬碟容量的電腦，一種裝有可儲存 10 G 資料的低容量硬碟；另一種裝有可儲存 20 G 資料的高容量硬碟。根據上述假設下，該廠商就擁有線性生產函數（linear production function）如下[3]：

$$Q = 10L + 20H \tag{8.8}$$

其中，Q 代表該廠商的資料儲存量；L 代表該廠商所使用的低容量硬碟數目；H 代表該廠商所使用的高容量硬碟數目。根據式（8.8），所對應的等產量曲線之斜率或 $MTRS_{L,H}$ 為固定的，且等於 $-\frac{1}{2}$

---

[3] 在運輸業裡，此種線性生產函數亦普遍存在。

図形描述:

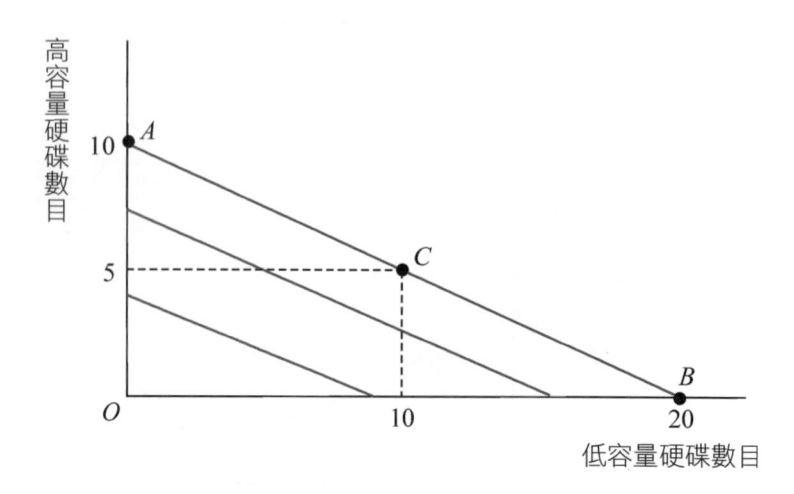

圖 8.7　線性生產函數的等產量曲線

$(-MP_L/MP_H = -\frac{10}{20})$。因此，其圖形就如同圖 8.7。在此情況下，不管產出水準高或低，這兩種投入永遠可以固定比例互相替代。因此，我們稱這兩種投入為具有完全替代性的生產要素。

二　固定比例生產函數[4]

在某些產業（例如中、上游石化業）裡，為了生產一單位的某種產品，廠商需要將各種投入或原料以固定比例搭配。以賣水公司為例，為了生產一單位的水，該廠商需要兩單位的氫搭配一單位的氧。在此情況下，廠商就擁有固定比例生產函數（fixed-proportions production function）如下：

$$Q = \min\left(\frac{H}{2}, O\right) \tag{8.9}$$

其中，Q 代表水的產出水準；H 代表氫的投入量；O 代表氧的投入量；min 代表「取括弧內兩數目字的最低值」。此種生產函數隱含：維持一種投入使用量不變，僅增加另一種投入的使用量，將無法增

---

[4] 固定比例生產函數又稱為 Leontief 生產函數。

氧原子投入量

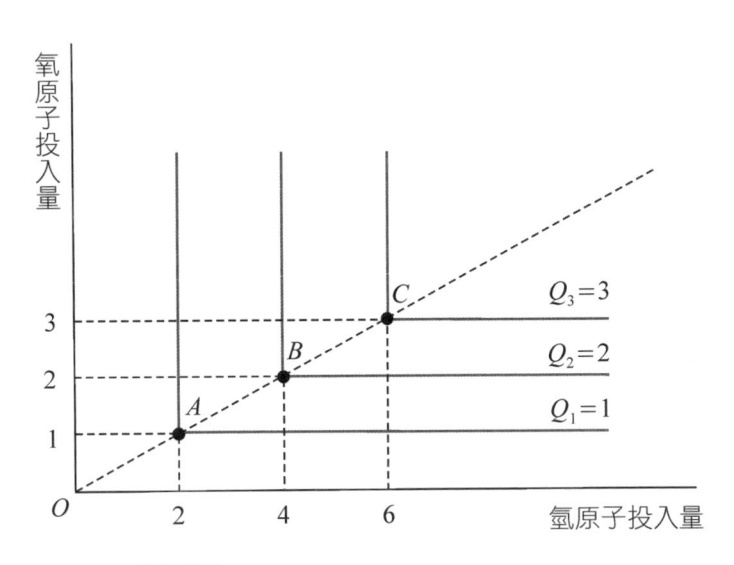

圖 8.8　固定比例生產函數的等產量曲線

加產出水準。惟有各種生產要素以固定比例搭配，且等比率的增加，產出水準才會增加。因此，兩種投入亦被稱之為具有完全互補性的生產要素；且兩種投入間的**替代彈性**（the elasticity of substitution）為零[5]，廠商在投入間的替代彈性或調整空間完全不存在。此種生產函數的等產量曲線就如同圖 8.8，水平線部分的 $MRTS_{L,K}$ 為零；垂直線部分的 $MRTS_{L,K}$ 為負無窮大。

三　Cobb-Douglas 生產函數

在一般管理或個體經濟學教科書裡，最常被採用的生產函數為 Cobb-Douglas **生產函數**（Cobb-Douglas production function），此種生產函數的特性介於線性與固定比例生產函數之間，其表達方式如下：

---

[5] 以式（8.1）為例，替代彈性（σ）可定義為：生產要素投入量之比例的變動率除以生產要素價格比的變動率。以數學符號表示，替代彈性可表達如下：

$$\sigma \equiv \frac{\%\Delta\left(\dfrac{K}{L}\right)}{\%\Delta\left(\dfrac{w}{r}\right)}$$

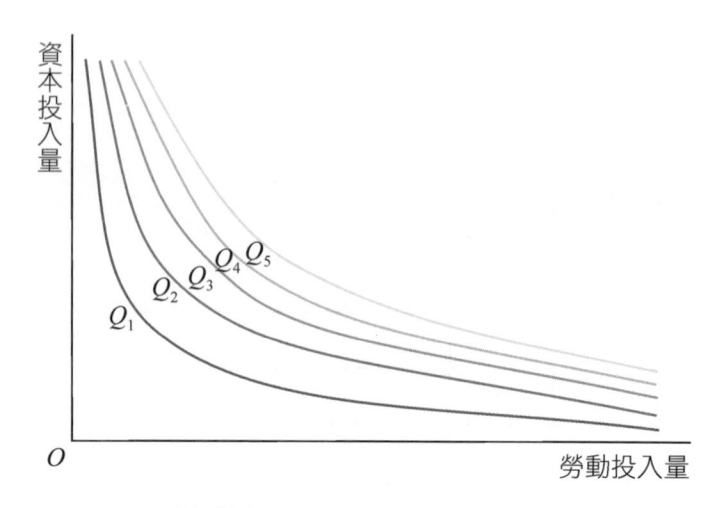

圖 8.9　Cobb-Douglas 生產函數

$$Q \equiv A \cdot L^{\alpha} \cdot K^{\beta} \tag{8.10}$$

其中，A、α 與 β 為正的常數；A 通常代表技術水準。此種生產函數的特性為勞動與資本財可互相替代，不像固定比例生產函數，此種生產函數的勞動與資本財之投入量可以變動比例來生產；但亦不像線性生產函數，沿著同一條等產量曲線移動，$MRTS_{L,K}$ 不是固定的。因此，此種生產函數的替代彈性介於零與 ∞（無窮大）之間。事實上，透過數學推演[6]，Cobb-Douglas 生產函數的替代彈性會剛好等於 1。令 $A=100$、$\alpha=0.4$ 與 $\beta=0.6$，式（8.10）的圖形就如同圖 8.9。

四　固定替代彈性生產函數

在學術性論文裡，最常被使用的生產函數為固定替代彈性（constant elasticity of substitution；簡稱 CES）生產函數，此種生產函數之所以常被採用，乃在於它是可將前三種生產函數當做特殊案例的一般性生產函數（the general form of production function）。具體而言，CES 生產函數的表達方式如下：

---

[6] 請參考 Besanko, David A. & Ronald R. Breautigram (2002), *Microeconomics: An Integrated Approach*, John Wiley & Sons, INC., p.256-57.

$$Q = [a \cdot L^{\frac{\sigma-1}{\sigma}} + b \cdot K^{\frac{\sigma-1}{\sigma}}]^{\frac{\sigma}{\sigma-1}} \tag{8.11}$$

其中，a、b 與 σ 為正的常數；σ 代表替代彈性。經由數學轉換與操作，當 $\sigma = \infty$，CES 生產函數就變成線性生產函數；當 $\sigma = 0$，CES 生產函數就變成固定比例生產函數。也就是，當 σ 從零逐漸遞增到 ∞，CES 生產函數的等產量曲線就會由固定比例生產函數圖形轉變為 Cobb-Douglas 生產函數圖形，再轉變為線性生產函數圖形（請參考圖 8.10）。

在長期裡，由於所有的投入皆屬變動生產要素，廠商在做決策時，需要考慮到的另一種生產特性為**規模報酬**（returns to scale）。規模報酬概念可以告訴我們：當所有生產要素的投入量以同比例（λ，且 $\lambda > 1$）增加時，到底產出水準增加的比例（θ）會大於、等於或還是小於 λ？假如 $\theta > \lambda$，則廠商的長期生產函數就具有**遞增規模報酬**（increasing returns to scale）的特性；假如 $\theta = \lambda$，則廠商的長期生產函數就具有**固定規模報酬**（constant returns to scale）

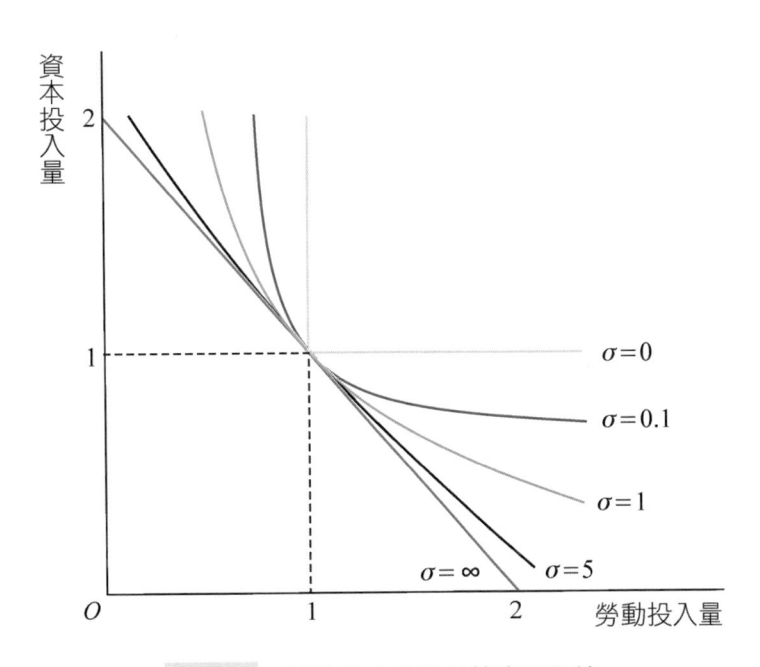

圖 8.10 CES 生產函數的等產量曲線

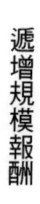

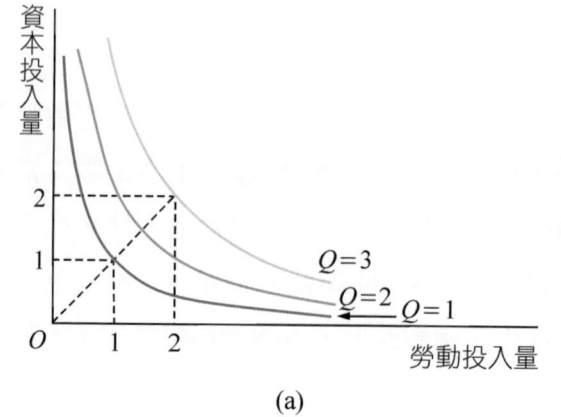

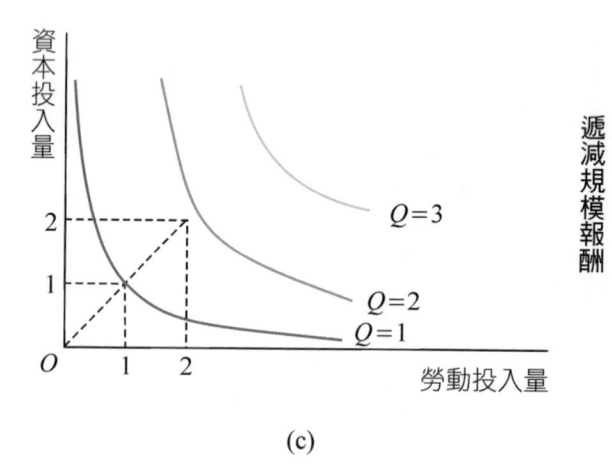

圖 8.11　遞增、固定與遞減規模報酬特性的等產量曲線

的特性；當 $\theta<\lambda$，則廠商的長期生產函數就具有遞減規模報酬（decreasing returns to scale）的特性。以圖 8.11 為例，當勞動與資本投入量皆為 1 單位時，產出水準為 1 單位。現若勞動與資本投入量皆增加一倍（$\lambda=2$）而變為 2 單位，圖 8.11(a) 等產量曲線告訴我們，產出水準增為 3 單位（$Q=3$），則長期生產函數具有遞增規模報酬特性；圖 8.11(b) 的產出水準增為 2 單位（$Q=2$），則長期生產函數具有固定規模報酬特性；圖 8.11(c) 的產出水準雖然增加，但新產出水準低於 2 單位，則長期生產函數具有遞減規模報酬特性。

關鍵詞

廠商理論　The theory of the firm　170
生產函數　The production function　170
技術效率　Technically efficient　170
勞動　Labor　171
資本財　Capital　171
短期　Short run　171
長期　Long run　171
固定生產要素　Fixed factors of production　171
變動生產要素　Variable factors of production　171
單一變動投入生產函數　Single-variable-input production function　172
總產出函數　Total product function　172
勞動平均產出　Average product of labor　172
勞動邊際產出　Marginal product of labor　172

專業化利得　Gains from specialization　175
等產量曲線　Isoquants　178
等產量曲線圖　Isoquant map　178
成本極小化　Cost minimization　179
邊際技術替代率　The marginal rate of technical substitution　180
投入可替代性　Input substitutability　181
線性生產函數　Linear production function　181
固定比例生產函數　Fixed-proportions production function　182
替代彈性　The elasticity of substitution　183
Cobb-Douglas 生產函數　Cobb-Douglas production function　183

固定替代彈性生產函數　Constant elasticity of substitution production function　184

規模報酬　Returns to scale　185

遞增規模報酬　Increasing returns to scale　185

固定規模報酬　Constant returns to scale　185

遞減規模報酬　Decreasing returns to scale　185

問題與應用

1. 假設某產品的生產過程中，其生產要素在長期是可完全互相替代的，試討論其邊際技術替代率是高、低或無法判定？

2. 假設在某既定勞動投入量下，勞動邊際產出大於勞動平均產出，試問此時勞動平均產出為遞增或遞減？試解釋說明之。

3. 請判定下列生產函數為遞減、固定或遞增規模報酬？
   (1) $Q = 0.5\,K \cdot L$
   (2) $Q = 2K + 3L$

4. 某競選人必須決定使用電視廣告或文宣來爭取選票，試利用等產量線的形狀，以描述電視廣告與文宣的組合如何幫助該競選人選擇競選策略？

5. 生產函數是否可能同時存在規模報酬遞增、規模報酬遞減及固定規模報酬的特性？試討論之。

6. 若某特定生產函數中的每個生產要素都具有邊際報酬遞減的特性，則該生產函數不可能具有固定規模報酬之性質，妳（你）同意嗎？

CHAPTER 9
生產成本

9.1 成本概念

9.2 短期成本

9.3 長期成本

9.4 多產品廠商的生產成本

9.5 成本分析的應用

有了生產要素價格與生產特性等資料後，欲做下列決策：(1)到底要生產或提供哪一種或哪一些產品？(2)這種或這些產品到底要生產多少？(3)哪一種或哪一些投入或要素組合將被選用？(4)產品價格到底要如何訂定？廠商皆需進一步進行成本分析。

為了介紹廠商如何進行成本分析，我們將首先介紹與釐清一些基本且重要的成本概念；其次，探討廠商的短期生產特性如何影響到它的短期成本特性；接著，再介紹廠商長期生產與成本特性的關聯性；然後，介紹多產品廠商的成本特性；最後，則介紹生產與成本理論的個案應用。

9.1　成本概念

實務上，當成本被應用到特定內涵的決策時，它才會變成有用的概念。事實上，在不同的決策問題上，不同的成本概念會有不同定義或意義。因此，為使決策者能了解不同特定內涵的成本，我們將首先介紹與釐清一些重要的成本概念。

一　會計成本、機會成本與經濟成本

傳統上，財務會計師較關心廠商的過去經營績效；而經濟學家則較在乎廠商的未來經營表現。因此，在進行成本分析時，前者的焦點集中在損益表上，而後者的焦點則集中於稀少性資源的分配上。於是，在成本項目的認定上財務會計師與經濟學家的觀點就有顯著差別。由於財務會計師必須記錄廠商的資產與負債，且評估其過去的經營績效，對於廠商的經營，她（他）們通常傾向採回顧（retrospective）或歷史（historical）觀點。結果，會計成本（accounting cost）就包含實際費用（expenses）或現金支出（cash outlay）以及資本設備的折舊。又由於經濟學家對廠商的經營管理採較前瞻性觀點，所以，她（他）們較關心未來成本如何、廠商如何透過生產方法改善來降低其成本與提升其獲利能力。結果，經濟成本（economic cost）乃是放棄之機會（opportunities）的成本。也就是說，廠商所掌握的資源通常可作多種用途，選了某一用途，其他用途或機會以及其報償可能就會被迫放棄。因此，對於某一廠商而言，生產的經濟成本即為該生產所利用的經濟資源之成本，包含**機會成本（opportunity cost）**；而某一資源的機會成本即為被放棄用途中最高價值的用途之報償。經濟成本強調的乃是發生與否，至於有沒有實際現金支出並不重要。

若欲進一步釐清會計成本與經濟成本的差異，我們可以便利商店的經營為例。假設妳（你）以自有店面自己經營一家便利商店，且未支付該店面的租金及薪資給自己。從會計觀點而言，經營成本包含進貨的批發價格、電費、廣告費用、收銀機折舊及購買其用紙之支出、購買裝貨用塑膠袋之支出、……。但從經濟觀點而言，除了上述會計成本外，應該還要將店面及自己勞務的機會成本納入。

二　沉沒成本

雖然機會成本被隱藏著，當我們在做決策時，卻必須要將它納入考量。但，跟機會成本剛好相反，有一種支出已被支付，且未能贖回（recovered），在做未來決策時，卻總是被忽視，此種支出被稱為**沉沒成本（sunk cost）**，或**不可避免（unavoidable）**成本。以經營便利商店的例子而言，廣告費用與印有便利商店名稱的塑膠袋支出即屬沉沒成本。此外，假如妳（你）為了生產某一產品而花了新臺幣 200 萬元買一部機器設備；根據稅法，該部機器設備需分五年來攤提其折舊費用，亦即，每年只能提列 40 萬元折舊費用；在經營兩年之後，基於某種理由，妳（你）決定結束營業，且發現該部機器最高只能以 50 萬元轉賣給別人，亦即，其剩餘（residual）價值只有 50 萬元，則該部機器設備的沉沒成本即為 70 萬元。

由於沉沒成本一經支付，無論妳（你）如何努力，亦無法贖回或減少，所以，它對未來決策毫無影響。譬如，某家廠商打算把它的營運總部從臺北市搬到高雄市，去年，它付了 5 億元權利金購買在高雄市某棟大樓的選擇權，該選擇權讓他今年可擁有優先權以 50 億元購買該棟大樓。不管該筆交易能否完成，因為 5 億元權利金皆無法取回，所以，上述權利金即為沉沒成本。假如該家廠商依上述條件完成該筆交易，則該棟大樓的總成本為 55 億元。現在若它發現同樣的大樓今年只賣 52.5 億元，那麼它到底要兌現或放棄上述選擇權？正確的答案是：兌現該選擇權。因為 5 億元權利金已變成沉沒成本，即使該廠商放棄選擇權，亦無法贖回，所以，若放棄選擇權的話，購買該大樓的總成本應為 57.5 億元。當然，若同樣的大樓今年只賣 47.5 億元，則該廠商會放棄選擇權。此一案例突顯兩個含意：(1)沉沒成本不應影響當期決策；(2)去年未購買選擇權之前，5 億元權利金屬未來沉沒成本（prospective sunk cost），為一項投資，若今年同樣大樓只賣 47.5 億元，則該項投資即屬錯誤決策。

9.2 短期成本

就和第八章生產理論所介紹的順序一樣，有關成本理論與分析的介紹，我們也從短期開始。由於廠商被定義為將各種生產要素集中起來從事某一種產品生產的組織，為了吸引生產所需之生產要素，廠商必須付給生產要素擁有者報酬。因此，某一家廠商的總成本（total cost；簡稱 TC）為它花在各種生產要素之費用的加總，針對生產函數式（8.1），在完全競爭市場架構下，假設勞動與資本財的單位價格已分別由它們的市場需求與供給所決定，且分別等於 w 與 r[1]，兩者為已知且固定，則廠商的總成本就等於

---

[1] 勞動的薪資費用（labor expenditures）係逐期支付，屬流量概念；而資本財的龐大支出則必須在初期全部支付，類似存量概念。在任一期間，為了方便與勞動成本作比較，我們必須將上述資本財費用流量化，亦即將其在資本財的使用壽命期間分期攤提折舊。此外，在計算資本財的使用成本（user cost）時，購買資本財的資金之機會成本亦應被納入。因此，資本財的單位價格將就等於折舊與利息等使用成本項目的加總。

$$TC = w \cdot L + r \cdot \overline{K} \tag{9.1}$$

在短期，因為 L 與 $\overline{K}$ 分別代表變動與固定生產要素的使用量，$w \cdot L$ 代表該廠商花在變動生產要素上的費用，由於 L 會隨著產量的變動而變動，$w \cdot L$ 屬變動成本（variable cost；簡稱 VC）；$r \cdot \overline{K}$ 代表該廠商花在固定生產要素上的費用，由於 $\overline{K}$ 不會隨著產量的變動而變動，$r \cdot \overline{K}$ 屬固定成本（fixed cost；簡稱 FC）。於是，式（9.1）可換成另一種方式表達如下：

$$TC = VC + FC \tag{9.2}$$

將式（9.2）等號的兩邊分別除以總產出水準（Q），我們可得

$$\frac{TC}{Q} = \frac{VC}{Q} + \frac{FC}{Q} \tag{9.3}$$

其中，$\frac{TC}{Q}$ 代表平均成本（average total cost；簡稱 ATC），為每一單位產出平均要分擔之成本；$\frac{VC}{Q}$ 代表平均變動成本（average variable cost；簡稱 AVC），為每單位產出平均要分擔之變動成本；$\frac{FC}{Q}$ 代表平均固定成本（average fixed cost；簡稱 AFC），為每單位產出平均要分擔之固定成本。因此式（9.3）可進一步變成

$$ATC = AVC + AFC \tag{9.4}$$

此外，另一相當重要的成本概念為邊際成本（marginal cost；簡稱 MC），被定義為：為生產最後一單位的產出，該廠商所必須要增加的負擔或成本。若用數學符號表達，邊際成本則為

$$MC \equiv \frac{\Delta TC}{\Delta Q} \tag{9.5}$$

又由於 $VC = w \cdot L$，透過數學推導，我們可得 [2]

---

[2] 在短期裡，若總成本會發生變動，必來自於變動成本之變動。亦即，$\Delta TC = \Delta(FC + VC) = \Delta VC$。

$$AVC \equiv \frac{VC}{Q} = \frac{w \cdot L}{Q}$$
$$= \frac{w}{Q/L} = \frac{w}{AP_L} \qquad (9.6)$$

$$MC \equiv \frac{\Delta TC}{\Delta Q} = \frac{\Delta VC}{\Delta Q}$$
$$= \frac{w \cdot \Delta L}{\Delta Q} = \frac{w}{\Delta Q/\Delta L} = \frac{w}{MP_L} \qquad (9.7)$$

因為 w 為已知、固定，所以式（9.6）代表的含意為：AVC 曲線的圖形會與 AP_L 的正好顛倒；式（9.7）代表的含意為：MC 曲線的圖形會與 MP_L 的正好顛倒。

表 9.1 列出某一家廠商一個月的產出水準與各種成本資料。第一欄為產量或產出水準（Q）；第二欄為固定成本（FC），令資本財的單位價格（r）等於 6.25 元，根據表 9.1 的第二欄，FC 等於 50 元；第三欄為變動成本（VC）；第四欄為總成本（TC），根據式（9.2），該欄的資料來自於第二與第三欄的數字相加；第五欄為邊際成本（MC），其資料來自於第四與第一欄數值的變動量相除，例

表 9.1　個別廠商的短期產出與成本資料

Q	FC	VC	TC	MC	AFC	AVC	ATC
0	50	0	50	–	–	–	–
1	50	50	100	50	50.0	50.0	100.0
2	50	78	128	28	25.0	39.0	64.0
3	50	98	148	20	16.7	32.7	49.3
4	50	112	162	14	12.5	28.0	40.5
5	50	130	180	18	10.0	26.0	36.0
6	50	150	200	20	8.3	25.0	33.3
7	50	175	225	25	7.1	25.0	32.1
8	50	204	254	29	6.3	25.5	31.8
9	50	242	292	38	5.6	26.9	32.4
10	50	300	350	58	5.0	30.0	35.0
11	50	385	435	85	4.5	35.0	39.5

如，當 Q 從 0 增加到 1 時，TC 從 50 元增至 100 元，根據式（9.5），第一單位產出的 $MC=100$ 元 – 50 元 = 50 元；當 Q 從 1 增至 2 時，TC 從 100 元增至 128 元，第二單位產出的 $MC=128$ 元 – 100 元 = 28 元；繼續同樣的程序，我們可獲得第五欄其他產出水準的 MC；第六欄為平均固定成本（AFC），根據定義，該欄資料來自於第二欄資料除以第一欄的；第七欄為平均變動成本（AVC），根據式（9.6），該欄資料來自於第三欄資料除以第一欄的；第八欄為平均成本（ATC），該欄資料來自於第四欄的資料除以第一欄的，或第六與第七欄的數字相加。

令橫軸代表產出水準，縱軸代表固定、變動或總成本，表 9.1 第一與第二欄的數字對應到圖 9.1 上圖第一象限後，各組合點連接起來的軌跡，即為 FC 的水平線；將表 9.1 第一與第三欄數字對應到上圖，我們可得 VC 曲線；將表 9.1 第一與第四欄數字對應到上圖，或 FC 線及 VC 曲線與橫軸的垂直距離相加，我們可得 TC 曲線。令橫軸仍代表產出水準，但將縱軸改為平均固定、平均變動、平均或邊際成本，將表 9.1 第一與第六欄對應到圖 9.1 下圖，我們可得 AFC 曲線；將表 9.1 第一與第七欄數字對應到下圖，我們可得 AVC 曲線；將表 9.1 第一與第八欄數字對應到下圖，或將 AFC 及 AVC 兩條曲線與橫軸的垂直距離相加，我們可得 ATC 曲線；將表 9.1 第一與第五欄數字對應到下圖，我們可得 MC 曲線。事實上，針對任一特定產出水準，下圖 AFC、AVC 或 ATC 曲線與橫軸的垂直距離亦可來自於上圖 FC、VC 或 TC 曲線對應點與原點所拉直線之斜率；下圖 MC 曲線與橫軸的垂直距離亦可來自於上圖 VC 或 TC 曲線對應點之斜率。特別值得注意的是，根據式（9.2），上圖 TC 與 VC 兩曲線間的垂直距離即為 FC；根據式（9.4），下圖 ATC 與 AVC 兩曲線間垂直距離即為 AFC；根據「平均與邊際的關係」，MC 曲線與 AVC 或 ATC 曲線的相交點，即為 AVC 或 ATC 曲線的最低點，而對照圖 8.1，AP_L 曲線的最高點正好對應 AVC 曲線的最低點；

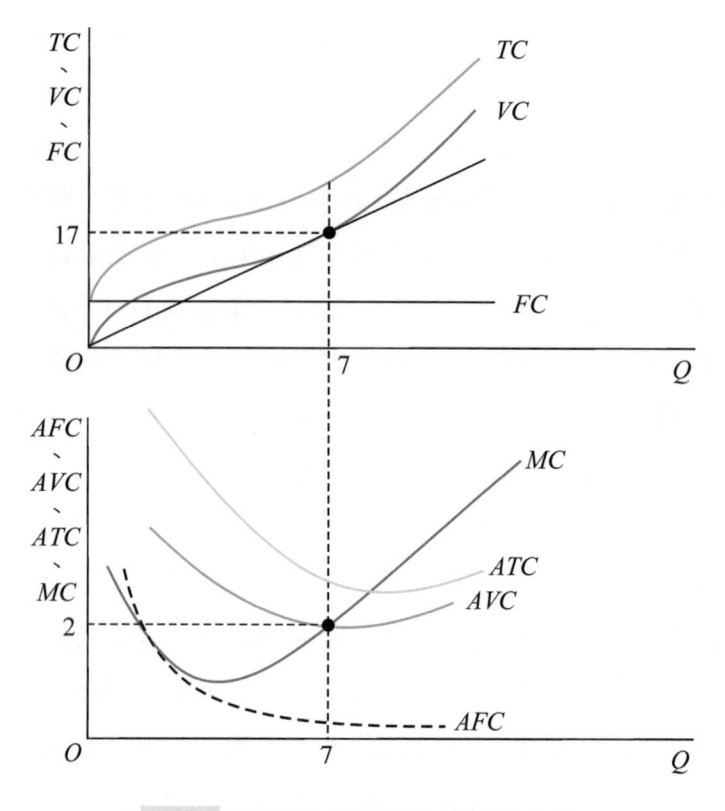

■ 圖 9.1 ■ 個別廠商的各種短期成本曲線

根據 AFC 的定義，由於分子（FC）固定不變，隨著分母（Q）的逐漸遞增，AFC 會逐漸遞減，導致 ATC 曲線的最低點會在 AVC 曲線最低點的右邊；TC、VC、AFC、AVC、ATC 與 MC 皆會隨著產出水準的變動而變動，亦即，它們皆是產出水準的函數。

9.3 長期成本

在長期裡，由於所有生產要素皆屬變動投入，廠商的長期成本函數為

$$TC = w \cdot L + r \cdot K \tag{9.8}$$

廠商所面對的基本問題為：在生產要素價格已知的情況下，為了生

產某一特定產出水準，如何選擇投入組合來追求最低成本？若以數學方式來表達，上述問題可表示如下：

$$\text{Min. } TC = w \cdot L + r \cdot K$$
$$\text{s.t. } Q_1 = f(L, K) \tag{9.9}$$

其中，Q_1 代表某一特定產出水準。當總成本為某一特定水準時，式（9.8）屬線性，為一直線。透過全微分與進一步數學操作，該直線的斜率可獲得如下：

$$\frac{\Delta K}{\Delta L} = -\frac{w}{r} \tag{9.10}$$

在二度空間裡，若橫軸與縱軸分別代表勞動與資本財的投入量，則式（9.10）代表的經濟意義為：該直線的斜率之絕對值等於橫軸生產要素（勞動）的單位價格除以縱軸生產要素（資本財）的單位價格（請參考圖 9.2）。該直線上的不同點分別代表不同的投入組合，但總成本皆一樣等於某一特定水準。因此，該直線又被稱為等成本線（isocost line）。當總成本發生變動時，我們可得另一條平行的等成本線，故在第一象限裡，會存在無限多條平行的等成本線，構成等成本線圖，愈往左下方的等成本線，其總成本愈低；愈往右上方

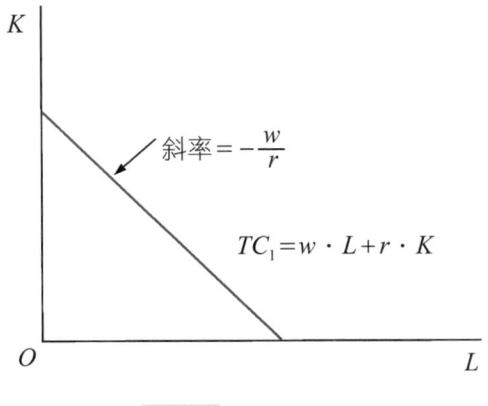

■ 圖 9.2 ■ 等成本線

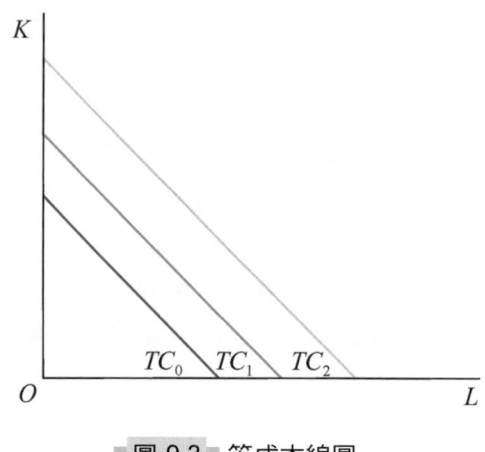

圖 9.3 等成本線圖

的等成本線，其總成本愈高（請參考圖 9.3）。

　　將某一特定產出水準的等產量曲線與等成本線合併在同一圖形（圖 9.4）裡，其所代表的含意為：該廠商應選哪一投入組合才能以最低成本來生產 Q_1？也就是說，在產出水準為 Q_1 的等產量曲線上，該廠商到底要選哪一投入組合點才能使其生產總成本達到最低？在點 B，等成本線與等產量線相交，等產量曲線斜率絕對值大於等成本線的，亦即，

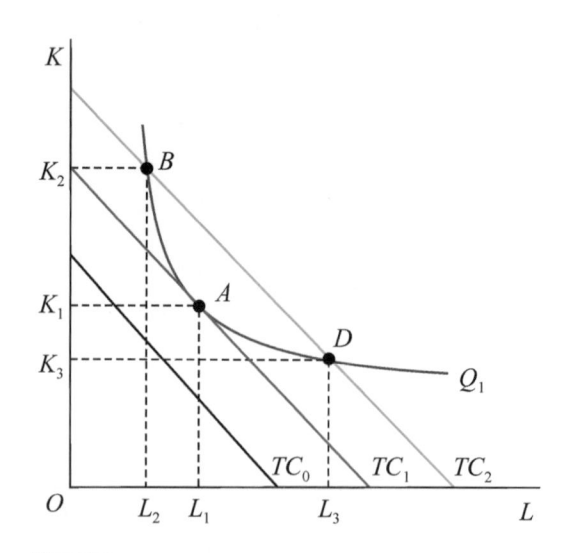

圖 9.4 以最低成本來生產某一特定產出水準

$$\frac{MP_L}{MP_K} > \frac{w}{r} \qquad (9.11)$$

將 MP_L 與 r 對調，可得

$$\frac{r}{MP_K} > \frac{w}{MP_L} \qquad (9.12)$$

根據 MP_K 與 MP_L 的定義，式（9.12）可轉換成

$$MC_K = \frac{\Delta TC}{\Delta Q} = \frac{r \cdot \Delta K}{\Delta Q} = \frac{r}{\Delta Q/\Delta K} >$$

$$\frac{w}{\Delta Q/\Delta L} = \frac{w \cdot \Delta L}{\Delta Q} = \frac{\Delta TC}{\Delta Q} = MC_L \qquad (9.13)$$

其中，MC_K 代表最後一單位產出若以資本財來生產的邊際成本；MC_L 代表最後一單位產出若以勞動來生產的邊際成本。式（9.13）代表：在點 B 時，最後一單位的產出若以勞動來生產，其邊際成本會比以資本財來生產的低。因此，在產出水準不變的情況下，為了降低成本，該廠商會以勞動來替代資本財，也就是說，沿著 Q_1 等產量曲線，往右下方移動，一直到點 A 才停止。反之，在點 D，因為等成本線斜率的絕對值大於等產量曲線的，最後一單位的產出若以資本財來生產的邊際成本會比以勞動來生產的低。同理，在產出水準不變情況下，為了降低成本，該廠商會以資本財來替代勞動，一直到點 A 才停止。上述推理綜合起來告訴我們，在產出水準為 Q_1 的等產量曲線上，只要其斜率與等成本線的不相等，廠商就能夠透過生產要素間互相替代來降低其成本。但，在點 A，由於等產量曲線與等成本曲線的斜率相等，所以，廠商就無法再透過生產要素互相替代來降低其成本，亦即，到了點 A，總成本就不存在著再進一步降低的空間。此時，總成本也就達到最低水準。也就是說，該廠商若選擇 L_1 的勞動與 K_1 的資本財來生產 Q_1 水準的產出，其總成本會最低。就圖形而言，上述成本極小化過程就相當於：Q_1 等產量曲線最

低可跟哪一條等成本線相切，而其切點就是可使該廠商在生產 Q_1 水準產出時，總成本達到最低的投入組合點。在切點 A，

$$\frac{MP_L}{MP_K}=\frac{w}{r}$$

或

$$MC_K=\frac{r}{MP_K}=\frac{w}{MP_L}=MC_L \tag{9.14}$$

也就是說，式（9.14）就是確保成本最小化的必要條件。

在圖 9.4 裡，同樣地生產 Q_1 水準的產出，相對於投入組合點 D，點 B 使用較多的資本財；反之，相對於點 B，點 D 使用較多的勞動。因此，若該廠商選擇了點 B，在經濟學裡，我們就稱它採用了**資本密集**（capital-intensive）方式來生產 Q_1；相反地，若它選擇了點 D，我們就稱它採用了**勞力密集**（labor-intensive）方式來生產 Q_1。

接下來，我們將延伸上述成本極小化分析來探討個別廠商之成本與產出水準間的關係。以圖 9.5 為例，當產出水準為 Q_1 時，成本最小化的投入組合點為點 A，總成本為 TC_1（$=w\cdot L_1+r\cdot K_1$）；當

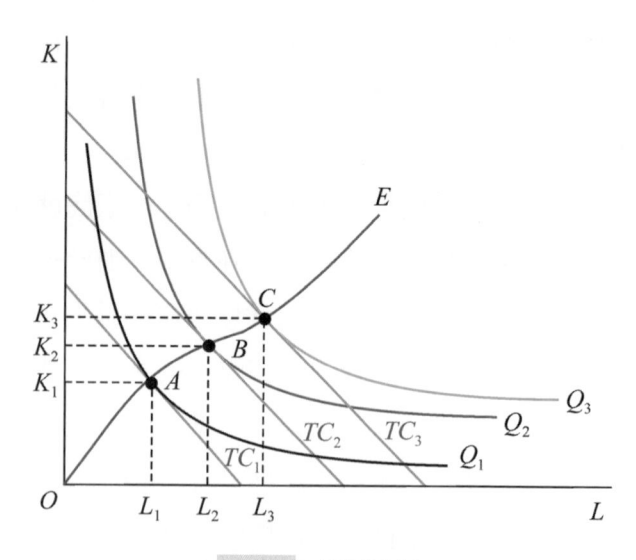

圖 9.5 擴展途徑

產出水準從 Q_1 增為 Q_2 時，Q_2 等產量曲線最低可切到等成本線 TC_2 於點 B，總成本為 TC_2（$=w \cdot L_2 + r \cdot K_2$）；當產出水準進一步從 Q_2 增為 Q_3 時，Q_3 等產量曲線最低可切到等成本線 TC_3 於點 C，總成本為 TC_3（$=w \cdot L_3 + r \cdot K_3$）。持續同樣步驟，隨著產出水準的變動，我們會有不同的成本最小化投入組合點；而將這些成本最小化投入組合點連接起來的軌跡被稱之為**擴展途徑**（expansion path）。

令橫軸代表產出水準，縱軸代表總成本，將上述擴展途徑對應到圖 9.6 的上圖，我們可得個別廠商的長期總成本（$LRTC$）曲線。將縱軸改為代表平均成本或邊際成本，從上述 $LRTC$ 曲線上每一點與原點所拉直線的斜率，我們可導引出圖 9.6 下圖的長期平均成本

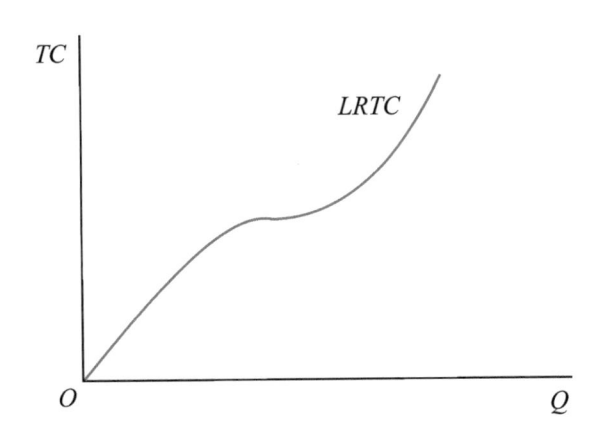

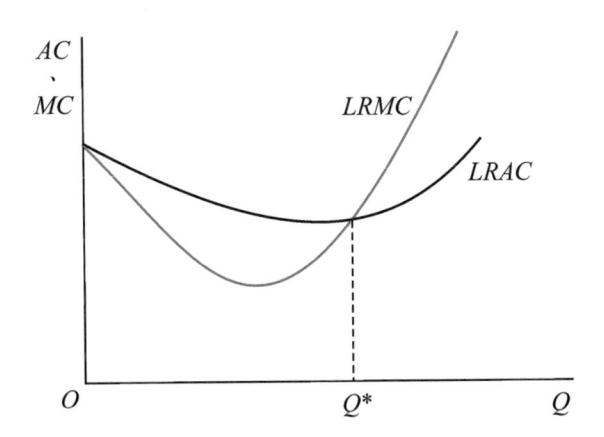

■ 圖 9.6 ■ 長期總成本、平均與邊際成本曲線

（LRAC）曲線；從 LRTC 曲線每一點的斜率，我們可導引出下圖的長期邊際成本（LRMC）曲線。跟短期平均與邊際成本關係一樣，LRMC 曲線與 LRAC 曲線的相交點，即代表長期平均成本的最低點，代表：當產出水準從零增加到 Q^* 時，長期平均成本最低。當產出水準低於 Q^* 時，LRMC 低於 LRAC，故 LRAC 會隨著產出水準的增加而逐漸遞減，在此階段，我們稱該廠商的長期成本函數具有規模經濟（economies of scale）特性；當產出水準高於 Q^* 時，LRMC 高於 LRAC，故 LRAC 會隨著產出水準的增加而逐漸遞增，在此階段，我們稱該廠商的長期成本函數具有規模不經濟（diseconomies of scale）特性；而 Q^* 則被稱為最低有效生產規模（the minimum efficient scale；簡稱 MES），俗稱經濟規模（economic scale），代表的含意為：該廠商的產出水準至少必須要增加到 Q^*，其長期平均成本才會達到最低。根據對偶定理（the duality theorem），在生產要素價格已知、固定的情況下，若且唯若廠商的長期生產函數具有遞增規模報酬的特性，則其長期成本函數就具有規模經濟特性；相反地，若且唯若廠商的長期生產函數具有遞減規模報酬特性，則其長期成本函數就具有規模不經濟特性；此外，若且唯若廠商的長期生產函數具有固定規模報酬特性，則其長期平均成本等於長期邊際成本，且為固定。

9.4 多產品廠商的生產成本

在臺灣，隨著多角化（diversification）經營風潮的興起[3]，大部分廠商皆已同時生產或提供二種以上產品。譬如，統一超商本來只賣食品或日常用品，現在也兼營郵件寄送、費用代收、……等業務；長榮航空原來飛歐、美、澳門等航線，現在亦加入香港、日本航線；

---

[3] 廣義而言，當某一廠商同時稱生產或提供二種以上的產品時，它就被稱為在進行多角化行為。

……等。當這些廠商在進行多角化規劃時,其主要考慮因素之一可能與生產或成本有關[4],也就是說,當廠商增加生產或提供另一種或另一些產品,可使其享有生產或成本優勢(advantages)。這些優勢可能來自於閒置生產要素或設備的共用(joint use)、聯合行銷網的共用或／與行政人員及設備的共用。

在既有文獻裡,與多角化決策有關的成本概念有很多,本節將僅介紹較常被使用的三種如下:

一 增置成本

類似邊際成本的定義,增置成本(incremental cost)被定義為廠商欲增加生產或提供一種產品時,所必須增加的負擔。令 $C(Q_1, 0)$ 代表某一廠商專業化生產第一種產品的總成本,$C(Q_1, Q_2)$ 代表該廠商同時生產第一種與第二種產品的總成本,IC_{Q_2} 代表增加生產第二種產品的增置成本,根據定義,增置成本可以數學方式表示如下:

$$IC_{Q_2} \equiv C(Q_1, Q_2) - C(Q_1, 0) \tag{9.15}$$

二 多樣化經濟

在某一多產品產業裡,對某一特定的產出向量而言,若由單獨一家廠商來生產所有產品,會比多家專業化廠商來生產更有效率(亦即,成本更低)的話,則我們可稱該產業的廠商在生產上述特定產出向量時具有多樣化經濟(economies of scope)或範疇經濟。假設該產業存在著 n 種產品,令 Q_i ($i = 1, 2, \ldots, n$)代表第 i 種產品的產出水準,$(Q_1, Q_2, \ldots, Q_n)$ 代表某一特定產出向量,$C(Q_1, Q_2, \ldots, Q_n)$ 代表由單獨一家廠商來生產上述產出向量的總成本,$C_1(Q_1, 0, \ldots, 0)$,$C_2(0, Q_2, \ldots, 0)$,……,$C_n(0, 0, \ldots, Q_n)$ 分別代表第 i

---
[4] 其他考慮因素可能包括降低經營風險、需求互補性、租稅規避、建構進入障礙、……等。

（$i=1, 2, \cdots\cdots, n$）種產品由單獨一家專業化廠商來生產的成本，則上述多樣化經濟的定義可用數學式表示如下：

$$C(Q_1, Q_2, \cdots\cdots, Q_n) < C_1(Q_1, 0, \cdots\cdots, 0) + \\ C_2(0, Q_2, 0, \cdots\cdots, 0) + \\ \vdots \\ C_n(0, \cdots\cdots, 0, Q_n) \qquad (9.16)$$

若 $n=2$，則式（9.16）可簡化成

$$C(Q_1, Q_2) < C_1(Q_1, 0) + C_2(0, Q_2) \qquad (9.17)$$

實務上，兩種產品間的多樣化經濟程度（the degree of scope economies；簡稱 SC）的衡量指標可設定如下：

$$SC = \frac{C_1(Q_1, 0) + C_2(0, Q_2) - C(Q_1, Q_2)}{C(Q_1, Q_2)} \qquad (9.18)$$

假如 SC 大於 0，就代表第一與第二種產品之間存在著多樣化經濟，且 SC 值愈大，代表多樣化經濟程度愈高。

三 成本互補性

至目前為止，在實證研究上，利用式（9.18）來檢定多樣化經濟時，仍存在一些研究方法上的瑕疵與瓶頸。由於兩種產品間的成本互補性（interproduct cost complementarities）為多樣化經濟的充分條件[5]，所以，在多樣化經濟的既有實證文獻裡，大多以任兩種產品間是否具有成本互補性來作檢定。而任兩種產品間的成本互補

---

[5] 有關成本互補性為多樣化經濟的充分條件之證明，請參考王國樑（1996），〈多樣化經濟實證方法再探討：以臺灣旅行業為例〉，中國統計學報，第 34 卷第 2 期，頁 97～114；以及 Cheng, Ting-Wong, Kuo-Liang Wang & Chih-Chiang Weng (2000), "Economies of Scale and Scope in Taiwan's CPA Service Industry," *Applied Economics Letters*, 2000, 7, 409-414.

關係，可藉由衡量當某一種產品水準變動時，其對另一種產品邊際成本之影響效果而得知。令 C_{Q_1, Q_2} 代表第一與第二種產品間的成本互補性指標，根據上述定義，我們可得

$$C_{Q_1, Q_2} \equiv \frac{\partial^2 C(Q_1, Q_2)}{\partial Q_1 \partial Q_2} \tag{9.19}$$

若 $C_{Q_1, Q_2} < 0$，則代表第一與第二種產品間存在著成本互補性及多樣化經濟；但若 $C_{Q_1, Q_2} > 0$，則僅代表第一與第二種產品間不存在成本互補性，而多樣化經濟仍可能存在。

9.5 成本分析的應用

在本節中，我們將篩選五個與成本分析有關的案例進行討論。

> **個案 9.1** 為何會改採自動化生產策略？
>
> 在過去二十多年裡，隨著工資率的逐漸上漲，仍續留臺灣的紡織業，為何會改採自動化生產策略？

假設某家紡織業廠商所使用投入可分為兩種：勞動（L）與資本財（K），且每年的產出水準皆固定在 Q_1。以圖 9.7 為例，橫軸代表勞動投入量，縱軸代表資本財投入量，在原來生產要素價格之下，假設 Q_1 等產量曲線最低可切到 TC_1 等成本線於點 A，亦即，為生產 Q_1 的產品，該廠商若使用 L_1 的勞動與 K_1 的資本財，將可使其總成本達到最低。現若勞動的單位價格相對於資本財的上漲，等成本線的斜率絕對值（勞動單位價格除以資本財單位價格）會上升，在點 A，等產量曲線斜率的絕對值小於等成本線的，也就是說，最後一單位產出若由資本財來替代勞動，其邊際成本會較低，點 A 不再是成本最低的投入組合點，於是，該紡織廠商會以資本財替代勞動，亦即，沿著 Q_1 等產量曲線往左上方移動。最後，Q_1 等產量曲

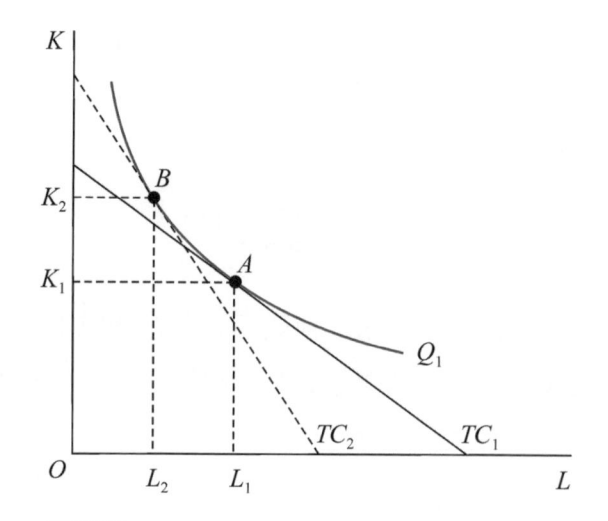

図 9.7　生產要素相對價格變動導致要素替代

線最低會切到 TC_2 等成本線於點 B，也就是說，面對新的生產要素相對價格，該廠商若使用 L_2 的勞動與 K_2 的資本財來生產 Q_1，其總成本會最低。由於 $K_2 > K_1$，且 $L_2 < L_1$，上述生產要素相對價格與投入組合點的變動顯示，隨著工資率的逐漸上漲，成本極小化的動機會使廠商改採自動化生產策略，以資本財（自動化機器設備）來取代勞動（人工），或以資本密集生產模式來取代勞動密集生產模式。

個案 9.2　農產品的農藥使用量管制對生產成本之影響

隨著國民所得與教育水準的不斷提升，消費者對食用性農產品的品質也就更加挑剔，其中，包含農藥殘留標準。現假設政府對某一農產品的農藥使用量進行管制，其對該農產品的生產成本會有何影響？

假設某一農場僅使用兩種變動生產要素（農藥與勞動）來生產某種農產品，且該農產品每年的產量皆固定為 Q_1。令橫軸代表農藥投入量（F），縱軸代表勞動投入量（L），在生產要素價格已知且農藥使用量未存在管制的情況下，圖 9.8 的 Q_1 等產量曲線最低可切

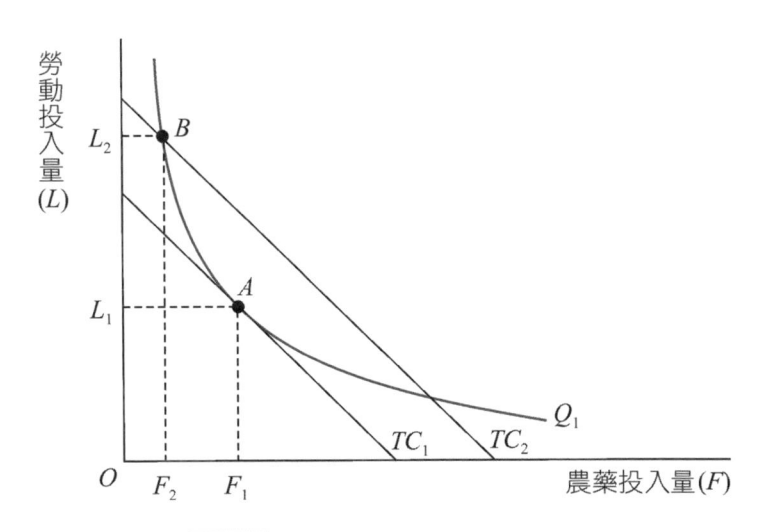

图 9.8　農藥管制使生產成本上升

到 TC_1 等成本線於點 A，也就是說，該農場若使用 F_1 的農藥與 L_1 的勞動來生產 Q_1，其總成本會最低。現若政府管制農藥使用量不能超過 F_2，則 Q_1 等產量曲線點 B 右下方的投入組合點就不能被選用；只有點 B 左上方的投入組合點可被選擇。而在這些剩餘的投入組合點裡，只有點 B 可使該農場以最低成本來生產 Q_1；但，點 B 所對應的總成本現增為 TC_2。上述分析顯示，在生產要素價格不變情況下，農藥管制將迫使農場使用偏多的（相對於點 A）勞動來替代農藥，所以，其生產成本會上升。

個案 9.3　公立與私立大專院校學生之教育補助金額是否應一樣？

1997 年以來，私立大專院校持續透過立法委員對教育部施壓，希望政府對每一位公立或私立大專院校的學生之教育補助金額都能一樣。從經濟學觀點而言，妳（你）覺得上述補助均等化的要求合理嗎？

假設教育部對公立與私立大專院校每一位學生的教育補助金額分別為 S_u 與 S_R；且公立與私立大專院校畢業學生的邊際產出分別為

MP_u 與 MP_R。若 $MP_u = MP_R$，且 $S_u = S_R$，則

$$\frac{MP_u}{S_u} = \frac{MP_R}{S_R} \qquad (9.20)$$

代表：花在公立大專院校學生最後一元補助的邊際產出等於花在私立大專院校的。此時，在總補助金額固定情況下，教育部對於大專院校補助的總效益（總產出）會達到最大。因此，「補助均等化」似合乎經濟效率。但，若 $MP_u > MP_R$，則硬性規定 $S_u = S_R$，將使式（9.20）變成

$$\frac{MP_u}{S_u} > \frac{MP_R}{S_R} \qquad (9.21)$$

代表：花在公立大專院校學生最後一元補助的邊際產出大於私立大專院校的。此時，若能將補助金額重新分配，則有可能使教育補助的總效益增加。亦即，「補助均等化」似乎不合乎經濟效率標準。

個案 9.4　Cobb-Douglas 生產函數的擴展途徑與各種成本曲線

假設某一廠商擁有 Cobb-Douglas 生產函數如下：$Q = A \cdot L^\alpha \cdot K^\beta$，且 $\alpha + \beta = 1$，在生產要素價格已知、固定情況下，請問該廠商的總成本、平均成本與邊際成本曲線會是哪一種形狀？

由於 Cobb-Douglas 生產函數屬（$\alpha + \beta$）階（degree）齊次式函數（homogeneous function），若 $\alpha + \beta = 1$，則代表：當所有的投入使用量皆增加 λ（>1）倍時，產出水準亦同時以 λ 倍增加，亦即，其具有固定規模報酬特性之特色。假設生產第一單位之成本最小化投入組合點為（L_1, K_1），則 k（$= w \cdot L_1 + r \cdot K_1$）代表第一單位之成本。在生產要素價格不變情況下，隨著產出的增加，其擴展途徑為從原點延伸出來之直線（請參考圖 9.9(a)）；其所對應之總成

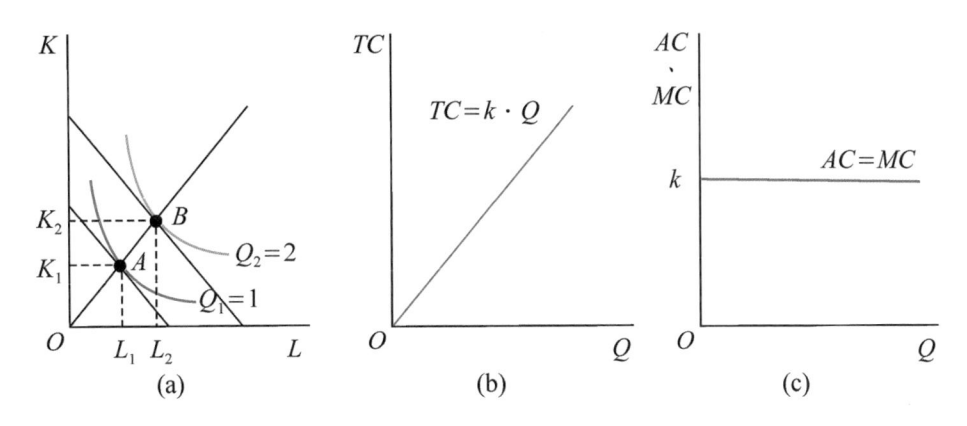

■ 圖 9.9 ■ 一階 Cobb-Douglas 生產函數的擴展途徑與各種成本曲線

本為：$TC = k \cdot Q$，亦即，它是一條線性的總成本函數（請參考圖 9.9 (b)）。又由於

$$AC = \frac{TC}{Q} = \frac{k \cdot Q}{Q} = k$$

$$MC = \frac{\Delta TC}{\Delta Q} = \frac{k \cdot \Delta Q}{\Delta Q} = k$$

所以，平均與邊際成本皆等於 k（請參考圖 9.9(c)）。

個案 9.5　多樣化經濟與多角化經營

當我於 1974 年進入政治大學經濟學系時，政大校門口的冰果室就只賣冰品與水果等冷飲；但到 1977 年底，它們在冬天亦提供紅豆湯、現煮速食麵等熱食。請問上述經營策略改變的背後原因何在？

除了冷飲原料外，冰果室的主要投入有店面、桌椅、人力。如果只賣冷飲，一年可能只做八個月生意；在較寒冷的其他四個月裡，上述三項主要投入會閒置。也就是說，八個月的冷飲生意須負擔十二個月的成本。現若於較寒冷的四個月裡，增加熱食服務，以往具

有共用性的閒置性投入就可以充分利用，原來冷飲的成本負擔亦可降低。換句話說，因為冷飲與熱食之間具有成本互補性及多樣化經濟關係，所以，那時的冰果室老闆才會多角化經營而於冬天加賣熱食。

關鍵詞

會計成本　Accounting cost　190
經濟成本　Economic cost　190-191
機會成本　Opportunity cost　191
沉沒成本　Sunk cost　191
總成本　Total cost　192
變動成本　Variable cost　193
固定成本　Fixed cost　193
平均成本　Average total cost　193
平均變動成本　Average variable cost　193
平均固定成本　Average fixed cost　193
邊際成本　Marginal cost　193
資本密集　Capital-intensive　200
勞力密集　Labor-intensive　200
擴展途徑　Expansion path　201

規模經濟　Economies of scale　202
規模不經濟　Diseconomies of scale　202
最低有效生產規模　The minimum efficient scale　202
經濟規模　Economic scale　202
對偶定理　The duality theorem　202
共用　Joint use　203
增置成本　Incremental cost　203
多樣化經濟　Economies of scope　203
多樣化經濟程度　The degree of scope economies　204
成本互補性　Interproduct cost complementarities　204
齊次式函數　Homogeneous function　208

問題與應用

1. 在 2010 年五都市長選舉時，臺北市政府提出「空軍總部土地蓋社會住宅」的構想──即俗稱「小帝寶」的政策，引發外界熱烈討論。所謂的「小帝寶」計畫,是指位於臺北市仁愛路上,接近建國南路口的空軍總部土地,目前臺北市與中央協調,希望以換地方式取得這塊土地。由於該地堪稱是臺北市「菁華區中的菁華區」,與被列入「亞洲十大豪宅」、每坪喊價已達 180 到 200 萬元的帝寶隔著建國南路相望,外界稱其為「小帝寶」。臺北市長郝龍斌說如果取得這塊土地,市府「絕對會以興建青年住宅與社會住宅為主」(中國時報 2010 年 10 月 25 日報導)。從經濟效益觀點而言,妳(你)會支持該計畫嗎?

2. 當邊際成本為固定時,總成本就等於邊際成本乘以產量,妳(你)同意嗎?

3. 假設勞動成本下降 50%,且此情形預計將維持很長的時間。試用圖形表示出此勞動及資本的相對價格變化對廠商擴展途徑的影響。

4. 在過去二十多年裡,隨著工資率的逐漸上漲,有些臺灣傳統產業改採自動化生產策略;而另一些傳統產業則結束營業或外移。其背後原因何在?

5. 請用等產量曲線與等成本線解釋有機蔬菜(水果)顯著貴於一般蔬菜(水果)的原因。

6. 當某一家廠商的成本函數具有規模經濟特性時,其邊際成本曲線一定在平均成本曲線下方,妳(你)同意嗎?

7. 假設某一服務業的產品只有兩種,則導致這兩種產品具有多樣化經濟的充分條件為弱成本互補性,妳(你)同意嗎?

8. 當某一家廠商欲進行多角化投資時,多樣化經濟給它的啟示為何?

9. 在統一企業多角化經驗中,轉投資超商是成功的,但轉投資臺灣王安是失敗的,其背後原因何在?

CHAPTER 10
完全競爭市場的廠商決策行為

10.1 利潤最大化

10.2 短期決策行為

10.3 廠商與市場的短期供給曲線

10.4 短期生產者剩餘

10.5 長期均衡

10.6 廠商在要素市場的決策行為

在第二章，我們利用供需架構介紹完全競爭市場的產品或生產要素價格之決定過程；在第四章至第六章，我們利用序列效用或無異曲線分析法分別探討家計在產品與生產要素市場的決策行為；根據圖 1.2 廠商在現實社會所扮演之角色，本章則欲利用第二章的市場價格、第八章的生產理論以及第九章的成本理論來分別探討廠商在完全競爭市場架構下於產品與生產要素市場的決策行為。

10.1　利潤最大化

在現代廠商理論裡，廠商的所有權屬股東；但，廠商的經營權歸管理者，兩者之間則存在著監督制度。如果廠商運作順利，除了薪資外，管理者可分紅；股東則可享有利潤（profit）。在所有權與經營權分開，且監督制度不健全的情況下，管理者可能會為了薪資與紅利以外的利益而追求利潤以外的經營目標；但在監督制度健全的情況下，管理者與股東的利益應是一致的。因此，本書跟隨傳統且假設廠商所追求的目標為：**利潤最大化**（profit maximization），因此，廠商亦俗稱為**營利事業**（profit-making enterprise）。

不管在會計學系或經濟學系裡，利潤皆被定義為**總收入**（total revenue；簡稱 *TR*）減掉總成本，亦即

$$\pi \equiv TR - TC \tag{10.1}$$

其中，π 代表利潤或盈餘。由於經濟成本通常等於會計成本加上自有生產要素的機會成本，而後者又稱為**正常利潤**（normal profit），所以，會計利潤會等於經濟利潤加正常利潤，也就是說，會計利潤進一步扣掉正常利潤後就等於經濟利潤。理論上，個別廠商的總收入即為該廠商銷售收入的加總，傳統上被定義為等於價格（*P*）乘以銷售量（*q*），亦即，$TR = P \cdot q$；而根據第九章成本理論，總成本為產出水準或銷售量的函數[1]，亦即，$TC = C(q)$。於是，式（10.1）就

---

[1] 在本章裡，為簡單化起見，我們假設存貨為零，亦即，產出水準等於銷售量。

變成

$$\pi = P \cdot q - C(q) \qquad (10.2)$$

在完全競爭市場裡,由於價格為已知、固定,所以,式(10.2)顯示,利潤的高低完全取決於產出水準,亦即,利潤為產出水準的函數。在兩度空間的圖形裡,令橫軸代表產出水準,縱軸代表總收入或總成本,在產品價格(P)已知且固定的情況下,$TR=P \cdot q$ 為從原點延伸出來且斜率等於 P 的一條直線;再從第九章引進圖 9.6 的總成本曲線,我們可得圖 10.1 的上圖。其次,將該圖 TR 線與橫軸的垂直距離減掉 TC 線與橫軸的垂直距離,我們可得圖 10.1 下圖的利潤曲線。從圖 10.1,我們可進一步發現;當產出水準為 q^* 時,該廠商的利潤達到最大。

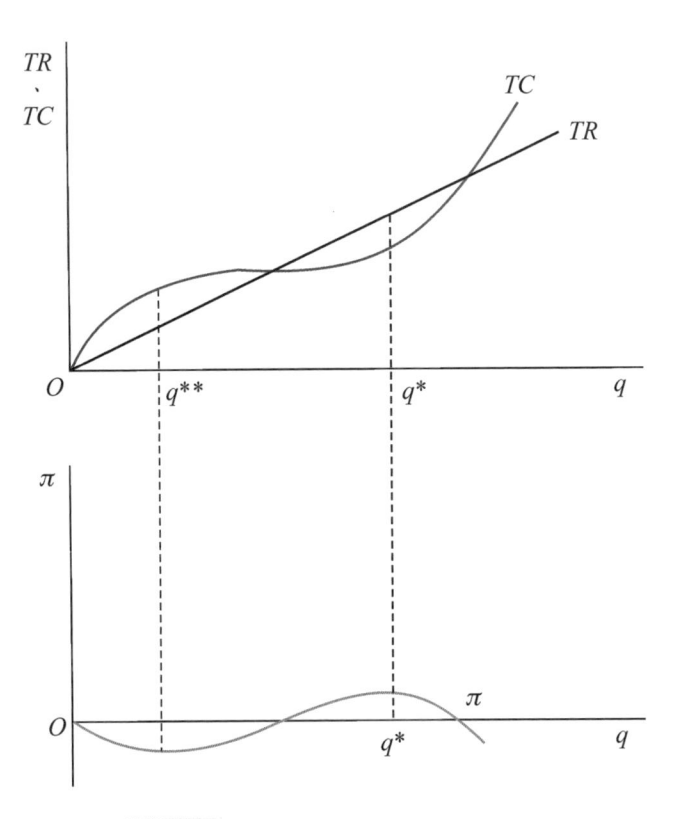

圖 10.1 總收益、總成本與利潤曲線

如果該廠商從產出水準為零開始，一單位一單位來決定要不要增加生產，其決策依據必定是最後一單位產出所創造出來的總收入變動量〔或邊際收入（marginal revenue；簡稱 MR）〕與邊際成本（MC）。若 MR＞MC，乃代表最後一單位產出可增加其利潤，它就會增產該單位；反之，若 MR＜MC，乃代表最後一單位產出會減少其利潤，它就會減產該單位。也就是說，當 MR 不等於 MC 時，該廠商可透過增產或減產來改善其利潤。但，當 MR＝MC 時，就代表：該廠商無法再透過增產或減產來改善其利潤。此時，其利潤就已達最大。於是，MR＝MC 就被稱為確保廠商利潤最大化的必要條件。上述推理若以數學方式來表達，就相當於以 q 對式（10.1）進行微分，我們可得第一階導函數如下：

$$\frac{\Delta \pi}{\Delta q} = \frac{\Delta TR}{\Delta q} - \frac{\Delta TC}{\Delta q}$$
$$= MR - MC \tag{10.3}$$

其中，$\Delta \pi / \Delta q$ 代表邊際利潤。為了追求最大利潤，我們必須令上述第一階導函數等於 0。然後，透過移項，我們可得 MR＝MC。此外，由於平均收入（average revenue；簡稱 AR）等於總收入除以產出水準，所以，

$$AR \equiv \frac{TR}{q} = \frac{P \cdot q}{q} = P \tag{10.4}$$

又由於完全競爭市場的產品價格（P）為已知、固定，所以，

$$MR \equiv \frac{\Delta TR}{\Delta q} = \frac{\Delta (P \cdot q)}{\Delta q}$$
$$= \frac{P \cdot \Delta q}{\Delta q} = P \tag{10.5}$$

式（10.4）與（10.5）合併起來的經濟意義為：在完全競爭市場裡，廠商的邊際收入與平均收入皆會等於價格。於是，完全競爭市場廠商的利潤最大化條件式（10.3）可進一步變為

$$MR = AR = P = MC \qquad (10.6)$$

10.2 短期決策行為

在現實社會，大部分產業的銷售季節都有旺季與淡季之分，在前者裡，多數廠商會享有正的利潤；相反地，在後者裡，多數廠商會遭受虧損。因此，我們可能會常聽到這些廠商怨聲連連，但，它們卻還是繼續經營著，背後原因何在呢？其答案可能就在廠商的短期決策分析裡。

首先，我們將某一廠商的短期平均成本、平均變動成本與邊際成本三條成本曲線畫在圖 10.2 裡。其次，假設從第二章的供需架構裡，該廠商得知其所生產的產品市場價格為 P^*。然後，在完全競爭市場裡，因為它是價格接受者，所以，它所面對的需求曲線乃是 $MR = AR = P^*$ 的水平直線，代表：不管誰來跟它購買，或購買量多寡，它

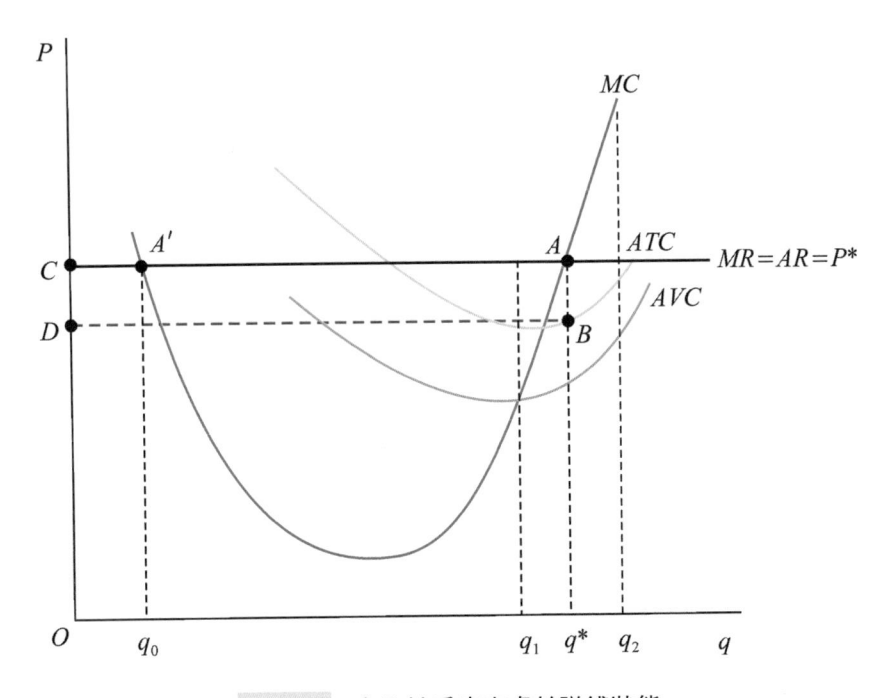

■ 圖 10.2 ■ 完全競爭廠商處於賺錢狀態

每一單位賣的價格皆一樣地為 P^*。接著，由於確保利潤最大化的必要條件為 $MR=AR=P=MC$，我們先找 $MR=AR=P$ 水平線與 MC 曲線相交之點：點 A 與點 A'。又根據式（10.2）與平均成本的定義：

$$\pi = P \cdot q - C(q) = P \cdot q - ATC \cdot q = (P - ATC) \cdot q \qquad (10.7)$$

其中，式（10.7）小括弧內的差額代表每單位產出的利潤或損失。若 $P>ATC$，代表該廠商處於賺錢狀態；若 $P=ATC$，代表它的收支剛好平衡（break even）；$P<ATC$，代表它處於虧錢狀態。在點 A'，該廠商的產出水準為 q_0，當產出水準低於 q_0 時，$P<ATC$，該廠商會遭受虧損；且因 $MR<MC$，它會減產以減少損失；當產出水準大於 q_0 時，因 $MR>MC$，它會增產以減少損失。綜合上述，點 A' 不會是穩定均衡點，因此，該廠商不會選擇點 A' 當最適決策點。但，在點 A，該廠商的產出水準為 q^*，在此產出水準，$P>ATC$，代表該廠商是賺錢的，且每單位賺的利潤為點 A 與點 B 的垂直距離，賣了 q^* 單位的產出，它總共賺了 $ABDC$ 長方形面積。此外，當產出水準低於 q^* 時，$MR>MC$，該廠商會增產；相反地，當產出水準高於 q^* 時，$MR<MC$，它會減產。上述調整過程顯示，當產出水準不等於 q^* 時，利潤最大化的追求行為會自動地使該廠商的產出水準回到 q^*，亦即，點 A 是穩定均衡點[2]。因此，在圖 10.2 裡，q^* 是該廠商的最適或均衡產出水準。

圖 10.2 的廠商算是幸運的，如果廠商的決策圖形像圖 10.3。在 MR 與 MC 曲線相交點時，最適產出水準為 q^*，q^* 所對應的 ATC 剛好等於 P（$=AR$）。根據式（10.7），廠商的收支平衡，且利潤等於 0。

如果廠商的運氣再惡化一點，其決策圖形變為像圖 10.4，則在 MR 與 MC 曲線相交點，最適產出水準為 q^*，q^* 所對應的 ATC 大於 P（$=AR$），根據式（10.7），廠商的單位利潤變為負的，亦即，

---

[2] 從圖形上而言，MC 曲線由下方往上與 MR 曲線相交為均衡點的穩定性條件。

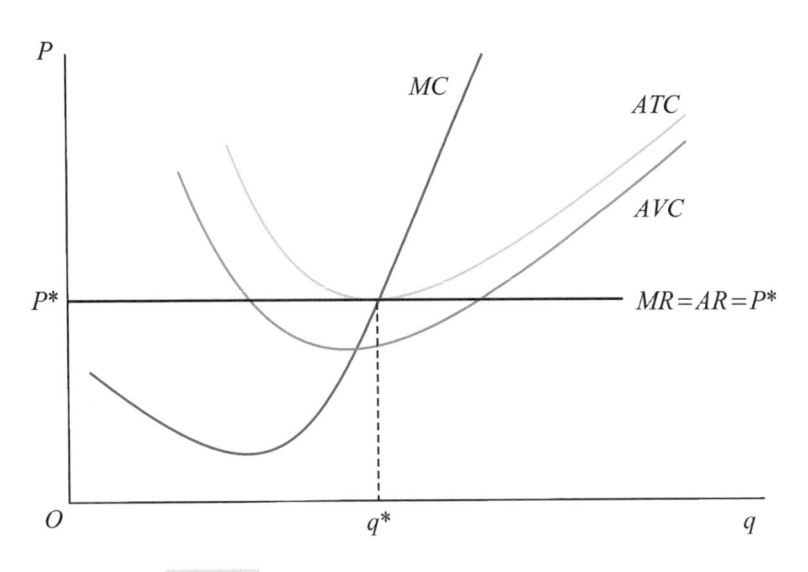

図 10.3 完全競爭廠商處於收支平衡狀態

每單位遭受的損失等於點 B 與點 A 之垂直距離,生產 q*,該廠商總共虧損 ABCD 長方形面積。

接下來的問題是,既然廠商又稱營利事業,遭受了損失,到底還要不要繼續經營下去?以圖 10.4 而言,在產出水準為 q* 時,雖

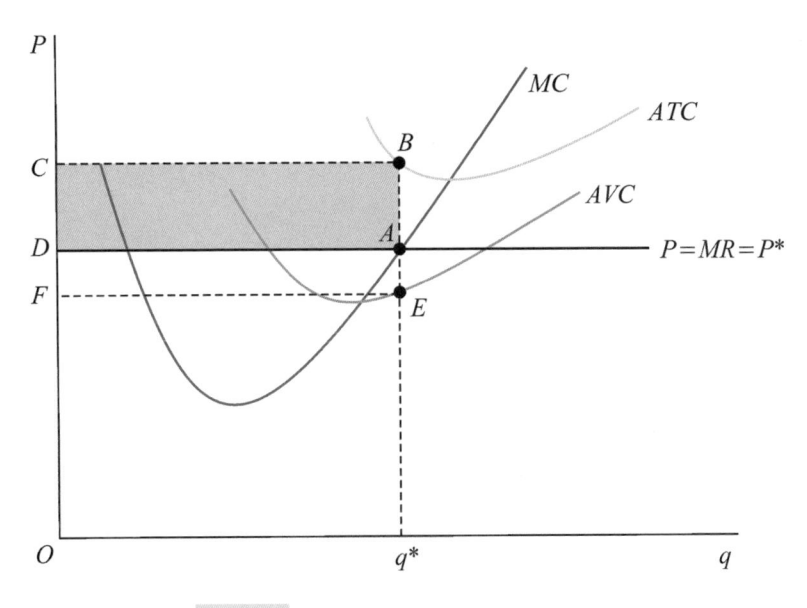

圖 10.4 完全競爭廠商處於虧損狀態

然 P 小於 ATC，但還是大於 AVC，由於 ATC 與 AVC 曲線的垂直距離（BE）代表生產 q^* 的 AFC，如果選擇關廠結束營業，總損失為 $BEFC$ 長方形面積（$=AFC \cdot q = BE \cdot q^*$）[3]，比繼續經營的損失（$=ABCD$ 長方形面積）還大，所以，該廠商會選擇繼續經營。若市場價格進一步下降，只要 MR 與 MC 曲線相交點的產出水準所對應之 AVC 小於 P，廠商就會繼續經營下去，一直到 MR 與 MC 曲線相交點的產出水準所對應之 AVC 等於 P，此時，關廠退出市場的損失與繼續經營的相等，或因冒險精神較強，或因對未來經營環境較為樂觀，該廠商還是會繼續留在該市場。但若市場價格持續下降（請參考圖 10.5），MR 與 MC 曲線相交點的產出水準所對應之 AVC 大於 P，代表：每單位的價格連人工、原料、……等變動成本都無法回收。若廠商仍繼續經營，虧損的不僅只有固定成本，連部分變動成本亦無法回收。於是，該廠商會選擇關廠結束營業。根據上述推理，AVC 曲線的最低點（點 G）即為關廠點（shut-down point）。

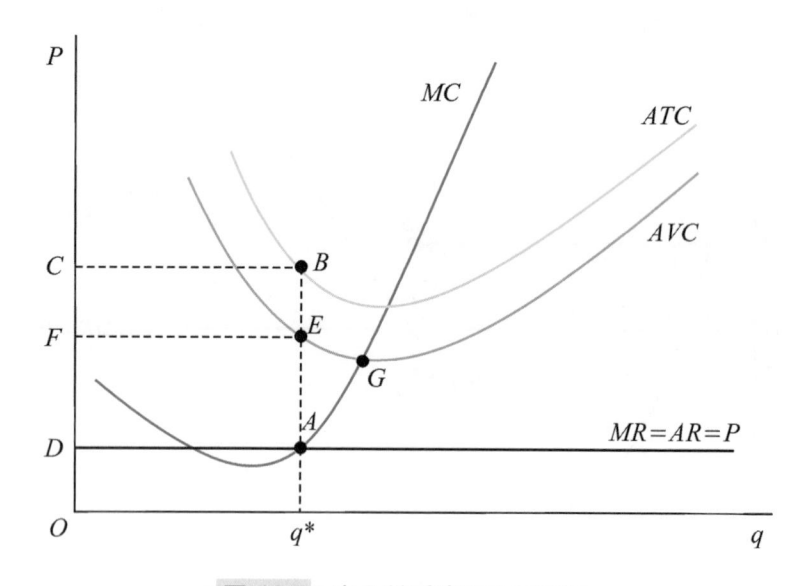

■ 圖 10.5 ■ 完全競爭廠商的關廠點

---

[3] 在此，我們假設固定成本全部為沉沒成本。

10.3 廠商與市場的短期供給曲線

比照第二章市場供給曲線所代表的意義,個別廠商供給曲線亦可告訴我們:在不同市場價格之下,它願意生產與供給的產品數量。上一節的分析顯示,只要市場價格在平均變動成本最低點以上,且價格大於邊際成本,廠商就會增加生產,一直到價格等於邊際成本為止。以圖 10.6 為例,當市場價格為 P_0,該廠商願意生產與供給的產出水準為 q_0,我們得到該廠商的短期供給點 E_0;當市場價格為 P_1,該廠商願意生產與供給的產出水準為 q_1,我們得到該廠商的短期供給點 E_1;當市場價格為 P_2,該廠商願意生產與供給的產出水準為 q_2,我們得到該廠商的短期供給點 E_2;……。將這些短期供給點連接起來的軌跡,即為該廠商的短期供給曲線。換句話說,該廠商的短期供給曲線即正是該廠商平均變動成本最低點以上(含該點)的邊際成本曲線[4]。

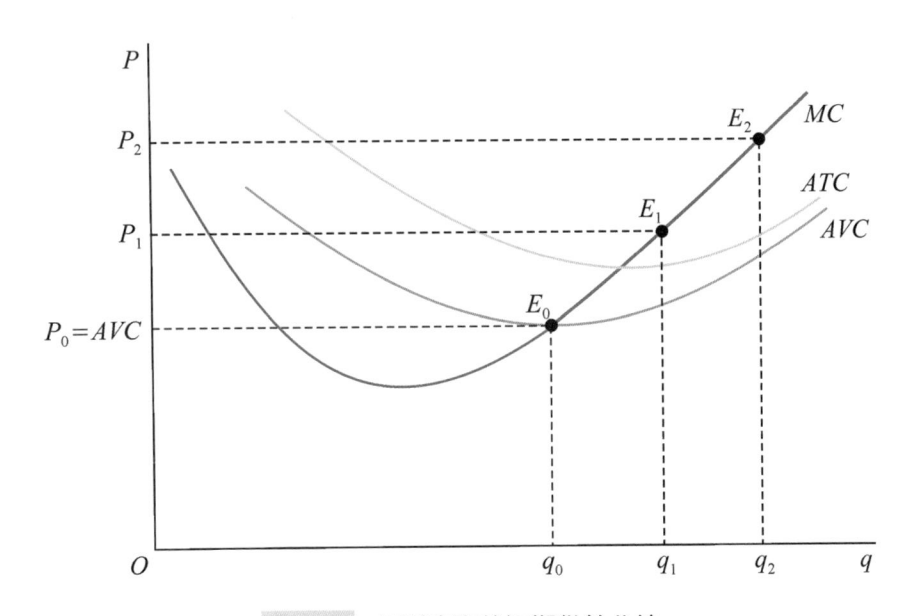

圖 10.6 個別廠商的短期供給曲線

---

[4] 這亦回答了廠商的短期最適勞動投入量為何會落在勞動平均產出最高點以下的遞減勞動邊際產出部分。

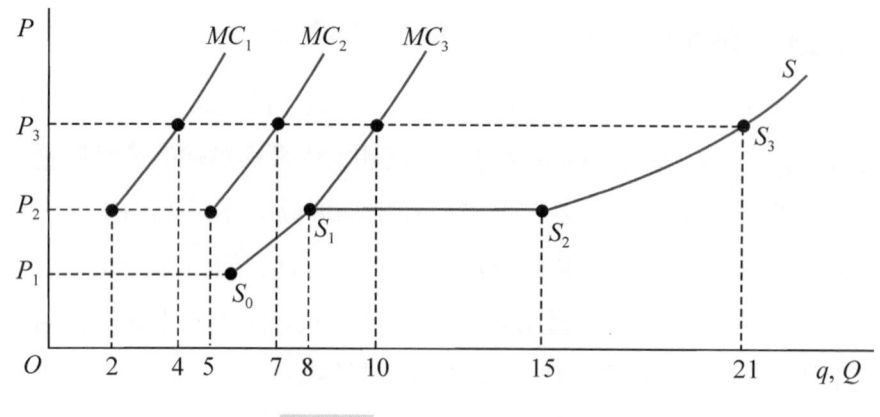

圖 10.7 短期市場供給曲線

　　就如同市場需求曲線是所有消費者個人需求曲線的水平加總一樣，市場的短期供給曲線亦是所有廠商短期供給曲線的水平加總。以圖 10.7 為例，假設某一產品市場存在著三家廠商，其短期供給曲線分別為 MC_1、MC_2 與 MC_3，當市場價格小於 P_2，但大於或等於 P_1 時，只有第三家廠商有意願生產與供給該產品，所以，點 S_0 至點 S_1（不含點 S_1）的 MC_3 曲線即為上述價格區間所對應的短期市場供給曲線。當市場價格為 P_2 時，三家廠商願意生產與供給的產出水準分別為 2 單位、5 單位與 8 單位，所以市場總供給量為 15 單位，我們得到點 S_2；同理，當市場價格為 P_3 時，三家廠商願意生產與供給的產出水準分別為 4 單位、7 單位與 10 單位，所以市場總供給量為 21 單位，我們得到點 S_3；……。將上述市場供給點連接起來的軌跡，即為短期市場供給曲線。

10.4　短期生產者剩餘

　　類似第五章消費者剩餘的定義，**生產者剩餘（producer surplus）**的定義為：廠商實收價格與最低願意接受之價格的差距。在完全競爭市場裡，前者為市場價格；後者則為邊際成本[5]。因此，

---

[5] 由於邊際成本代表某一廠商生產最後一單位產出所必須要增加的負擔，它當然也代表欲說服該廠商生產該單位的最低價格。

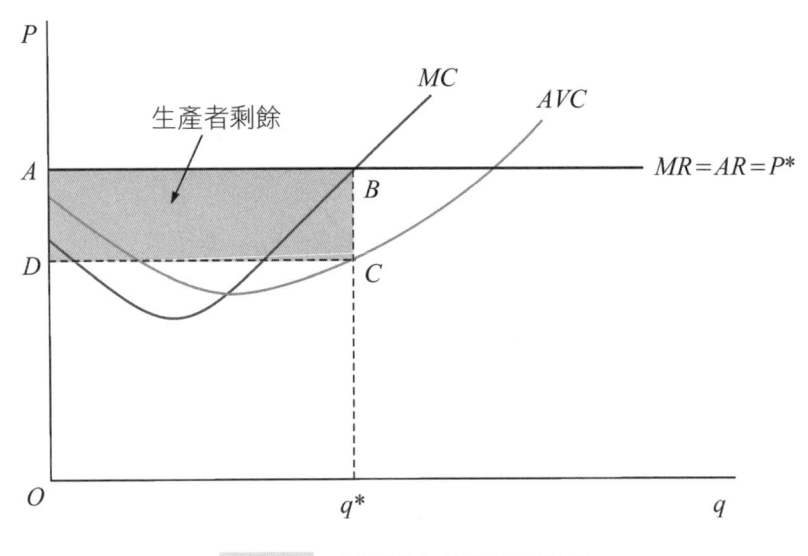

第 10 章　完全競爭市場的廠商決策行為　**223**

■ 圖 10.8 ■ 個別廠商的生產者剩餘

　　生產者剩餘又可被定義為市場價格與邊際成本的差距。以某一家廠商的 AVC 與 MC 曲線如圖 10.8 所示，當市場價格為 P^* 時，根據式（10.6），該廠商利潤最大化的產出水準為 q^*。根據生產者剩餘的定義，該廠商所獲得之生產者剩餘為 P^* 水平線以下及 MC 曲線以上所圍起來的面積。由於產出水準從 0 到 q^* 所對應的邊際成本累積起來，剛好等於總變動成本（$=AVC \cdot q$），所以，該廠商的生產者剩餘又等於總收入（$=P^* \cdot q^*$）減掉總變動成本（$=AVC \cdot q^*$），亦即，等於 ABCD 長方形面積。

　　至於整個市場的生產者剩餘的衡量，以圖 10.9 為例，必須由市場需求曲線與市場供給曲線先決定出市場價格與交易量（P^* 與 Q^*），由於短期市場供給曲線為個別廠商短期邊際成本曲線的水平加總，所以，短期市場供給曲線又代表整個市場的 MC 曲線。因此，整個市場的生產者剩餘等於 P^* 水平線以下及供給曲線以上所圍起來的陰影面積。

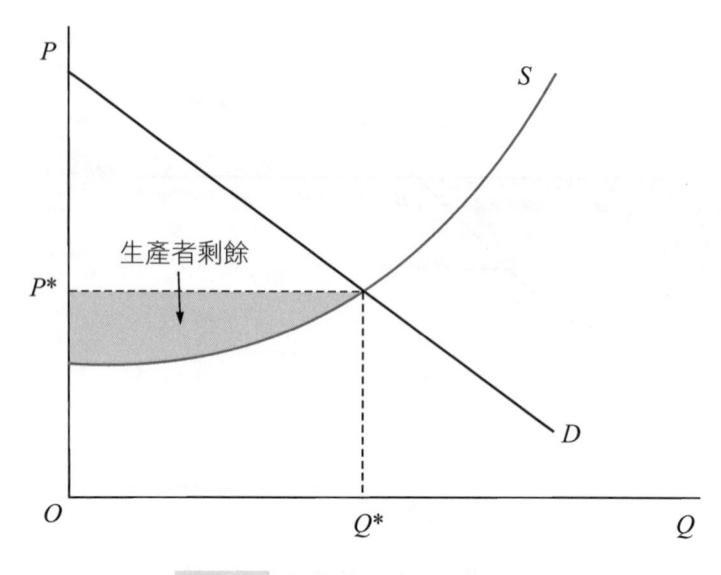

■ 圖 10.9 整個市場的生產者剩餘

10.5 長期均衡

在長期，所有的生產要素皆屬變動投入。因此，在做長期決策時，廠商所使用的成本曲線為 $LRAC$ 與 $LRMC$ 曲線（請參考圖 10.10 的左圖）。同樣地，廠商在做決策之前，須先知悉市場價格。假設原來的市場需求與短期供給曲線分別為圖 10.10 右圖的 D 與 S_1，則

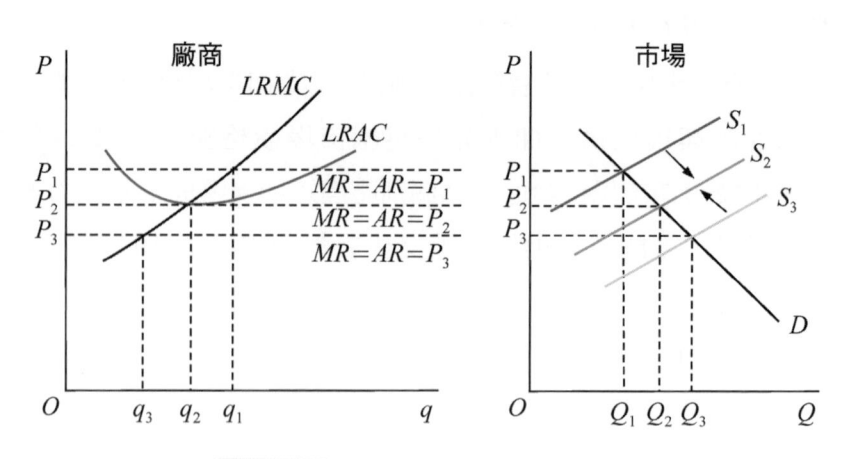

■ 圖 10.10 完全競爭市場的長期均衡

原來市場價格與交易量分別為 P_1 與 Q_1。面對市場價格 P_1，圖 10.10 左圖的廠商之利潤最大化產出水準為 q_1。由於 q_1 所對應的平均成本低於 P_1，所以，該廠商享有正的利潤。因為廠商可以自由進出完全競爭市場，當既有的（incumbent）廠商享有正的利潤時，新的廠商會加入該市場。於是，廠商家數會增加，市場供給曲線會往外移動，市場價格會下降，既有廠商的利潤會減少。但，只要既有廠商利潤是正的，上述步驟就會持續，一直到市場供給曲線外移至 S_2，市場價格降為 P_2，在 MR 與 $LRMC$ 曲線相交點的 $P_2=LRAC$，既有廠商的利潤降為 0，新的廠商就不會再進來，市場供給曲線就不會再外移。於是，所有的變動傾向皆停止。相反地，如果原來的市場供給曲線為 S_3，則原來的市場價格與交易量分別為 P_3 與 Q_3。面對市場價格 P_3，該廠商的利潤最大化產出為 q_3。剩下的故事與變動方向就與市場供給曲線在 S_1 的完全相反。不過，當市場供給曲線左移到 S_2 時，所有的變動傾向亦會完全停止。也就是說，S_2 與 D 的相交點為市場長期均衡點。在其他情況（包含生產要素價格）不變之下，當市場位於長期均衡時，市場價格與交易量分別為 P_2 與 Q_2；此時，個別廠商的 $MR=AR=P=LRMC=LRAC$，且其利潤為零。換句話說，個別廠商的長期均衡條件為：

$$MR=AR=P=MC=AC \tag{10.8}$$

現在，我們還有兩個問題必須加以澄清，第一個為：在長期，如果個別廠商的利潤為零，為什麼還會有廠商願意繼續經營？其答案是非常直接的：即使經濟利潤為零，會計利潤不見得為零。由於：

$$經濟利潤＝會計利潤－正常利潤$$

當經濟利潤為零時：

$$會計利潤＝正常利潤$$

只要正常利潤＞0，會計利潤還是會＞0。第二個問題為：至目前為止，我們隱含假設所有廠商的生產技術與成本皆一樣。當此一假設被破壞時，假如有些完全競爭廠商的成本比其他廠商低，那它們的長期利潤還可能會為零嗎？答案是肯定的！因為這些廠商的成本之所以會比其他的為低，可能是它們擁有了特殊的生產技術或稀少性生產要素，而這種生產技術或這些稀少性生產要素有其機會成本存在，故若把這些機會成本考慮進來，廠商的長期（經濟）利潤還是會為零的。而上述稀少性生產要素的機會成本亦被稱之為經濟租（economic rent），其定義為：為了獲得某一生產要素，廠商願意支付的價格與最低必須支付的價格之差距。

10.6 廠商在要素市場的決策行為

在第五章消費者行為分析裡，當消費財價格與消費者可支配所得已知、固定的情況下，透過效用極大化，我們可以導出消費者對某一消費財的個人需求函數或曲線。同樣地，在生產要素價格已知、固定的情況下，我們亦可透過利潤極大化程序導出個別廠商對某一生產要素的引申需求函數（derived demand function）或曲線[6]。將式（8.1）與式（9.8）代入式（10.2），個別廠商的利潤函數就變成

$$\pi = P \cdot f(L, K) - (w \cdot L + r \cdot K) \tag{10.9}$$

在式（10.9）裡，選擇變數現在變成勞動投入量（L）與資本投入量（K）。假設 L 與 K 分別一單位一單位的變動，其對廠商利潤之影響為

---

[6] 不像產品或最終消費財之需求係直接來自於消費者，生產要素的需求係取決於引申自產品或最終消費財的產出水準，而後者是來自於消費者的需求，故生產要素的需求又被稱為引申需求。

$$\frac{\Delta \pi}{\Delta L} = P \cdot \frac{\Delta f(L,K)}{\Delta L} - w$$
$$= P \cdot MP_L - w$$
$$= VMP_L - w \qquad (10.10)$$

$$\frac{\Delta \pi}{\Delta K} = P \cdot \frac{\Delta f(L,K)}{\Delta K} - r$$
$$= P \cdot MP_K - r$$
$$= VMP_K - r \qquad (10.11)$$

其中，VMP_L 與 VMP_K 分別代表最後一單位勞動與資本財的邊際產值（the value of marginal product），亦即，最後一單位生產要素能幫廠商創造出來的總產值變動量。由於廠商的最適決策通常會落在邊際產出遞減的階段，且產品的價格為已知、固定，所以，VMP_L 與 VMP_K 會分別隨著 L 與 K 的增加而逐漸遞減（請參考圖 10.11）。由於它們亦代表廠商對最後一單位生產要素願意支付的最高價格，所以，VMP_L 與 VMP_K 亦分別代表個別廠商對勞動與資本財的引申需求曲線。

以圖 10.11 的左圖為例，當 $VMP_L > w$ 時，廠商繼續增加雇用勞動，其利潤會增加；反之，當 $VMP_L < w$ 時，廠商減少雇用勞動，其

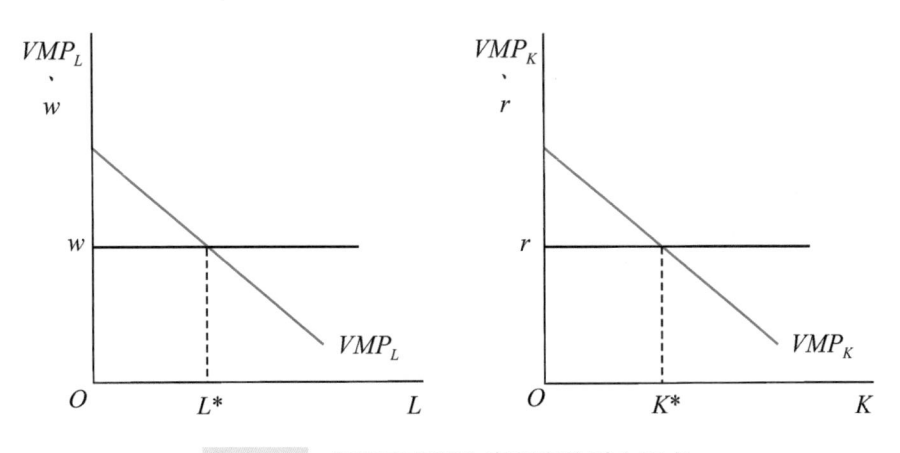

■ 圖 10.11 ■ 個別廠商對生產要素的引申需求

損失會減少,或利潤會增加。也就是說,只要 $VMP_L \neq w$,廠商就可透過增加或減少勞動雇用量來改善其利潤。但,當 $VMP_L = w$ 時,代表:廠商無法再透過勞動雇用量的變動來改善其利潤。此時,廠商已處於最佳狀態,亦即,其利潤已達最大。上述推理亦適用於資本財的使用。因此,

$$VMP_L = w \tag{10.12}$$

與

$$VMP_K = r \tag{10.13}$$

亦被稱為確保廠商利潤最大化的必要條件。

有了個別廠商對某一種生產要素的引申需求曲線後,如同消費財的市場需求一樣,在產品價格不變的情況下,該種生產要素的市場需求曲線(如圖 10.12(b) 的 D_L)亦為所有廠商個別需求曲線的水平加總。但在產品價格可能變動的情況下,當產品的價格為 P_0,且工資率為 w_0 時,圖 10.12(a) 的廠商會雇用 100 單位的勞動。現若工資率下降為 w_1,在產品價格不變下,該廠商會雇用 150 單位勞

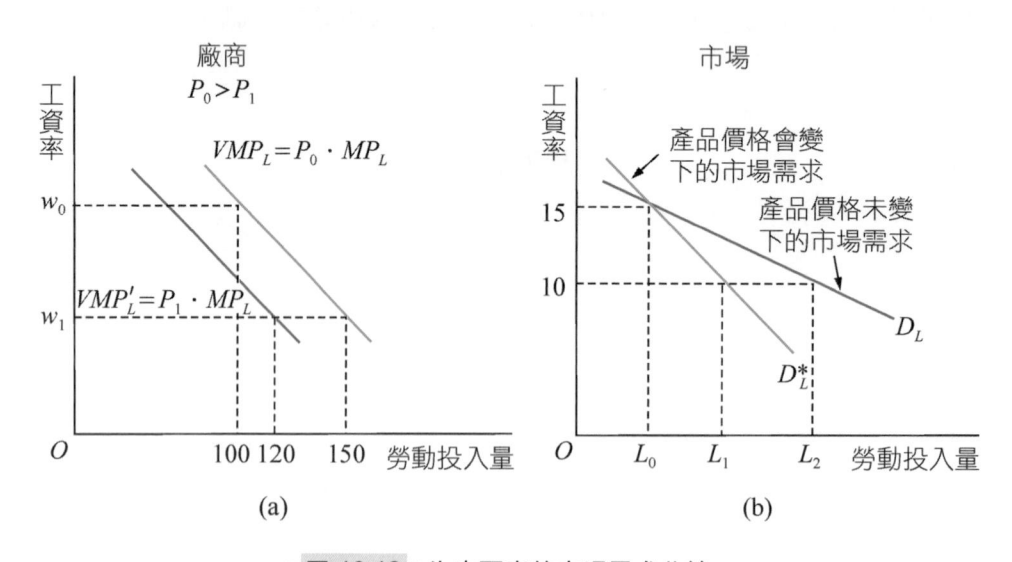

■ 圖 10.12 ■ 生產要素的市場需求曲線

動；但，若所有廠商皆因工資率下降而雇用更多勞動，產出會增加，產品價格會下降為 P_1，則該廠商的勞動需求會內移為 VMP'_L，導致工資率降為 w_1 時，它只會雇用 120 單位的勞動。結果，上述產品價格變動的效果會使勞動的市場需求曲線變為 D^*_L，較 D_L 缺乏彈性。

關鍵詞

利潤最大化　Profit maximization　214
營利事業　Profit-making enterprise　214
總收入　Total revenue　214
正常利潤　Normal profit　214
邊際收入　Marginal revenue　216
平均收入　Average revenue　216
關廠點　Shut-down point　220

生產者剩餘　Producer surplus　222
經濟租　Economic rent　226
引申需求函數　Derived demand function　226
邊際產值　The value of marginal product　227

問題與應用

1. 試說明何以完全競爭廠商的最適產出水準會落在邊際成本曲線的遞增階段？
2. 在完全競爭市場裡，由於廠商為價格接受者，其供給曲線必為水平直線，妳（你）同意嗎？
3. 「虧錢生意，沒人（營利事業）做。」隨著動態隨機存取記憶體（DRAM）價格的持續下跌，至 1999 年以來，每年年底至次年三月，幾乎都出現部分廠商聲稱：多做一個，多虧一個。若真如此，為何她（他）們還要持續經營呢？
4. 何謂生產者剩餘？不管在短期或長期，生產者剩餘永遠會等於利潤嗎？
5. 在完全競爭市場裡，在長期均衡時，由於廠商之利潤為零，所以，其正常利潤必也為零，妳（你）同意嗎？
6. 隨著農業生產技術的進步與普及化，「巨峰葡萄」已從苗栗縣卓蘭地區擴展至大中部地區農戶皆可生產，且品質非常接近，且隨著該產品的普及化與量產，

其市場價格亦顯著下降。長期下來,大多數農戶無利潤可圖,但少數農戶卻仍享有高利潤。針對上述現象,妳(你)如何解釋?

CHAPTER 11

公共政策分析

11.1　社會福利

11.2　價格上限管制

11.3　價格下限管制

11.4　保證價格收購與休耕政策

11.5　租稅與補貼

11.6　進口關稅與配額

在第二章裡，市場供需架構幫助我們釐清了完全競爭市場的運作。透過序列效用分析，第五章介紹個人與市場需求曲線的來源，以及消費者剩餘的定義與衡量；第六章闡釋了生產要素供給曲線的由來。在追求最大利潤的假設下，第十章介紹了個別廠商與市場的產品供給曲線與生產要素引申需求曲線之來源，以及生產者剩餘的定義與衡量。也就是說，至目前為止，我們把大部分的焦點集中於家計與廠商在產品與生產要素市場的決策行為；政府的公共政策（public policy）雖偶爾被提到，但皆被假設為分析架構或模型的外在因素或外生變數，且僅片面探討其對消費者（家計）或生產者（廠商）利益與決策行為之影響。事實上，公共政策的制訂與修訂對社會大眾的影響，不僅是全面性的，且對不同利益團體之影響方向亦不見得一致，與／或影響程度可能不對稱（asymmetric）[1]。就像其他歐美國家一樣，在臺灣的現實社會裡，政府影子普遍存在於私人部門裡。因此，本章將利用市場供需架構進一步分析公共政策變動（包括新制與修訂）對各個相關利益團體福利與社會大眾整體福利的影響。

11.1 社會福利

在經濟學裡，某一市場的社會大眾通常被分成兩大類：代表需求面的消費者與代表供給面的生產者。因此，該市場社會大眾的福利（簡稱社會福利）包含消費者的福利與生產者的福利。而在第五章，前者以消費者剩餘來衡量；在第十章，後者則以生產者剩餘來衡量。於是，該市場的**社會福利**（social welfare）就等於消費者剩餘加上生產者剩餘。以數學方式來表達的話，上述關係可表示如下：

$$SW = CS + PS \qquad (11.1)$$

---

[1] 全面性指的是社會大眾每個人都會受到波及；影響方向不一致乃指有的利益團體受益，有的利益團體會遭受損失。

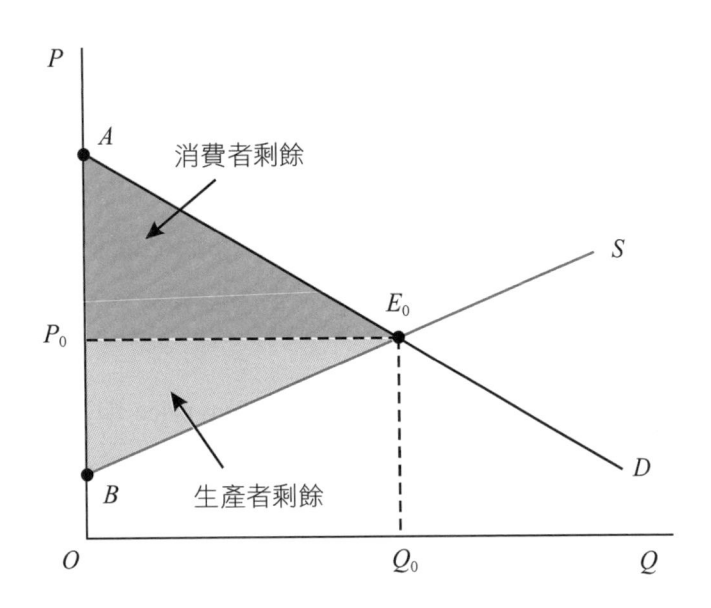

图 11.1　消費者剩餘、生產者剩餘與社會福利

其中，SW 代表該市場的社會福利；CS 代表該市場所有消費者的消費者剩餘加總；PS 代表該市場所有生產者的生產者剩餘加總。

至於社會福利及其組成項目的衡量，以圖 11.1 為例，首先透過該產品的市場需求曲線（D）與市場供給曲線（S）之相交點（點 E_0），我們發現該產品的市場價格與交易量分別為 P_0 與 Q_0；其次，根據第五章的消費者剩餘定義與衡量方法，該產品市場的消費者剩餘為價格線（P_0E_0 水平線）以上，市場需求曲線以下，以及縱軸圍起來的 AE_0P_0 三角形面積；然後，根據第十章的生產者剩餘定義與衡量方法，該產品市場的生產者剩餘為價格線以下，市場供給曲線以上，以及縱軸圍起來的 P_0E_0B 三角形面積；最後，根據式（11.1），該產品市場的社會福利就等於前述兩個三角形面積的加總，亦即，等於 AE_0B 三角形面積。

11.2 價格上限管制

在現實社會裡,政府部門介入私有部門運作的主要措施包括:價格管制(price control 或 price regulation)、租稅或補貼(subsidy)。前者又可進一步分成:價格上限(price ceiling)與價格下限(price floor 或 minimum price)。本節將先介紹價格上限的福利效果(welfare effects)。

價格上限的另兩種英文名稱為 maximum price 與 price cap,其原始動機係為了保護產品市場的消費者。所以,在實務上,價格上限通常被設定為低於市場(均衡)價格。以圖 11.2 為例,該產品市場需求與供給曲線(D 與 S)的相交點(點 E_0)為市場均衡點,市場價格與交易量分別為 P_0 與 Q_0。現若政府把價格上限設在 P_0 之上,會產生「口惠實不至」,因為價格上限無法發揮任何效果。但,若政府把價格上限定在 P_0 之下而為 P_c,則原有市場需求曲線的 FI 線段會變成 P_cI 水平線段,新的市場需求曲線變為 P_cID,其與市場

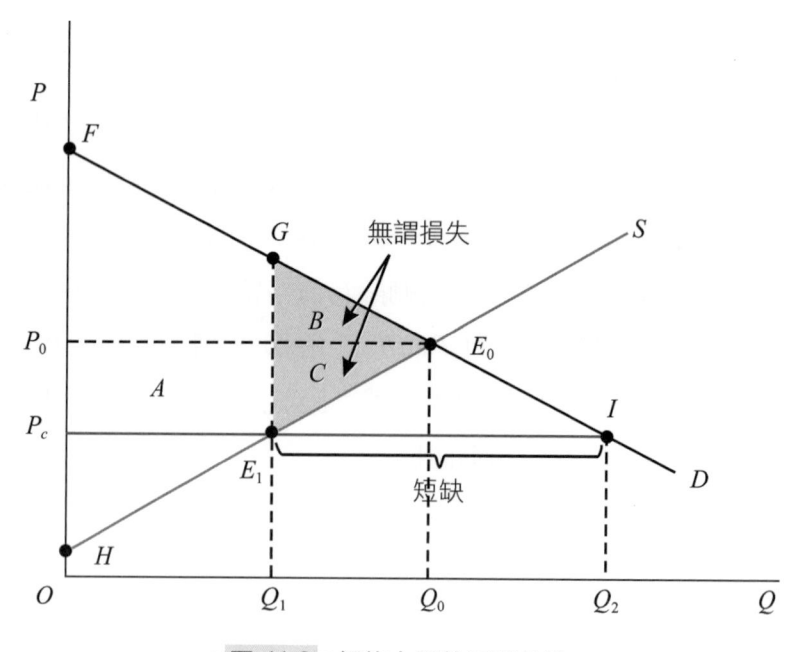

■ 圖 11.2 ■ 價格上限的福利效果

供給曲線（S）相交的新市場均衡點為點 E_1，新的市場價格與交易量分別為 P_c 與 Q_1。當市場價格在 P_c 時，市場總供給量只有 Q_1，但市場總需求量卻有 Q_2，市場會出現短缺或超額需求（$=Q_2-Q_1$）。在價格上限不存在的情況下，價格會上漲；但，在有價格上限的情況下，市場價格只能停留在 P_c，市場總需求量只有 Q_1 可獲得提供或滿足[2]。結果，消費者剩餘會從原來的 FE_0P_0 三角形面積變為 FGE_1P_c 梯形面積，減少了 B 的面積，但卻增加了 A 的面積；生產者剩餘會從 P_0E_0H 三角形面積變為 P_cE_1H 三角形面積，減少了 A 與 C 的面積；加總起來，社會福利減少了 B 與 C 的面積。當消費者剩餘與生產者剩餘都會發生變動時，亦即，針對式（11.1）進行全微分，我們可得社會福利的變動量如下：

$$\Delta SW = \Delta CS + \Delta PS \qquad (11.2)$$

其中，ΔCS、ΔPS 與 ΔSW 分別代表消費者剩餘、生產者剩餘與社會福利的變動量。根據式（11.2），上述價格上限的福利效果可以數學方式表示如下：

$$\begin{aligned} \Delta CS &= +A - B \\ + \quad \Delta PS &= -A - C \\ \hline \Delta SW &= -B - C \end{aligned}$$

其中，因實施價格上限所導致的社會福利損失（$\Delta SW = -B - C$）被稱為**無謂損失**（deadweight loss），亦即，政府實施價格上限的社會成本（social cost）。

在圖 11.2 裡，生產者剩餘與社會福利的變動方向都非常確定地為負的；但，消費者剩餘的變動方向則取決於 A 與 B 面積的比較。若 A 的面積大於 B 的，則消費者剩餘在實施價格上限後會增加；反之，若 A 的面積小於 B 的，則消費者剩餘會減少。而在什麼情況

---

[2] 未獲滿足部分（$=Q_2-Q_1$）可能到地下市場或黑市（black market）尋求滿足。

下，A 的面積會大於（或小於）B 的？其答案則取決於市場需求與供給曲線的相對彈性。若市場需求相對於供給缺乏彈性的話（請參考圖 11.3），則 A 的面積會小於 B 的，且消費者剩餘會減少；反之，若市場需求相對於供給具有彈性的話（請參考圖 11.4），則 A 的面積會大於 B 的，且消費者剩餘會增加。此一結果的政策性含意（policy implication）為：在市場需求相對於市場供給缺乏彈性的市場裡，實施價格上限措施恐怕連消費者都討好不了。

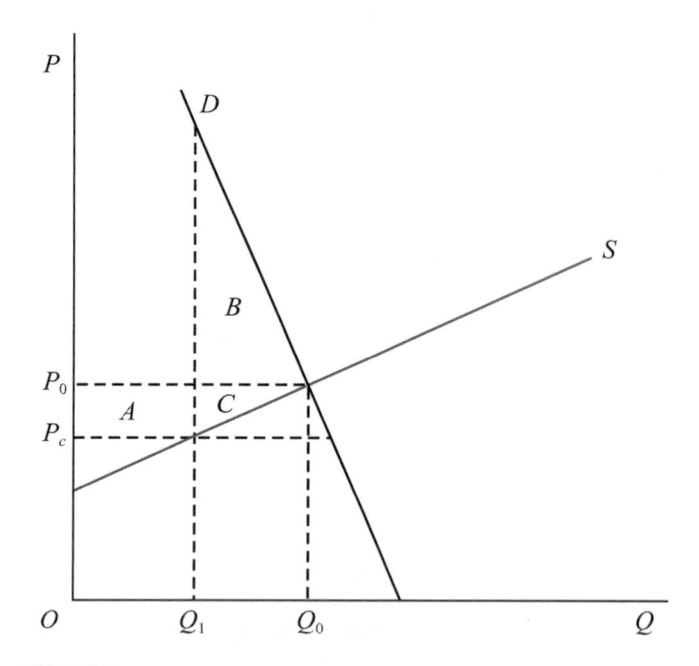

圖 11.3　市場需求相對缺乏彈性下的價格上限之福利效果

11.3　價格下限管制

　　上一節裡，政府為了討好消費者或保障她（他）們的福利，會實施價格上限管制；同樣地，為了討好生產者或保障她（他）們的福利，政府也會在某些產品市場實施價格下限措施。實務上，為了保障生產者福利，政府會將價格設在市場（均衡）價格之上。以圖 11.5 為例，在政府未介入干涉前，市場需求與供給曲線（D 與 S）

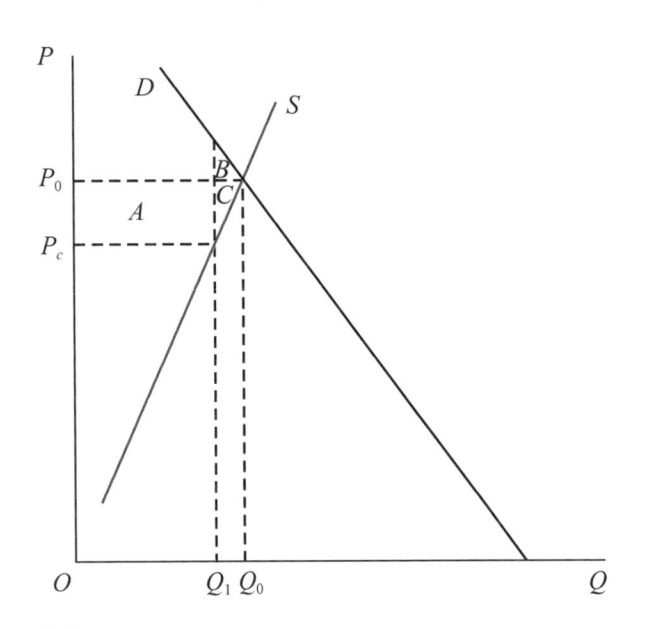

圖 11.4 市場需求相對具有彈性下的價格上限之福利效果

的相交點（點 E_0）為市場均衡點，原有市場價格與交易量分別為 P_0 與 Q_0。現若政府將價格下限定在 P_f，則原有市場供給曲線在點 G 左下方線段會變為 $P_f G$ 水平線段。於是，新的市場供給曲線為 $P_f GS$，它與市場需求曲線（D）的相交點（點 E_1）為新的市場均衡點，新的市場價格與交易量分別為 P_f 與 Q_1。當新的市場價格為 P_f 時，市場總需求量降為 Q_1，但市場供給量增為 Q_2，市場存在著剩餘或超額供給（$=Q_2-Q_1$）。結果，消費者剩餘減少了 A 與 B 的面積；生產者剩餘增加了 A 的面積，減少了 C 與 F 的面積[3]；合計起來，社會福利減少了 B、C 與 F 的面積加總。以數學方式表達，上述價格下限的福利效果分析為

---

[3] 由於市場供給曲線是個別廠商邊際成本線的水平加總，所以，它亦代表整個市場的總合邊際成本（aggregate marginal cost）曲線。又因生產剩餘或超額供給（Q_2-Q_1）的成本就是產量從 Q_1 到 Q_2 的邊際成本累積，F 的面積就代表生產剩餘產量之成本。

图 11.5 價格下限的福利效果

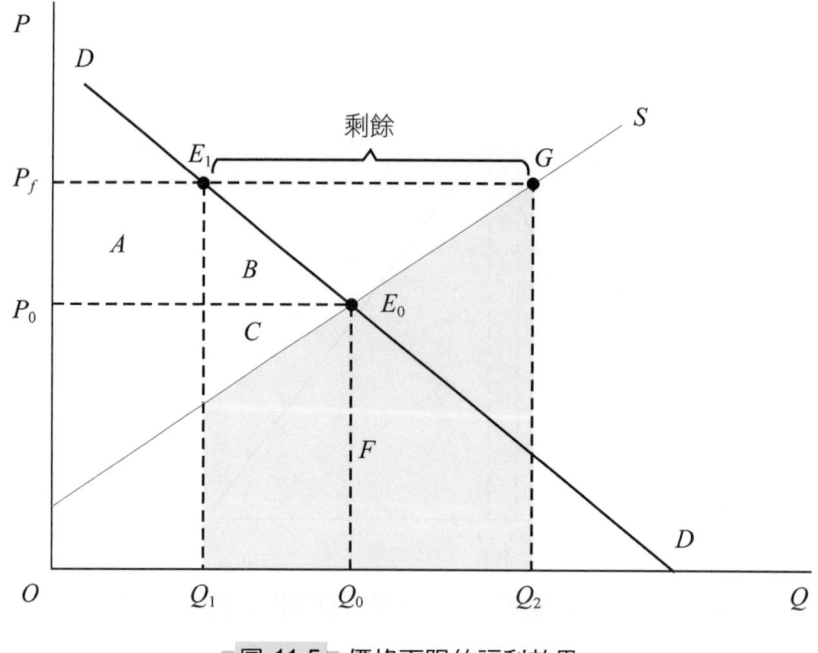

$$\Delta CS = -A - B$$
$$+ \quad \Delta PS = +A - C - F$$
$$\Delta SW = -B - C - F$$

由於 F 的面積通常很大,所以,($A-C-F$) 的面積非常可能為負的。因此,價格下限的福利效果分析所帶給我們的政策性含意為:在政府未採進一步配合措施之前,價格下限不僅會使消費者與整個社會的福利遭受損失,它亦討好不了所有的生產者。

11.4 保證價格收購與休耕政策

除了價格下限管制外,為了確保或提升生產者的福利水準,實務上,政府還有其他措施可採用。以臺灣農業為例,政府就曾對稻米、菸草、製糖用白甘蔗、葡萄、……等農產品實施過保證價格收購(price support)與休耕(supply restriction)政策。這些政策的福利效果如何？亦是有趣且值得探討的課題。

先從保證價格收購政策開始，以圖 11.6 為例，在保證價格收購政策未實施前，該農產品原有市場需求與供給曲線相交之均衡點為點 E_0，市場（均衡）價格與交易量分別為 P_0 與 Q_0。為了提升農民福利水準，現若政府把保證價格定在 P_S，且為了保證農產品的價格能維持在 P_S，政府進場採購了 Q_S（$=Q_2-Q_1$）的該項農產品。於是，市場需求曲線乃從 D 往右上方移為 D'，新的均衡點變為點 E_1，新的市場價格與交易量分別為 P_S 與 Q_2。結果，消費者剩餘減少了 A 與 B 的面積；生產者剩餘增加了 A、B 與 F 的面積；但為了以 P_S 收購 Q_S，政府的支出增加了 $P_S \cdot Q_S$ 或 $P_S \cdot (Q_2-Q_1)$，這筆收購支出當然是要透過租稅與規費的徵收而來自於社會大眾，所以，對社會福利而言，它是一筆減項；合計起來，社會福利減少了 B、G、H 與 I 的面積。同樣地，上述保證價格收購政策的福利效果分析可以數學方式表示如下：

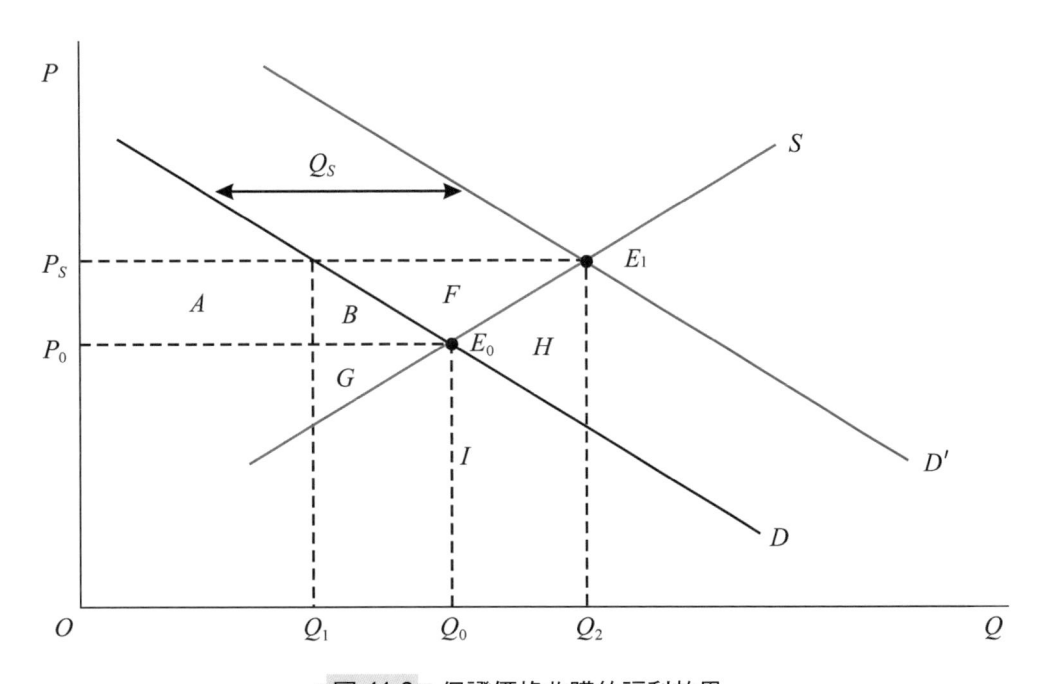

▓ 圖 11.6 ▓ 保證價格收購的福利效果

$$\Delta CS = -A - B$$
$$\Delta PS = +A + B + F$$
$$+\quad \Delta GE = -B - F - G - H - I$$
$$\Delta SW = -B - G - H - I$$

其中，ΔGE 代表政府支出的變動量。因此，保證價格收購所造成的無謂損失或社會成本和價格下限的政策完全相同。其所代表的政策性含意為：如果只是為了討好生產者，對整個社會而言，直接將 ($A+B+F$) 面積的所得或現金發給農民，其社會成本必然比保證價格收購的還低，因為現金給付不會影響到該農產品的市場需求、市場供給、市場價格與交易量，消費者剩餘變動量為零，而生產者剩餘變動量（$A+B+F$）直接與政府支出變動量（$-A-B-F$）抵銷，社會福利變動量為零。

除了進入市場定量收購來維持價格於保證價格外，政府亦可透過休耕減產來維持保證價格。以圖 11.7 為例，在政府未介入該農產品市場前，原有市場需求與供給曲線相交於均衡點 E_0，原有市場價格與交易量分別為 P_0 與 Q_0。若政府透過補償發放來鼓勵農民休耕以控制產量於 Q_1，則新的市場供給變為 GHS'，新的市場均衡點為點 E_1，新的市場價格與交易量分別為 P_S 與 Q_1。結果，消費者剩餘減少了 A 與 B 的面積；為了鼓勵休耕且有效地控制產量於 Q_1，政府需發放的休耕補償為 B、C 與 F 的面積，此項政府支出亦必須透過租稅或規費徵收而來自於社會大眾，為社會福利減項；未領休耕補償之前，生產者剩餘增加了 A 的面積，減少了 C 的面積；領了休耕補償之後，生產者剩餘增加了 A、B 與 F 的面積；以上合計起來，社會福利減少了 B 與 C 的面積。令 ΔGE 代表政府為發放休耕補償所增加之支出，上述休耕措施的福利效果分析可以數學方式表達如下：

■ 圖 11.7 休耕政策的福利效果

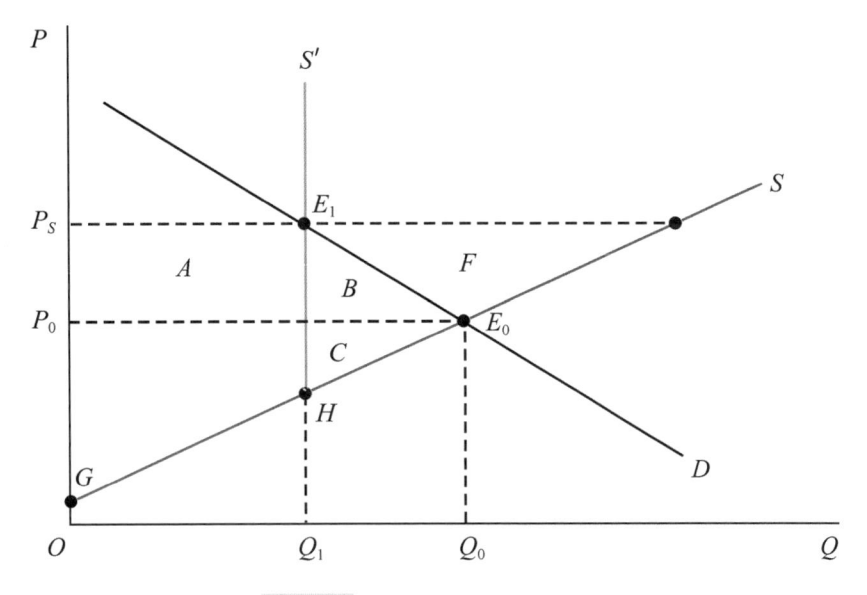

$$\Delta CS = -A - B$$
$$\Delta PS = (+A - C) + (B + C + F)$$
$$+ \quad \Delta GE = -B - C - F$$
$$\overline{\Delta SW = -B - C}$$

其中，因政府實施休耕政策所導致的社會福利損失（$\Delta SW = -B - C$）被稱為無謂損失或社會成本。對照於保證價格收購政策，休耕政策的無謂損失或社會成本比較低。

11.5 租稅與補貼

為了籌措財源或降低交易者的交易誘因，政府會在某一產品市場課徵租稅。除了分析租稅歸宿外，此一介入行為對該產品市場的消費者剩餘、生產者剩餘與社會福利之影響到底如何？值得我們進一步探討。回到 3.4 節的個案 3.6（請參考圖 11.8），在政府未課徵租稅前，原來的市場需求與供給曲線相交點（點 E_0）為市場均衡

▎圖 11.8 ▎從量稅的福利效果

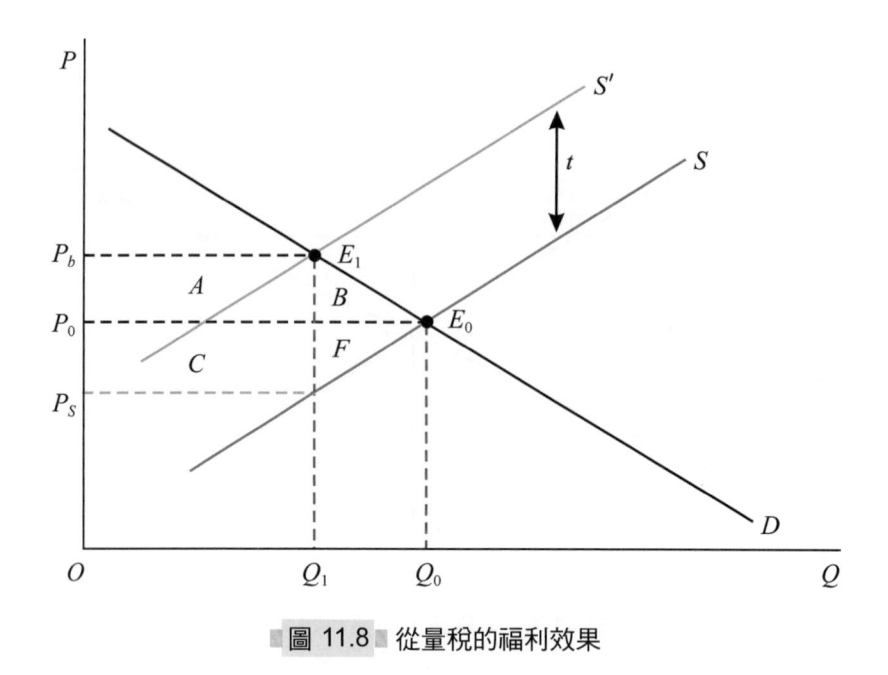

點，市場（均衡）價格與交易量分別為 P_0 與 Q_0。現若政府對該產品每單位課徵 t 元的從量稅，稅後市場供給曲線就會從 S 向左移到 S'，新的市場均衡點為點 E_1，新的市場價格與交易量分別為 P_b 與 Q_1；扣掉從量稅後，廠商實收價格為 P_S。與稅前均衡點相比，消費者剩餘減少了 A 與 B 的面積；生產者剩餘減少了 C 與 F 的面積；但，政府的租稅收入卻增加了 A 與 C 的面積（$=t \cdot Q_1$），理論上而言，這部分應會用在社會大眾身上而使社會福利增加；合計起來，社會福利減少 B 與 F 的面積。令 ΔGT 代表政府稅收變動量，則上述福利效果分析可以數學式表示如下：

$$\Delta CS = -A - B$$
$$\Delta PS = -C - F$$
$$+ \quad \Delta GT = +A + C$$
$$\Delta SW = -B - F$$

其中，因政府課徵租稅所造成的社會福利損失（$\Delta SW = -B - F$）亦被稱為無謂損失或社會成本。

　　與課徵租稅的動機相反的，為提高交易者的交易誘因，政府會在某一產品市場提供補貼。此一介入行為對該產品市場的消費者剩餘、生產者剩餘與社會福利之影響如何？亦值得分析。以圖 11.9 為例，在政府未進行補貼政策之前，市場需求與供給曲線（D 與 S）相交於均衡點（點 E_0），原有的市場價格與交易量分別為 P_0 與 Q_0。現若政府對該產品實施從量補貼（specific 或 per-unit subsidy），每單位補貼 s 元，市場供給曲線會從 S 向右下方移為 S'，新的均衡點為點 E_1，新的市場價格與交易量分別為 P_b 與 Q_1，亦即，消費者於補貼政策實施後每單位只要付 P_b；但，加上從量補貼（$=s$）後，生產者每單位實收 P_S。結果，相對於原有均衡點，消費者剩餘增加了 C 與 F 的面積；生產者剩餘增加了 A 與 B 的面積；為了提供補貼，政府支出增加了 A、B、C、F 與 G 的面積（$=s \cdot Q_1$），羊毛出在羊身上，這部分的支出必定透過租稅或規費的徵收而來自於社會

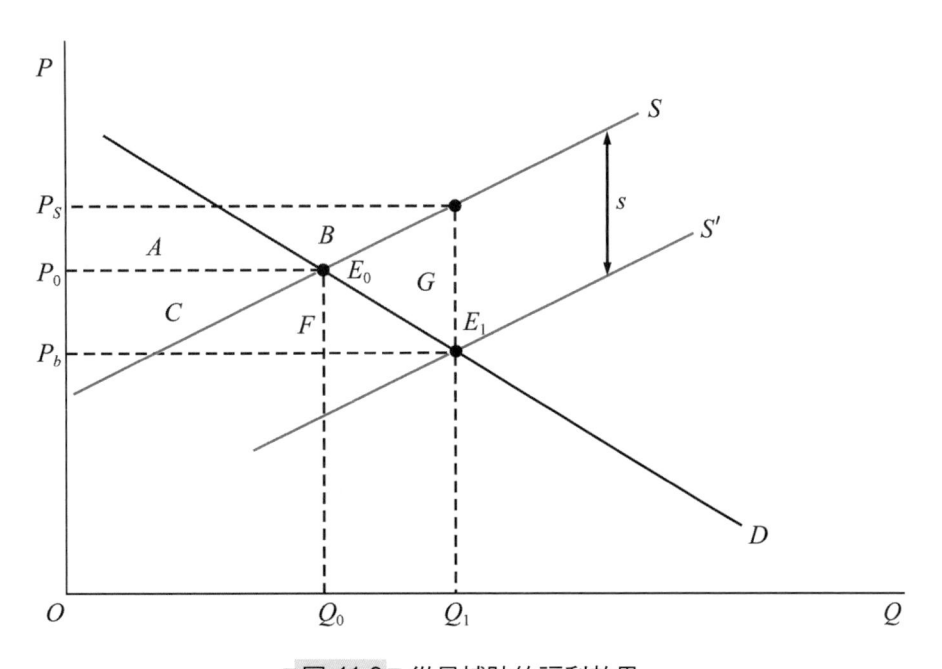

■ 圖 11.9 ■ 從量補貼的福利效果

大眾,形同社會福利減項;合計起來,社會福利減少了 G 的面積。令 ΔGS 代表政府補貼支出的變動量,補貼的福利效果分析亦可用數學方式表達如下:

$$\Delta CS = +C+F$$
$$\Delta PS = +A+B$$
$$+\quad \Delta GS = -A-B-C-F-G$$
$$\Delta SW = -G$$

上述補貼福利效果的分析結果顯示,補貼政策的實施對整體社會還是會造成無謂損失或會有社會成本存在。

11.6　進口關稅與配額

為了保護國內廠商的生存或確保它們的獲利,在 1980 年代中期以前的臺灣,政府會對國外進口商品課徵高進口關稅(import tariff)或採取進口配額(import quota)管制,這些措施當然會使國內市場的產品價格比沒有進口障礙(import barriers)情況下還高[4],導致消費者蒙受損失,國內生產者「可能」獲利,但對整體社會而言,到底是得(gain)或失(loss)?實有必要深入探討。

以圖 11.10 為例,在未有進口競爭情況下,原有市場需求與供給曲線相交點(點 E_0),即為市場均衡點,原有市場價格與交易量分別為 P_0 與 Q_0。若開放進口競爭,且該產品的國際價格(the world price)為 P_w,在政府未對該產品課徵進口關稅或實施進口配額管制之前,該產品原有市場供給曲線的點 G 右上方線段就變成 GS' 水平線段,亦即,市場供給曲線變為 OGS',新的市場均衡點為點 E_1,新的市場價格與交易量分別為 P_w 與 Q_d;但,在 Q_d 中,只有 Q_s 為

---

[4] 臺灣於 1986 年開始實施自由化政策,此一政策變動不僅解除或放寬管制(deregulate)了國內特許產業(the regulated industries),亦大幅降低了進口障礙。一般而言,進口障礙可分為關稅障礙與非關稅障礙;而進口配額即屬後者。

國內廠商所生產，($Q_d - Q_S$) 為進口量。現若政府對該產品課徵每單位 T 元的進口關稅，則該產品的國際價格會上漲為 P^*（$=P_w+T$），新的市場供給曲線變為 $OG'S'''$，課徵關稅後的新市場均衡點、新市場價格與交易量分別為點 E_1'、P^* 與 Q_d'，新的進口量為（$Q_d'-Q_S'$）。結果，消費者剩餘減少了 $A+B+C+F+H+I$ 的面積；生產者剩餘增加了 A 的面積；政府的關稅收入為 $F+H+I$ 的面積（$=T \cdot (Q_d'-Q_S')$），理論上而言，這部分會用在社會大眾身上，所以，對社會福利為加項。合計起來，社會福利減少了 B 與 C 的面積[5]。以數學方式表達，上述進口關稅的福利效果分析可表示如下：

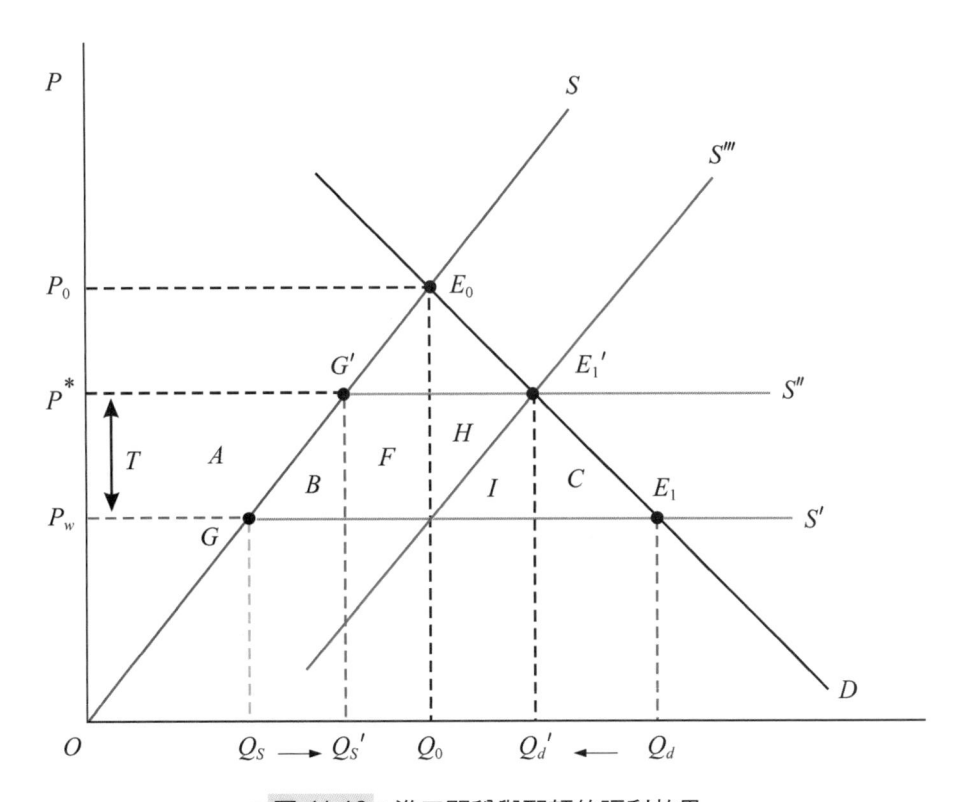

圖 11.10 進口關稅與配額的福利效果

---

[5] B 的面積代表國內廠商生產過度（overproduction）所導致的損失；C 的面積代表國內消費者消費減少所導致的損失。

$$\Delta CS = -A-B-C-F-H-I$$
$$\Delta PS = +A$$
$$+\quad \Delta GT = +F+H+I$$
$$\Delta SW = -B-C$$

其中，ΔGT 代表政府的關稅收入；而 $\Delta SW = -B-C$ 代表課徵進口關稅來保護國內廠商的無謂損失或社會成本。

事實上，若欲把該產品的國內價格維持在 P^*，除了課徵關稅外，政府還可採用進口配額管制措施，將進口量直接限制在 $(Q'_d - Q'_s)$ 水準。於是，市場供給曲線會從 S 往外移動變為 S'''，新的市場均衡點與課徵關稅的情況一樣，仍在點 E'_1，新的市場價格與交易量仍分別為 P^* 與 Q'_d。消費者剩餘與生產者剩餘的變動量仍一樣；但政府不再有關稅收入（$\Delta GT = +F+H+I$）。圖 11.10 顯示，在進口配額下，進口品的國內外價格相差 $(P^* - P_w)$，因此任何有權利進口者就可獲得這個差價。當進口量為 $(Q'_d - Q'_s)$ 時，進口的總價差或總收益就是 $(Q'_d - Q'_s) \cdot (P^* - P_w)$，相當於進口關稅為 T 時的政府關稅收入。國際貿易上稱進口配額下所造成的總價差 $(Q'_d - Q'_s) \cdot (P^* - P_w)$ 為配額租（quota rent）。基本上，配額租由任何有權利進口者所獲得，故視擁有進口權利者為本國人或外國出口商，其對本國福利的影響也不一樣。若本國進口商擁有進口的權利，則配額租為本國保有，其福利效果與關稅完全相同。但若是外國出口商擁有這些進口配額，則配額租歸於外國出口商，變成它們的利潤，而社會福利減少了 $B+C+F+H+I$ 的面積。亦即，

$$\Delta CS = -A-B-C-F-H-I$$
$$+\quad \Delta PS = +A$$
$$\Delta SW = -B-C-F-H-I$$

其中，$\Delta SW = -B-C-F-H-I$ 代表利用進口配額來保護國內廠商的

社會成本。將上述福利效果與課徵進口關稅的作比較，其政策含意為：若欲把某一產品的國內價格維持在較高水準，進口配額所要付的社會成本會高於進口關稅的。

綜合本章公共政策的福利效果分析，我們發現，不管是價格上限、價格下限、保證價格收購、休耕減產、租稅、補貼、進口關稅或進口配額管制，只要政府介入完全競爭市場的運作，就一定會有無謂損失或社會成本產生。此一結論強烈突顯，若某一產品或生產要素市場屬完全競爭市場，唯有讓該市場自由運作，社會福利方能達到最大。

關鍵詞

公共政策　Public policy　232
社會福利　Social welfare　232
價格上限　Price ceiling　234
價格下限　Price floor 或 minimum price　234
價格管制　Price control 或 price regulation　234
補貼　Subsidy　234

無謂損失　Deadweight loss　235
保證價格收購　Price support　238
休耕　Supply restriction　238
從量補貼　Specific 或 per-unit subsidy　243
進口關稅　Import tariff　244
進口配額　Import quota　244
進口障礙　Import barriers　244

問題與應用

1. 在一完全競爭的房屋租賃市場中，若政府設定的房租上限低於均衡價格，則供需雙方將無一受惠，妳（你）同意嗎？
2. 衛生署於 2010 年 7 月 1 日起開始實施掛號費上限制度，此舉對於整體社會福利有何影響？
3. 最低工資法實施後，必可提升弱勢勞工的福利，妳（你）同意嗎？

4. 華視新聞在 2010 年 6 月 2 日的報導中提到「香蕉盛產價暴跌，一斤只賣 10 元」，若政府為保障農民權益，採用保證收購價格制度，此舉對於整體社會福利有何影響？

5. 承上題，若政府改採休耕補償措施或現金給付方式，則在照顧或增進農民福利程度一樣的情況下，上述三種政策工具中，哪一種的社會成本最低？

6. 經濟部為落實節能減碳與帶動新興產業發展，對電動機車進行從量補貼，此舉對於整體社會福利有何影響？

7. 為保護國內生產者，政府通常可用提高關稅或減少進口配額來控制進口量。在進口量仍大於零的情況下，從社會福利觀點而言，上述兩種工具何者為佳？

CHAPTER 12

獨賣與獨買廠商

12.1 傳統獨賣廠商的決策行為

12.2 多處廠房獨賣廠商的決策行為

12.3 獨賣的社會成本

12.4 壟斷力的衡量

12.5 獨賣廠商的現代化定價行為

12.6 獨買廠商的決策行為

12.7 雙邊獨占的決策行為

根據第二章完全競爭市場第一基本要件，買方數目與賣方家數有很多，且買、賣方可自由進出該市場，因此，買、賣方只能扮演價格接受者角色。現若將上述基本條件破壞掉，當賣方家數變成只有一家，且新廠商無法進入該市場，則該市場就會變成**獨賣**（monopoly）市場[1]；相反地，當買方數目變成只有一位或一家，且新買方無法進入該市場，則該市場就會變成**獨買**（monopsony）市場。在現實社會裡，這兩類市場通常具有密切關係，獨賣可能出現在產品與生產要素市場裡；但，獨買通常僅出現在生產要素市場，且該獨買廠商在下游產品市場裡非常有可能也是獨賣，這正是我們將兩者放在同一章探討的主要理由。

12.1 傳統獨賣廠商的決策行為

在產品市場裡，由於邊際效用遞減法則的存在，個別消費者需求曲線的斜率為負的；又由於市場需求曲線為所有消費者需求曲線的水平加總，所以，市場需求曲線的斜率也必定是負的。因為獨賣廠商是市場上唯一的生產者，不同於完全競爭市場的個別廠商，獨賣廠商所面對需求曲線乃是整個市場的市場需求曲線，且其斜率是負的，也就是說，產品的價格與該獨賣廠商的產出水準具有逆向關係。當獨賣廠商的產出水準增加（減少）時，其所生產的產品價格會下降（上升）。於是，其總收入函數為

$$TR = P(Q) \cdot Q\,;\ P' < 0 \tag{12.1}$$

其中，Q 代表該獨賣廠商的產出水準；$P(Q)$ 代表該獨賣廠商所面對的需求函數，且其產品的價格會受到產出水準變動的影響；P' 代表

---

[1] 一般而言，獨賣市場形成的主要原因有二：(1)規模經濟；(2)公權力授予。前者指的是，在市場需求範圍內，若廠商的長期平均成本會隨著產出水準的增加而逐漸遞減，也就是說，具有規模經濟特性，則該市場最後自然而然地就只會存在一家廠商，此種獨賣稱為**自然獨賣**（natural monopoly）；後者指的是政府透過立法禁止新廠商進入該市場。

需求曲線的斜率，$P'<0$ 顯示產品價格與產出水準具有逆向關係。根據式（12.1），$TR=P(Q)\cdot Q$，由於 $MR\equiv\Delta TR/\Delta Q$，所以：

$$MR\equiv\frac{\Delta TR}{\Delta Q}=P+Q\cdot\frac{\Delta P}{\Delta Q}$$

$$=P\cdot\left(1+\frac{Q}{P}\cdot\frac{\Delta P}{\Delta Q}\right)=P\cdot\left(1+\frac{1}{E_P^{QD}}\right) \quad (12.2)$$

其中，E_P^{QD} 代表價格需求彈性。由 $\Delta P/\Delta Q<0$ 得知 E_P^{QD} 為負的。因此，$MR<P$，但在 $Q=0$ 時，$MR=P$。又由於，$AR\equiv TR/Q=(P\cdot Q)/Q=P$，所以，$MR<AR$（$=P$），其所代表的意義為：在圖形上，除了需求曲線在縱軸的截距外，邊際收入（MR）曲線會在需求曲線（又稱價格線或平均收入線）的下方（請參考圖 12.1）。此外，根據式（12.2），當 $MR=0$ 時，$E_P^{QD}=-1$；又根據 3.3 節，當 $E_P^{QD}=-1$ 時，其所對應的橫軸坐標剛好是原點與橫軸截距點水平距離的一半，所以，MR 曲線會與橫軸相交於上述水平距離的一半；而當 $E_P^{QD}=-\infty$ 時，根據式（12.2），$MR=P$。所以，MR 曲線會從需求曲線在

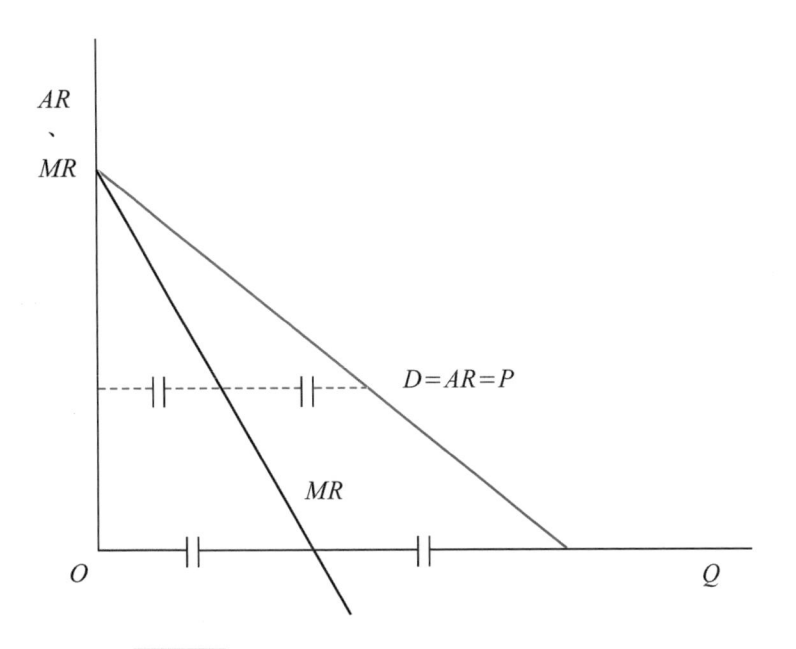

■ 圖 12.1 ■ 線性需求曲線的平均與邊際收入曲線

縱軸的截距點延伸出來。若需求曲線為一條直線，其所對應的 MR 曲線必也是直線，且 MR 線為需求曲線在縱軸的截距與橫軸截距水平距離一半點所連接之直線。因此，MR 曲線上之點必也位於縱軸與需求線水平距離的一半[2]。

根據定義，該獨賣廠商的利潤函數可被設定為

$$\pi(Q) \equiv TR(Q) - TC(Q) \tag{12.3}$$

式（12.3）顯示，由於總收入與總成本都會受到產出水準變動的影響，所以，該獨賣廠商的利潤也會受到產出水準變動的影響。亦即，該獨賣廠商的總收入、總成本與利潤都是其產出水準的函數。針對式（12.3），該獨賣廠商所面對的問題為：到底要生產多少產出才能獲得最大利潤？假設該獨賣廠商從零產出水準開始，一單位一單位地增加產出水準，其利潤所受到的影響就相當於以產出水準（Q）對式（12.3）進行微分，亦即，

$$\frac{\Delta \pi}{\Delta Q} = \frac{\Delta TR}{\Delta Q} - \frac{\Delta TC}{\Delta Q}$$
$$= MR - MC \tag{12.4}$$

其中，$\Delta\pi/\Delta Q$ 代表邊際利潤。若 $MR > MC$，邊際利潤就大於 0，該獨賣廠商只要繼續增加生產，利潤水準就會持續提升；反之，若 $MR < MC$，該獨賣廠商需要減產才能提升其利潤。也就是說，當邊際利潤不等於零，或 $MR \neq MC$，該獨賣廠商就可透過增產或減產來提升其利潤水準，一直到邊際利潤等於零，或 $MR = MC$ 時，該獨賣廠商就不能再靠變動產出水準來改善其利潤。此時，該獨賣廠商的利潤已達最大（請參考圖 12.2）。因此，邊際利潤等於零為確保其利潤最大的必要條件。亦即，該獨賣廠商利潤最大化的必要條件為

---

[2] 即使在非直線型或非線性（nonlinear）需求曲線與邊際收入曲線情況下，上述 MR 曲線的主要特性仍然有效。

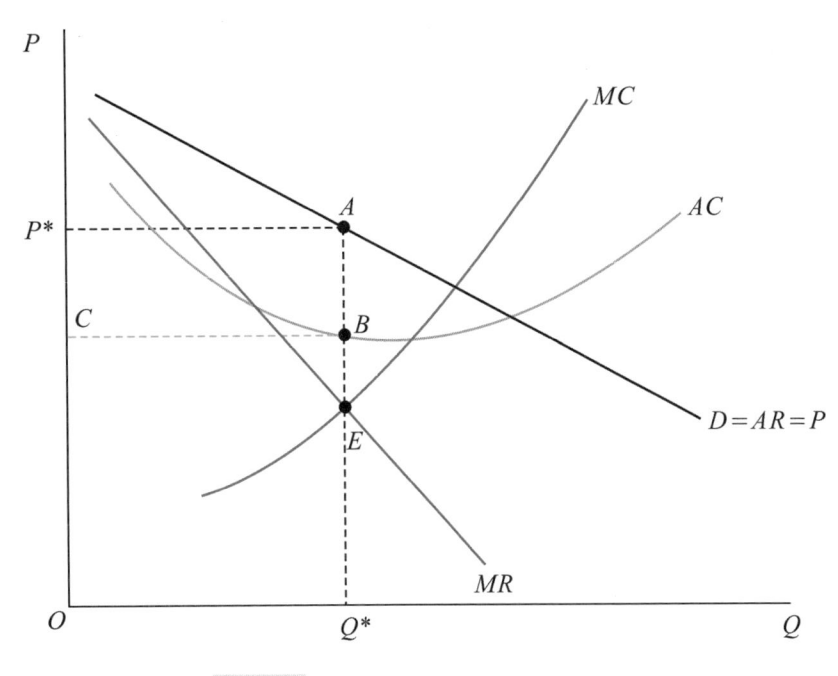

■ 圖 12.2 ■ 獨賣廠商的利潤最大化行為

$$MR = MC \qquad (12.5)$$

事實上，不管市場結構為完全競爭、獨賣或其他型態，式（12.5）皆為廠商利潤最大化的必要條件。將式（12.5）應用到圖 12.2，MR 與 MC 曲線相交於點 E；由該點往上畫垂直線與價格線相交於點 A，其縱軸坐標代表：該獨賣廠商會將產品價格定在 P* 以追求最大利潤；再由點 E 往下畫垂直線與橫軸相交點決定出該獨賣廠商利潤最大化產出水準為 Q*；為了生產 Q*，該獨賣廠商的平均成本為點 B 與橫軸的垂直距離；結果，該獨賣廠商每單位賺的利潤為點 A 與點 B 的垂直距離，進一步乘以 Q* 後，即知總共賺了 ABCP* 長方形面積的利潤。

12.2 多處廠房獨賣廠商的決策行為

在現實社會裡,或因用地取得不易的關係,或因節省人工成本的關係,或因市場考量的關係,或因環境保護措施的關係,愈來愈多的臺灣廠商會在國內不同地方設廠,或會在國內、國外皆設廠[3]。在此情況下,這種**多處廠房廠商**(multiplant firm)到底如何來決定其總產出水準?且總產出水準要如何分配在不同廠房來生產?

假設有家獨賣廠商分別在臺北與臺南設廠,令 Q_1 與 C_1 分別代表臺北廠房的產出水準與生產成本,Q_2 與 C_2 分別代表臺南廠房的產出水準與生產成本,且其總產出水準(Q_T)等於 Q_1 與 Q_2 相加,則該家獨賣廠商的利潤函數為

$$\pi = P(Q_T) \cdot Q_T - C_1(Q_1) - C_2(Q_2) \tag{12.6}$$

比照 12.1 節獨賣廠商的決策行為,不管總產出是由何處廠房來生產,為了獲得最大利潤只要該處廠房的邊際利潤大於零,它就應該繼續增加生產,一直到其邊際利潤為零為止。以數學語言來講,那就相當於分別以 Q_1 與 Q_2 對式(12.6)進行偏微分,且令第一階導函數等於零,亦即,

$$\frac{\Delta\pi}{\Delta Q_1} = \frac{\Delta(P(Q_T) \cdot Q_T)}{\Delta Q_T}\frac{\Delta Q_T}{\Delta Q_1} - \frac{\Delta C_1}{\Delta Q_1} = \frac{\Delta(P(Q_T) \cdot Q_T)}{\Delta Q_T} - \frac{\Delta C_1}{\Delta Q_1} = 0 \tag{12.7}$$

$$\frac{\Delta\pi}{\Delta Q_2} = \frac{\Delta(P(Q_T) \cdot Q_T)}{\Delta Q_T}\frac{\Delta Q_T}{\Delta Q_2} - \frac{\Delta C_2}{\Delta Q_2} = \frac{\Delta(P(Q_T) \cdot Q_T)}{\Delta Q_T} - \frac{\Delta C_2}{\Delta Q_2} = 0 \tag{12.8}$$

其中,$P(Q_T) \cdot Q_T$ 代表該獨賣廠商的總收入。又因 $Q_T = Q_1 + Q_2$,故 $\Delta Q_T/\Delta Q_1 = \Delta Q_T/\Delta Q_2 = 1$。因此,式(12.7)與(12.8)可進一步推導成

$$MR = MC_1 \tag{12.9}$$

---

[3] 典型案例為臺商同時在海峽兩岸皆設廠。

$$MR = MC_2 \tag{12.10}$$

其中，MR 代表該獨賣廠商生產與銷售最後一單位總產出的總收入增加量；MC_1 與 MC_2 分別代表臺北與臺南廠房生產最後一單位產出所必須增加的負擔。將式（12.9）與（12.10）合併起來，我們可得該多處廠房獨賣廠商的利潤最大化必要條件如下：

$$MR = MC_1 = MC_2 \tag{12.11}$$

式（12.11）所延伸的經濟意義為：不管廠房家數有多少，為了確保該獨賣廠商的利潤達到最大，任何一處廠房的邊際成本不僅要相等，且要等於總產出的邊際收入。

圖形上，我們可以圖 12.3 來闡述多數廠房獨賣廠商的決策行為。首先，將兩處廠房的邊際成本曲線（MC_1 與 MC_2）水平加總成總產出邊際成本曲線（MC_T）；其次，尋找 MC_T 與 MR 曲線的相交點（點 E_T），由點 E_T 的垂直線與價格線相交點決定該獨賣廠商利潤最大化的價格（P^*）；與橫軸相交點決定其利潤最大化的總產出

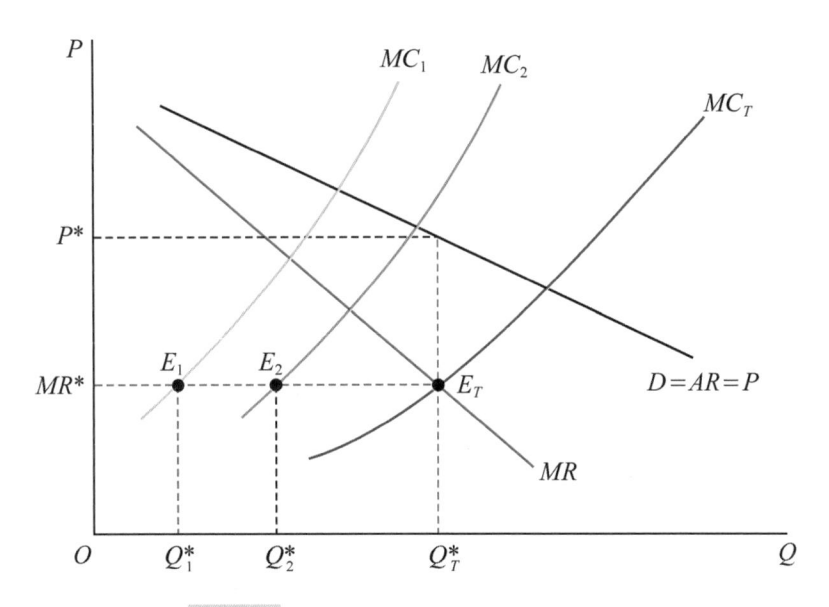

■ 圖 12.3 ■ 多處廠房獨賣廠商的決策行為

水準（Q_T^*）；然後，由點 E_T 畫水平線與縱軸相交決定 MR^*；最後，再根據式（12.11），由 MR^* 延伸出來的水平線與 MC_1、MC_2 曲線的相交點（點 E_1、點 E_2）決定兩處廠房的最適產出水準（Q_1^* 與 Q_2^*），當然，$Q_1^* + Q_2^* = Q_T^*$。

12.3 獨賣的社會成本

在 1980 年代中期以前，臺灣的公用事業（public utility）與重要產業大多屬獨賣市場結構，其形成的原因皆來自於法律性進入障礙。受到歐美解除管制風潮（the movement of deregulation）的影響。行政院於 1986 年開始實施自由化政策，導致傳統獨賣市場逐漸開放（國內與國外）競爭而變成寡賣（oligopoly）市場或競爭市場。此一政策轉變與市場結構變動對市場價格、市場交易量與社會（大眾）福利的影響如何？乃本節探討的主要標的。

以圖 12.4 為例，如果該產品市場屬完全競爭市場，根據第十章的式（10.6），廠商決策均衡點落在點 E_c，市場價格與交易量分別為 P_c 與 Q_c。相反地，如果該產品市場為獨賣市場，根據式（12.5），決策均衡點落在點 E_m，市場價格與交易量分別為 P_m 與 Q_m。很明顯地，$P_m > P_c$，且 $Q_m < Q_c$，消費者不但面對較高的價格，消費的數量也減少了。結果，消費者剩餘減少了 A 與 B 的面積；生產者剩餘增加了 A 的面積，減少了 C 的面積；合計起來，社會福利減少了 B 與 C 的面積。上述分析結果顯示，若市場結構由完全競爭變為獨賣，消費者要付較高的價格，但只能消費較少的產出水準；且整個社會要付出 B 與 C 面積的社會成本。難怪大部分學者、專家會反對獨賣而主張開放競爭。由於市場需求曲線與橫軸的垂直距離代表消費者對最後一單位產品所願意支付的最高價格（簡稱最高願付價格），當市場結構從完全競爭變為獨賣時，無謂損失之所以會出現的原因乃在於：獨賣的利潤最大化產出水準（Q_m）所對應之邊際成本低於其所對應的最高願付價格（請參考圖 12.4）。也就是說，在產出水

準為 Q_m 時,從整個社會觀點而言,由於消費者願意支付的最高價格仍大於為了增加該單位產出水準整個社會所必須增加的負擔(=MC),如果該獨賣廠商願意繼續增加生產,社會福利就可持續增加,一直到點 E_c($P=MC$)為止。

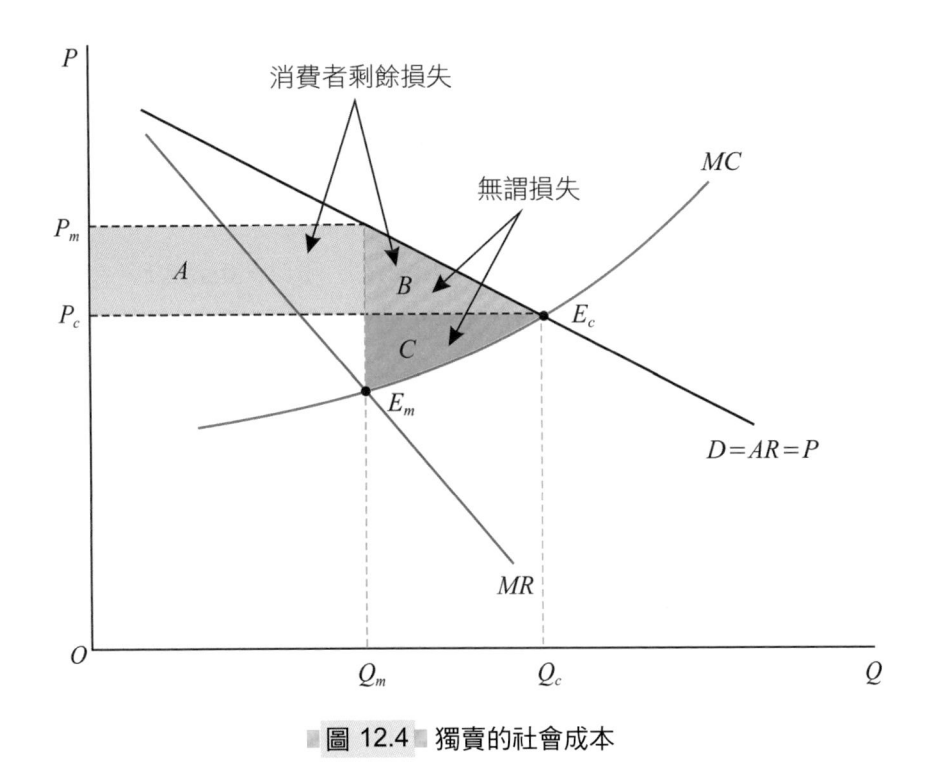

■ 圖 12.4 ■ 獨賣的社會成本

12.4　壟斷力的衡量

由於獨賣廠商是市場上唯一的生產者或供給者,它所面對的需求曲線為負斜率的市場需求曲線。又由於產品價格與市場需求量具有逆向關係,獨賣廠商有能力透過產出水準的控制來影響產品的市場價格。而當廠商擁有此種影響產品價格的能力時,我們就稱它具有壟斷力或獨賣力(monopoly power)。簡單地說,當某一廠商面對的需求曲線為負斜率時,它就被稱為具有壟斷力。因為負斜率需求曲線所對應的 MR 曲線會在其下方（請參考圖 12.1），獨賣廠商根據 MR=MC 所決定出的最適價格會大於 MC。於是，上述利潤最大化的價格超越 MC 的程度很自然地就被用來當做衡量壟斷力的指標。具體而言，經濟學家 Abba Lerner 乃於 1934 年利用價格減掉邊際成本再除以價格的加成比（the markup ratio）當做 Lerner 壟斷力指數（Lerner index of monopoly power）。以數學方式表示，Lerner 壟斷力指數（L）為

$$L \equiv \frac{P-MC}{P} \tag{12.12}$$

理論上而言，當 MR=MC 時，由於 P≥MC，所以，0≤L≤1。在完全競爭市場裡，因為 P=MC，L=0。在獨賣市場裡，若 MC=0，則 L=1；若 MC>0，則 0<L<1。就經濟意義而言，隨著 L 指數的上升，代表廠商的壟斷力愈來愈強。

此外，將式（12.2）與（12.5）合併起來，再透過簡單的移項操作，我們可得

$$L \equiv \frac{P-MC}{P} = \frac{1}{|E_P^{Q^D}|} \tag{12.13}$$

其中，$|E_P^{Q^D}|$ 為市場價格需求彈性的絕對值。式（12.13）代表的經濟含意為：獨賣廠商的壟斷力高低取決於市場價格需求彈性，且呈逆向關係。若市場價格需求彈性的絕對值愈大（愈小），則獨賣廠商的壟斷力就愈低（愈高）。

12.5 獨賣廠商的現代化定價行為

在 12.1 節的圖 12.2 裡，獨賣廠商透過 MR=MC 條件將產品價格與產出水準分別訂在 P* 與 Q*，並可獲得 ABCP* 長方形面積的最大利潤。上述所謂的最大利潤，指的是在傳統單一定價（unique

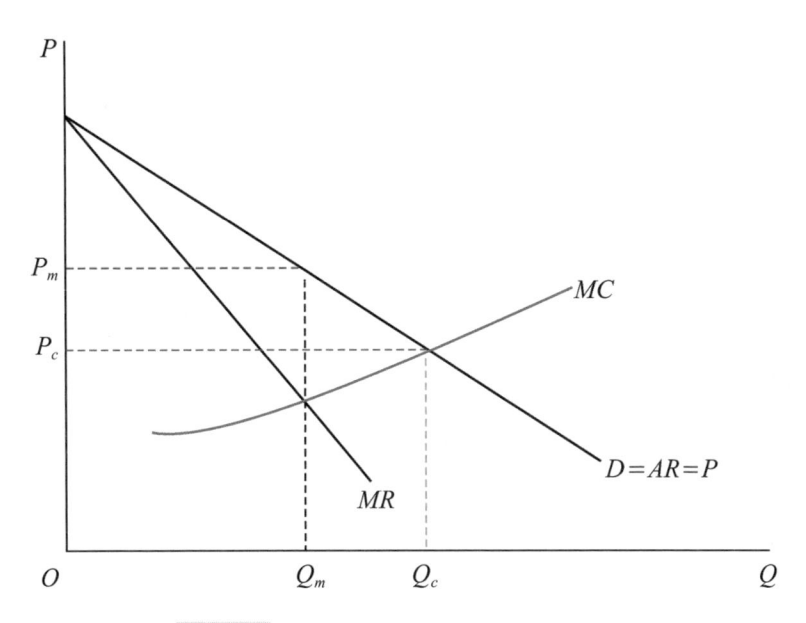

■ 圖 12.5 ■ 獨賣廠商增加利潤的可能空間

pricing）行為情況下的最大利潤[4]。現若獨賣廠商對上述利潤不滿足，還有其他的定價行為可讓其利潤提升嗎？很幸運地，上述問題的答案是肯定的。

近二十多年來，在定價實務上，愈來愈多具有壟斷力的廠商（包含獨賣廠商）放棄傳統單一定價行為，改採差別取價（price discrimination）或兩部定價（two-part tariff）行為。以圖 12.5 為例，這兩種定價行為的共同理論基礎為：根據邊際成本定價（$P=MC$）法。完全競爭市場的市場價格與交易量分別為 P_c 與 Q_c；根據利潤最大化條件（$MR=MC$），獨賣市場的產品價格與交易量分別為 P_m 與 Q_m。值得注意的是，一方面，在交易量介於 0 與 Q_m 之間時，消費者願意支付的最高價格（＝需求曲線與橫軸的垂直距離）大於實際支付的價格（P_m），此一部分為消費者剩餘的來源；另一方面，在交易量介於 Q_m 與 Q_c 之間時，消費者願意支付的最高價格大於邊際成

---

[4] 單一定價行為指的是，不管購買者是誰，或其購買量多寡，廠商每單位收取的價格都一樣。

本,此一部分構成無謂損失。針對這兩部分,獨賣廠商可透過差別取價或兩部定價行為將其當成利潤加項而轉入廠商口袋裡。

一 差別取價

假設某一獨賣廠商有能力辨別消費者特色,有能力依消費者特色差異將消費者區隔成不同的消費群,且有能力防止它的產品在不同消費群間轉售,該獨賣廠商若以同品質的產品對不同消費群或同一消費群購買不同數量收取不同單位價格時,則我們稱它在進行差別取價[5]。依照區隔標準或程度的不同,差別取價又可進一步分成三類:

(一)第一級或完全差別取價

假設在某一獨賣產品市場裡,每一消費者只買一單位的該種產品,或即使有消費者購買兩單位以上的該種產品,獨賣廠商亦可就每一單位分開來賣,理想上,該獨賣廠商會想針對每一消費者收取不同價格,且該價格為消費者對每一單位產品願意支付的最高價格[6],此一定價行為即被稱為第一級差別取價(first-degree price discrimination)或完全差別取價(perfect price discrimination)。至於現實社會有可能採取第一級差別取價的個案,則包含特別有名望的傑出畫家之作品拍賣、豪華高級手工製造跑車銷售、卸任美國總統國外演講費訂定、……。在此一定價行為下,該獨賣廠商所賺取的利潤會比傳統單一定價行為下所賺取的多嗎?我們可以圖 12.6 來回答上述問題。在傳統單一定價行為下,假定沒有固定成本,該獨賣廠商會以 $MR=MC$ 條件來決定其利潤最大化的產品價格與交易量,它們分別為 P_u 與 Q_u,所獲利潤為 P_uCEP_v 的長方形面積。在第一級差別

---

[5] 另一種差別取價的定義為:獨賣廠商對不同消費群賺取不同加成比。在成本相同情況下,兩種定義是一樣的。但,即使價格一樣,若成本不同,依照本定義,則該獨賣廠商亦在進行差別取價。
[6] 此一最高願付價格又稱為保留價格(reservation price)。

取價下,由於需求曲線又代表消費者最高願付價格線,只要消費者最高願付價格高於邊際成本,該獨賣廠商就願意增加生產,一直到需求曲線與 MC 線相交點(點 B)所對應的產出水準(Q_v)為止。於是,該獨賣廠商所獲得的總收入為 ABQ_vO 的梯形面積,所須支付的總成本為 P_vBQ_vO 的長方形面積,利潤為 ABP_v 的三角形面積,與傳統單一定價行為下的利潤相比,增加了 ACP_u 與 CBE 兩個三角形面積的利潤,其中,ACP_u 三角形面積來自於傳統單一定價行為下的消費者剩餘,而社會福利則增加了 CBE 三角形面積。

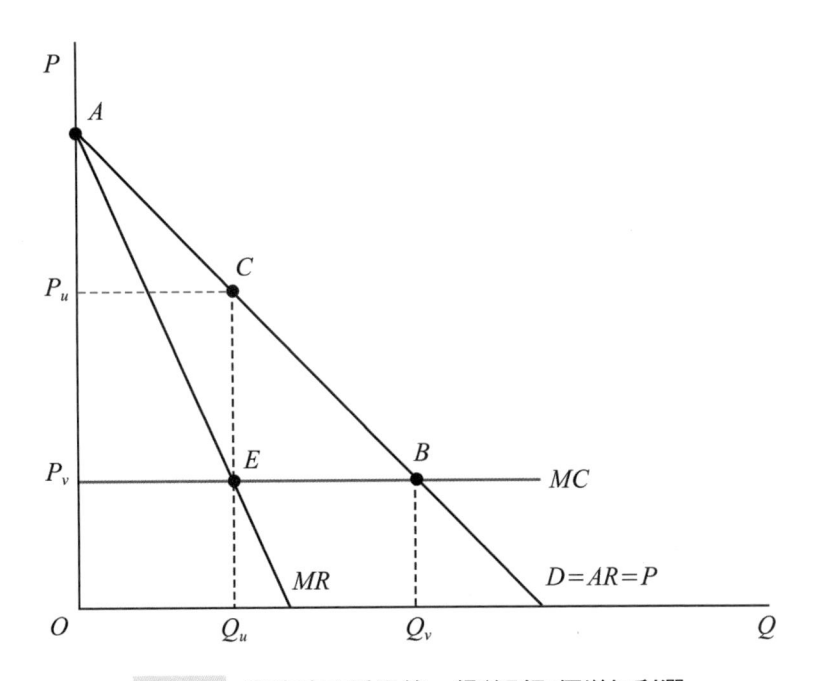

■ 圖 12.6 ■ 獨賣廠商透過第一級差別取價增加利潤

(二)第二級或級距式差別取價

在某些市場裡,消費者會在某一特定期間裡購買很多單位的同一產品,但其對該種產品的需求會隨著購買量的增加而逐漸遞減,在此情況下,獨賣廠商可以依照不同的購買量來收取不同的單位價格,以追求更大利潤。此一定價行為被稱之為第二級差別取價

（second-degree price discrimination）或級距式差別取價（blocking price discrimination）。在現實社會裡，採取第二級差別取價的個案有電力、電話、網路服務、……等。以圖 12.7 為例，獨賣廠商若採傳統單一定價行為，假定沒有固定成本，根據 $MR=MC$ 利潤最大化條件，最適產品價格、交易量與其所賺取利潤分別為 P_u、Q_u 與 P_uCEP_v 長方形面積；現若該獨賣廠商提供給消費者另一誘因，在購買量超過 Q_u 之後，就超過部分的購買量，每一單位收取較 P_u 為低的價格（P_b），則增加的銷售量為（Q_b-Q_u），增加的利潤為 $FGHE$ 長方形面積。與傳統單一定價行為的福利分析結果相比，現消費者剩餘增加了 CGF 三角形面積，生產者剩餘（利潤）增加了 $FGHE$ 長方形面積，合計起來，社會福利增加了 $CGHE$ 梯形面積。此一結果的政策性含意為：第二級差別取價如能妥善運用，不僅消費者的福利水準不會被剝削，所有利益團體的福利及社會福利皆會改善。值得注意的是，在購買量超過 Q_u 之後，隨著級距數的增加，剛開

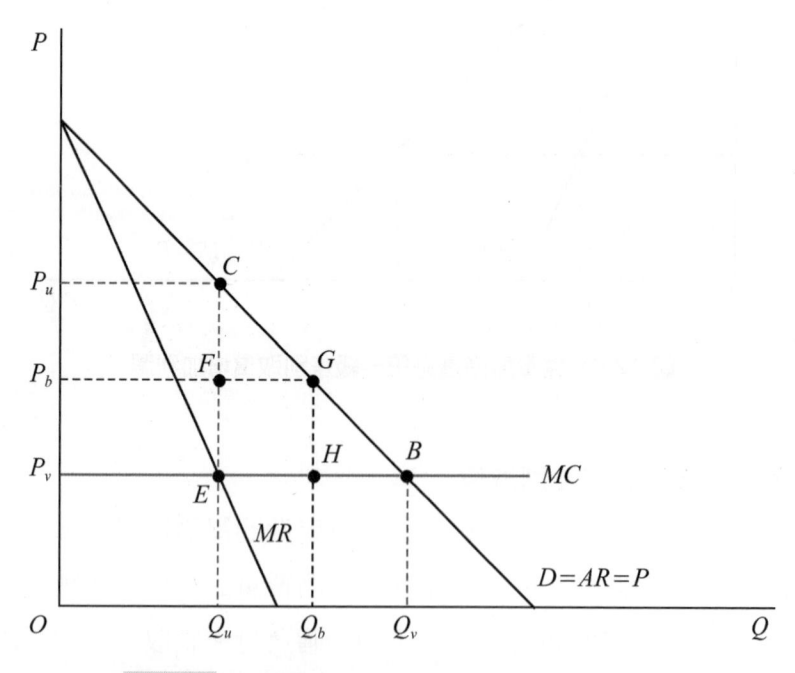

圖 12.7 獨賣廠商透過第二級差別取價增加利潤

始時,消費者剩餘、生產者剩餘與社會福利皆為增加;但,當每一級距變成一單位時,消費者剩餘就被轉換(剝削)成生產者剩餘,只有生產者剩餘與社會福利會增加。更極端的是,若連在 Q_u 以內也採一單位一級距,則第二級差別取價就變成第一級差別取價。

(三)第三級差別取價

獨賣廠商亦可根據其長期與消費者的交易經驗,分析與釐清消費行為特性,再根據消費特性差異將消費者區隔成不同消費群,因不同消費群會有不同需求曲線、不同價格需求彈性與對該獨賣廠商不同的依賴程度,該獨賣廠商就可針對不同消費群收取不同單位價格或賺取不同加成比,此種定價行為被稱之為第三級差別取價(third degree price discrimination)。至於現實社會採用第三級差別取價的個案,則有內銷報價高於外銷的、折價券促銷、商務艙票價高於經濟艙的、⋯⋯等。若以數學式表示,透過對式(12.13)進行移項操作,我們可得

$$P_i = \frac{MC}{1 - \frac{1}{|E_{P_i}^{Q^D}|}} \tag{12.14}$$

其中,i 就代表第 i 消費群或消費市場。在邊際成本一樣的情況下,若第 i 種消費群的價格需求彈性絕對值較大(較小),則該獨賣廠商就會對其收取較低(較高)的價格。圖形上,我們可以圖 12.8 來闡釋。首先,我們需要將不同消費市場的邊際收入曲線水平加總成總和邊際收入(aggregate marginal revenue;簡稱 AMR)曲線;其次,透過總和邊際收入曲線與該獨賣廠商的邊際成本曲線之相交點決定最適邊際收入(MR^*)與總交易量(Q^*);然後,以 MR^* 在各種消費市場畫水平直線,透過其與各消費市場的 MR 曲線相交點來決定各消費市場的最適價格與交易量($P_1^*, P_2^*; q_1^*, q_2^*$)。於是,由於第一消費市場的價格需求彈性絕對值大於第二消費市場的,所以,$P_1^* < P_2^*$。此外,$Q^* = q_1^* + q_2^*$。

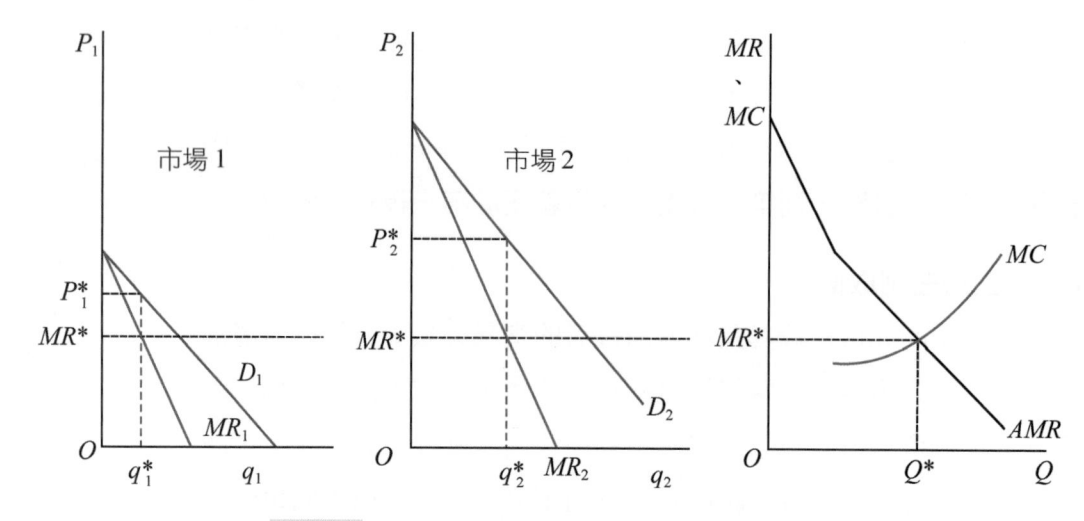

■ 圖 12.8 ■ 獨賣廠商透過第三級差別取價增加利潤

二　兩部定價

除了差別取價可讓獨賣廠商賺取比傳統單一定價情況更多之利潤外，獨賣廠商還可透過兩部定價行為達到同樣目的。所謂兩部定價，指的是獨賣廠商跟消費者收取的費用包含兩部分：第一部分為定額基本或會員費（lump-sum basic 或 membership fee），不管消費者要不要進行消費，都要支付，亦即，此部分相當於沉沒性的（sunk）權利金；第二部分為變動使用費（variable usage fee），消費者要有真正使用，才需支付，且按使用單位乘以單位價格來支付。至於現實社會採用兩部定價行為的個案，則有健身、高爾夫、運動俱樂部、信用卡、各大學研究所、在職專班、……等[7]。以圖 12.9 為例，理想上，該獨賣廠商如欲獲得最大利潤，它首先需令變動使用費率（P_v）等於邊際成本，得知消費者的最適使用量為 Q_v；其次，透過消費者剩餘的定義，求得 P_v 與 Q_v 所對應的消費者剩餘為 ABP_v 三角形面積；然後，如果所有消費者的需求函數均相同，則將

---

[7] 信用卡的年費與研究所的學雜費屬定額基本費；信用卡的循環利率與研究所的學分費屬變動使用費。

上述消費者剩餘除以會員、使用者人數或用戶數，即得每位會員、使用者或用戶必須繳交的固定基本費或會員費[8]。依照上述兩部定價內容，獨賣廠商所獲得的總收入為 ABQ_vO 梯形面積（＝固定基本費收入＋變動使用費收入＝ABP_v 三角形面積＋P_vBQ_vO 長方形面積）；總成本為 P_vBQ_vO 長方形面積；利潤為 ABP_v 三角形面積，與傳統單一定價情況作比較，兩部定價使獨賣廠商的利潤增加了 ACP_u 與 CBE 兩個小三角形面積，消費者剩餘減少了 ACP_u 三角形面積，社會福利增加了 CBE 三角形面積。

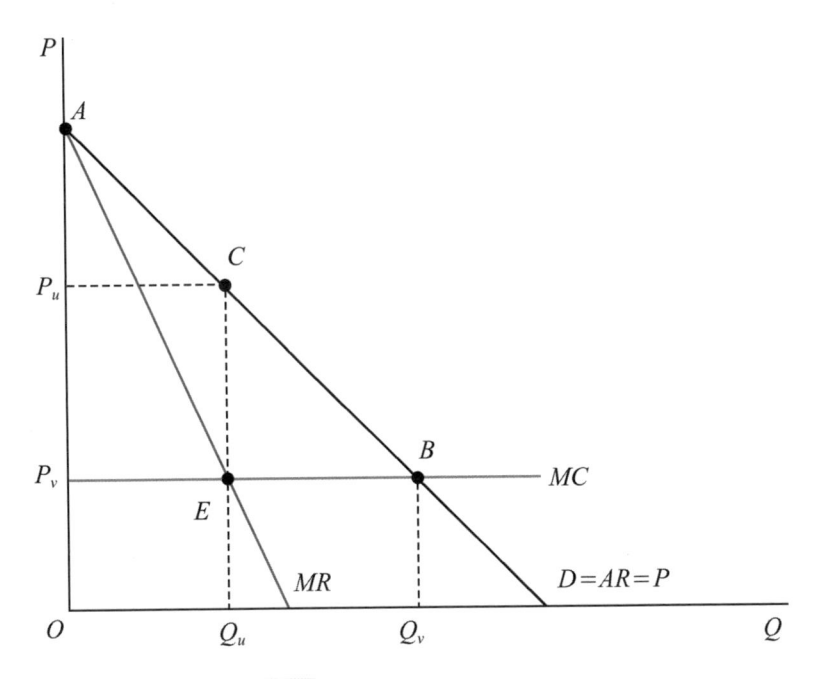

■ 圖 12.9 ■ 兩部定價法的理論基礎

---

[8] 當消費者的需求函數不同時，情況變得相當複雜，在此不做進一步討論。

12.6 獨買廠商的決策行為

至目前為止,當討論到壟斷力時,我們的焦點全部集中在市場的賣方。事實上,壟斷力亦可能操控在買方手上。譬如,談到鳳梨的美味與品質,大家會馬上聯想到臺南縣關廟鄉。三十年前,在這個偏僻的小鄉鎮裡,只有一家鳳梨加工廠。當地人如果要找工作,除了當農民與公務員外,只能到這家鳳梨工廠上班;加工用的鳳梨也只能賣到這家工廠。因此,在當地的勞動市場與加工用鳳梨市場裡,就只有一家買方。於是,在這兩個市場裡,該鳳梨加工廠都扮演著獨買者角色。至於其他獨買個案,則有菸草收購市場的公賣局、製糖用白甘蔗收購市場的臺糖公司、……等。面對著許多賣方與正斜率的供給曲線,一方面,獨買廠商當然知道:它在市場擁有壟斷力;另一方面,它亦知道:若它雇用或採購愈多的生產要素,它就必須支付愈高的生產要素價格。在此情況下,到底它應如何來進行雇用或採購決策?本節將要透過獨買模型來回答上述問題。

令 L 代表獨買廠商對某一生產要素的雇用或採購量,P 代表該獨買廠商下游產品的價格,w 代表該生產要素的價格,在生產要素的需求面,假如獨買廠商的(下游)產品屬於完全競爭市場,則根據 10.6 節,它對該生產要素的引申需求函數為 $VMP_L = P \cdot MP_L$;反之,假如該獨買廠商的產品屬於非完全競爭市場(imperfect market)[9],則式(10.10)就會變成

$$\frac{\Delta \pi}{\Delta L} = \frac{\Delta TR}{\Delta Q} \cdot \frac{\Delta Q}{\Delta L} - w$$
$$= MR \cdot MP_L - w \qquad (12.15)$$

其中,MR 代表獨買廠商在產品市場的邊際收入。而該獨買廠商對生產要素的引申需求函數就變為

---

[9] 非完全競爭市場包括獨賣、壟斷性競爭(monopolistic competition)與寡賣市場。

$$VMP_L = MR \cdot MP_L \tag{12.16}$$

在最適決策情況下，由於 $P > MR$，所以，$MR \cdot MP_L$ 曲線會在 $P \cdot MP_L$ 曲線的下方（請參考圖 12.10）。

在生產要素市場的供給面，假設該生產要素的供給函數如下：

$$w = w(\underset{(+)}{L}) \tag{12.17}$$

其中，L 下方的"+"代表 L 對 w 的預期影響方向，其經濟意義為：隨著生產要素雇用或採購量的增加，為了彌補生產要素遞增的邊際成本，生產要素價格會跟著上漲。於是，該獨買廠商花在該生產要素的總要素成本（total factor cost；簡稱 TFC_L）可設定如下：

$$TFC_L = L \cdot w(L) \tag{12.18}$$

由於該生產要素的平均要素成本（average factor cost；簡稱 AFC_L）被定義為 TFC_L 除以 L，所以，

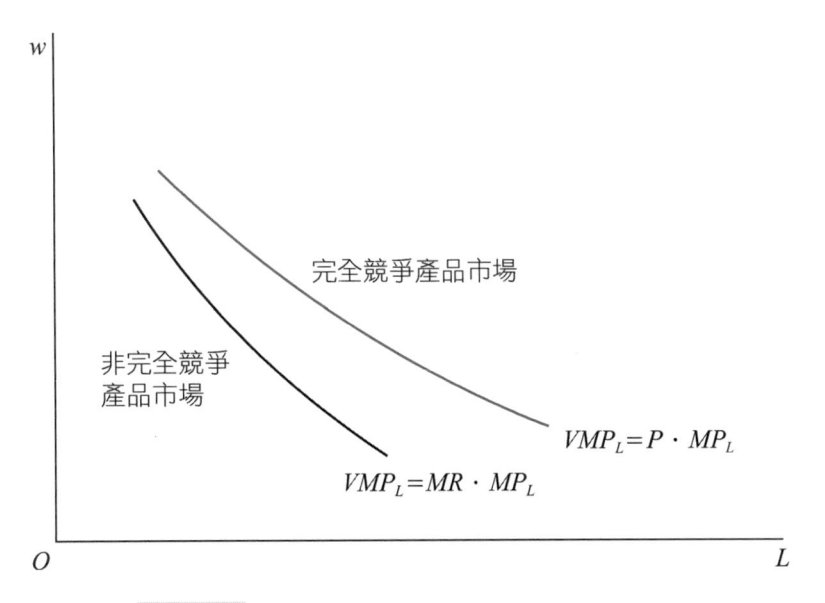

■ 圖 12.10 ■ 不同產品市場結構下的生產要素需求

$$AFC_L \equiv \frac{TFC_L}{L} = \frac{L \cdot w(L)}{L}$$
$$= w(L) \tag{12.19}$$

亦即，該生產要素的 AFC_L 曲線即為其供給曲線（請參考圖 12.11）。至於其邊際要素成本（marginal factor cost；簡稱 MFC_L），依定義則為：雇用或採購該生產要素最後一單位，所必須要增加的負擔。以數學方式表達，上述定義就相當於：

$$MFC_L \equiv \frac{\Delta TFC_L}{\Delta L} = \frac{\Delta(L \cdot w(L))}{\Delta L} = \frac{w \cdot \Delta L + L \cdot \Delta w}{\Delta L}$$
$$= w + L \cdot \frac{\Delta w}{\Delta L} = w\left(1 + \frac{L}{w} \cdot \frac{\Delta w}{\Delta L}\right)$$
$$= w\left(1 + \frac{1}{E_w^L}\right) \tag{12.20}$$

其中，E_w^L 代表生產要素的供給彈性。由於生產要素供給曲線在縱軸截距的 $E_w^L = \infty$，所以，在該點時 $MFC_L = w$，亦即，MFC_L 曲線與生產要素供給曲線相交。又由於 $\Delta w/\Delta L$ 與 E_w^L 為正的，所以，除了在縱軸截距外，$MFC_L > w$。亦即，除了縱軸截距外，MFC_L 曲線從生產

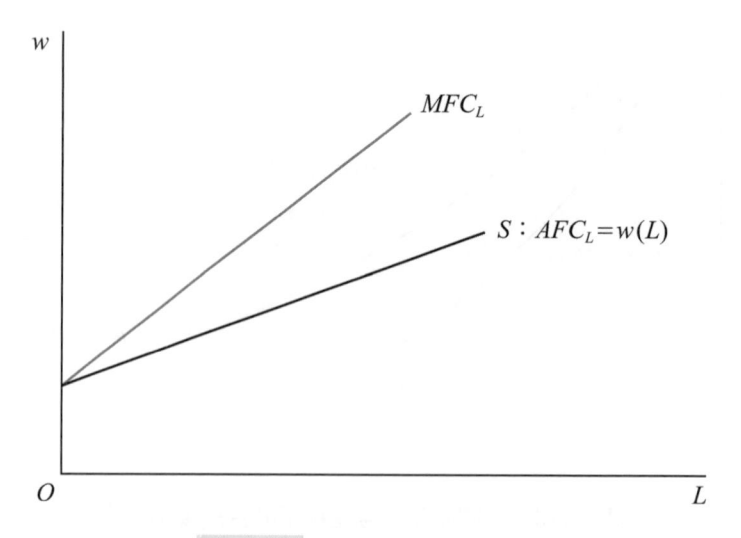

■ 圖 12.11　獨買廠商的邊際要素成本

要素供給曲線的縱軸截距延伸出來後，會在 AFC_L 或生產要素供給曲線上方（請參考圖 12.11）。其經濟意義為：由於生產要素的價格會隨著雇用或採購量的增加而上漲，增加雇用或採購最後一單位生產要素所需要增加的負擔除了新增加之該單位生產要素價格外，還有因生產要素價格上漲所導致的原雇用或採購量所增加的負擔。

假設該獨買廠商所面對的產品市場為非完全競爭市場[10]，將圖 12.10 的 $MR \cdot MP_L$ 曲線與圖 12.11 合併成圖 12.12，該獨買廠商即可進行最適雇用或採購決策。若該生產要素市場屬完全競爭市場，市場需求與供給曲線（S 與 D）的相交點（點 E_c）即為均衡點，該生產要素的市場價格與就業量分別為 w_c 與 L_c。若該生產要素市場屬獨買結構，由於 VMP_L 代表最後一單位生產要素能幫該獨買廠商創造出來的總產值增加量；MFC_L 代表該獨買廠商為了雇用或採購最後一單位生產要素所必須要增加的負擔，當 $VMP_L > MFC_L$，該獨買廠商會增加雇用該生產要素來提升其利潤，一直到 $VMP_L = MFC_L$ 為止；相反地，當 $VMP_L < MFC_L$，該獨買廠商會減少雇用該生產要素來降低其利潤流失，一直到 $VMP_L = MFC_L$ 為止。當 $VMP_L = MFC_L$ 時，決策均衡點落在點 E_m，由該點往下畫垂直線，與供給（AFC_L）曲線相交點決定該生產要素的獨買價格（w_m^*）；與橫軸相交點決定獨買雇用或採購量（L_m^*）。與完全競爭市場的結果作比較，我們發現 $w_m^* < w_c$，且 $L_m^* < L_c$。亦即，若該生產要素市場由完全競爭變成獨買，該生產要素的價格不僅會下降，其雇用或採購量亦會減少。結果，消費者剩餘增加了 A 的面積，減少了 B 的面積；生產者剩餘減少了 A 與 C 的面積；合計起來，社會福利減少了 B 與 C 的面積。也就是說，B 與 C 的面積是生產要素市場結構由完全競爭變為獨買的無謂損失。上述無謂損失之所以會存在的主要原因為：當生產要素雇用或採購量在 L_m^* 時，$MFC_L > w$；而 $MFC_L > w$ 之主要原因為：

---

[10] 即使產品市場為完全競爭市場，我們的分析結論亦不受影響。

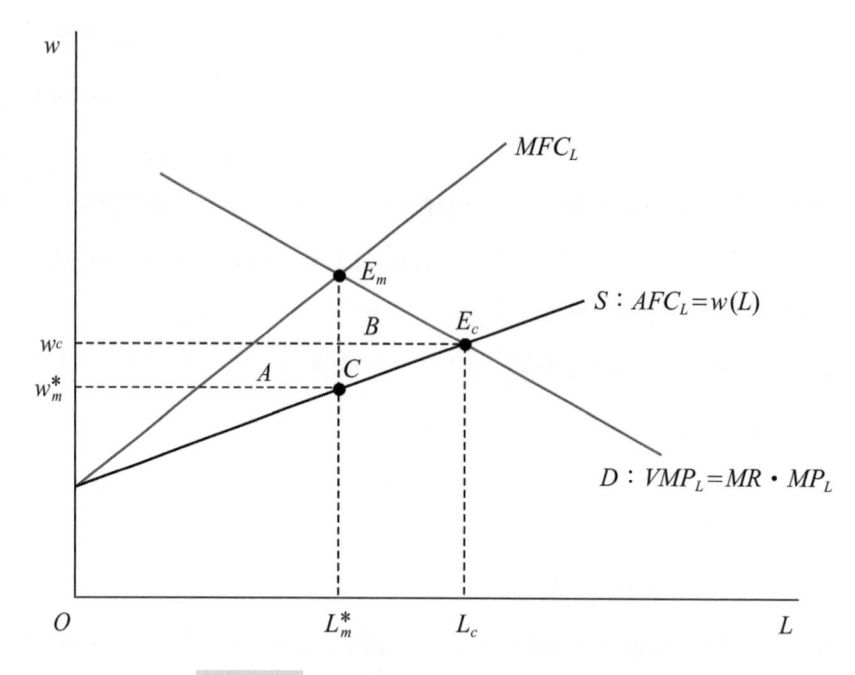

■ 圖 12.12　獨買廠商的生產要素決策行為

獨買廠商面對許多賣方（生產要素供給者）。比照獨賣廠商在產品市場的壟斷力指數，獨買廠商在生產要素市場的壟斷力指數亦可用 $(MFC_L-w)/w$ 來衡量；且透過對式（12.20）進一步的移項操作，我們可得獨買廠商壟斷力的影響因素如下：

$$\frac{MFC_L-w}{w}=\frac{1}{E_w^L} \tag{12.21}$$

式（12.21）代表的經濟意義為：影響獨買廠商壟斷力的唯一因素乃是生產要素的供給彈性，且它們之間呈逆相關（請參考圖 12.13）。假如某一生產要素的供給曲線具有高度彈性，獨買廠商的壟斷力會很小，即使身為唯一雇主或採購者，亦無太大便宜可占（請參考圖 12.13(a)）；假如某一生產要素的供給曲線具有低度彈性，獨買廠商的壟斷力會很大（請參考圖 12.13(b)）。

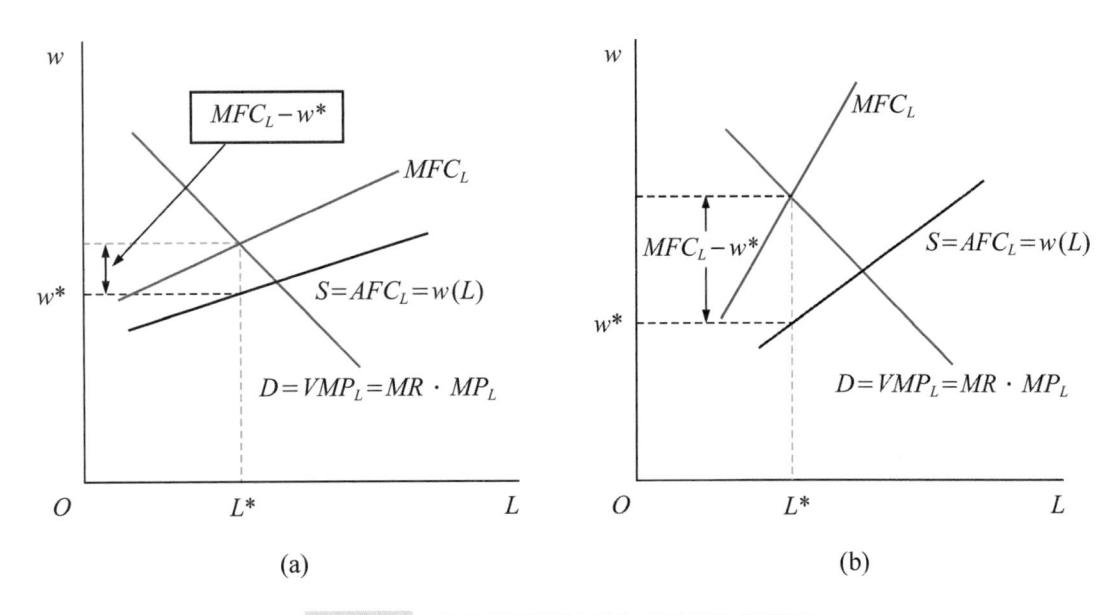

■ 圖 12.13 ■ 不同供給彈性情況下的獨買壟斷力

12.7 雙邊獨占的決策行為

上一節的分析結果顯示，獨買廠商之所以可以剝削生產要素擁有者乃因：單獨一家買方面對許多賣方。在談判桌上，賣方人多口雜，會像一盤散沙，談判力量就會較為薄弱。若欲突破此一困境，方法之一乃是組成工會（union），交易條件與契約完全由工會代表與資方談判。如此，賣方就形同獨賣。以圖 12.14 為例，在買方家數有很多的情況下，生產要素的市場供給曲線（S）就如同其總和邊際成本曲線（MC_L）；獨賣（工會）就可以生產要素需求曲線（D）所對應之邊際收入曲線（MR_L）與 MC_L 的相交點（點 E^{**}）來決定最適就業量（L^{**}）與生產要素價格（w^{**}）。結果，$w^{**}>w_c$；但，$L^{**}<L_c$。如果買方家數亦只有一家，市場結構就變成獨賣對獨買的雙邊獨占（bilateral monopoly），生產要素的價格會介於 w^* 與 w^{**} 之間，其最後結果取決於買、賣雙方的談判力量。若買方的談判力量較強，則生產要素價格就會比較靠近 w^*；反之，若賣方的談判力量較強，則生產要素價格就會比較靠近 w^{**}。

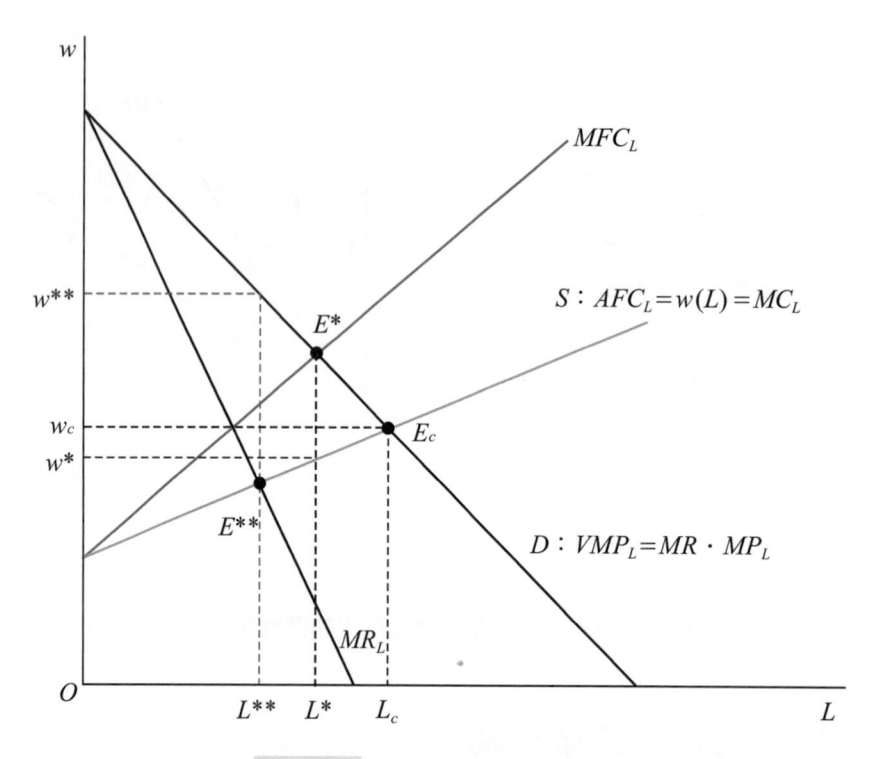

■ 圖 12.14 ■ 雙邊獨占的決策行為

關鍵詞

獨賣　Monopoly　250	兩部定價　Two-part tariff　259
獨買　Monopsony　250	保留價格　Reservation price　260
自然獨賣　Natural monopoly　250	第一級差別取價　First-degree price discrimination　260
多處廠房廠商　Multiplant firm　254	
寡賣　Oligopoly　256	完全差別取價　Perfect price discrimination　260
壟斷力或獨賣力　Monopoly power　257	
Lerner 壟斷力指數　Lerner index of monopoly power　258	第二級差別取價　Second-degree price discrimination　261-262
單一定價　Unique pricing　258-259	級距式差別取價　Blocking price discrimination　262
差別取價　Price discrimination　259	

第三級差別取價　Third-degree price discrimination　263
總和邊際收入　Aggregate marginal revenue　263
邊際要素成本　Marginal factor cost　268
雙邊獨占　Bilateral monopoly　271

問題與應用

1. 當市場結構由完全競爭變成獨賣，其社會成本至多也只有獨賣利潤，妳（你）同意嗎？
2. 當市場結構由獨賣變成完全競爭，市場價格會較低，交易量會較大，社會福利亦會較大，妳（你）同意嗎？
3. 獨賣廠商可將其本身被課徵之稅賦，完全轉嫁予消費者，妳（你）同意嗎？
4. 相對於傳統定價行為，若獨賣廠商改採第一級差別取價來增加其利潤，則消費者福利必然會受損嗎？
5. 美國總統卸任後，經常會被邀請到國內、外演講，每場演講收費不僅相當高，且對不同邀請單位、國家的收費差異亦很大，其背後理由何在？
6. 相對於傳統定價行為，若獨賣廠商改採第二級差別取價來增加其利潤，則所提供的級距數愈多，其利潤會愈高？
7. 在現實社會裡，採用第二級差別取價的廠商大多具有規模經濟特性，其背後理由何在？
8. 美國高科技武器生產廠商在賣同樣產品給臺灣及其他國家時，通常會對臺灣收取較高的價格。導致上述現象的主要原因為：臺灣較為富裕，支付能力較強，妳（你）同意嗎？
9. 在臺灣信用卡的演進歷程裡，在剛引進臺灣的初期裡，每家發卡銀行皆會要求持卡人繳交年費；隨著時間的經過，愈來愈多的發卡銀行將年費打折扣、減半、甚至全免，其背後理由何在？

CHAPTER 13

壟斷性競爭與寡賣市場

13.1 壟斷性競爭市場的廠商決策行為
13.2 數量設定寡賣模型
13.3 價格設定寡賣模型
13.4 產業經濟分析

在第十章與第十二章分別介紹了廠商在完全競爭市場與獨賣市場的決策行為之後，接下來我們將介紹在上述兩極端市場結構之間的廠商決策行為。在第二章完全競爭市場的三個基本條件裡，若只有第二基本條件（同質或齊質性假設）被破壞掉，也就是說，不同賣方或廠商的產品之間具有差異性，市場結構就會由完全競爭市場變成壟斷性或獨占性競爭市場。若只有第一基本條件被破壞掉，賣方或廠商家數既不是很多家，也不是只有一家，而是少數幾家，且市場存在著些許進入障礙，則市場結構就變成寡賣，又若第二基本條件仍然成立，則上述市場結構可進一步被稱為同質或齊質寡賣（homogeneous oligopoly）；但，若齊質性假設被破壞掉，不同廠商所生產的產品存在差異性，則市場結構就變為異質寡賣（heterogeneous oligopoly）。本章將依序分別探討廠商在壟斷性競爭、同質寡賣與異質寡賣市場的決策行為。

13.1　壟斷性競爭市場的廠商決策行為

與完全競爭、獨賣市場比較，壟斷性競爭市場的主要特性為：存在著許多賣方或廠商，但不同賣方或廠商所提供的產品可能不一樣。在臺灣現實社會裡，屬於壟斷性競爭市場的個案包含傳統小吃店、雜貨店、學校附近的自助餐廳、麵包店、⋯⋯等。在此類市場結構裡，雖然存在著許多賣方或廠商，但由於不同賣方或廠商的產品具有差異性，再加上不同消費者的偏好亦會有所不同，個別廠商多多少少皆可抓住特定數目的消費者。因為個別消費者的需求曲線斜率為負的，又因壟斷性競爭市場的個別廠商所面對之需求曲線為其所抓得住或對其產品品質認同的消費者之需求曲線的水平加總，所以，其所面對的需求曲線斜率必亦為負的。於是，壟斷性競爭市場的個別廠商多多少少亦具有壟斷力，只是沒有獨賣廠商那麼強而已。

以圖 13.1(a) 為例，在短期裡，由於個別廠商面對負斜率的需求曲線（$D_{SR}=AR=P$），且具有壟斷力，其所面對 MR_{SR} 曲線不僅亦為負斜率，且會在需求曲線下方。根據利潤最大化條件（$MR=MC$），該廠商的最適價格與產出水準分別為 P^*_{SR} 與 q^*_{SR}。結果，該廠商賺取了 $ABCP^*_{SR}$ 長方形面積的利潤。因為廠商可自由進出該市場，只要既有廠商有正的經濟或超額利潤可賺，新的廠商會進入，廠商家數會增加，既有廠商能掌握的消費者人數會減少，其所面對的需求也會因而減少，亦即，其所面對的需求與 MR 曲線皆會往左下方移動，最適價格與利潤皆會下降。只要個別廠商的利潤為正的，上述所有動作與變動皆會持續，一直到 MR 與 MC 曲線相交點所對應的最適價格（P^*_{LR}）剛好等於最適產出水準（q^*_{LR}）所對應的平均成本為止（請參考圖 13.1(b)）。此時，個別廠商的利潤為零，新廠商不會再進來，所有動作與變化皆會停止，個別廠商處於長期均衡狀態。相反地，在短期裡，若既有個別廠商遭受損失，則上述所有動作與變化方向剛好相反。不過，最後還是會回到長期均衡。

就長期均衡而言，在完全競爭市場裡，個別廠商的均衡點會落

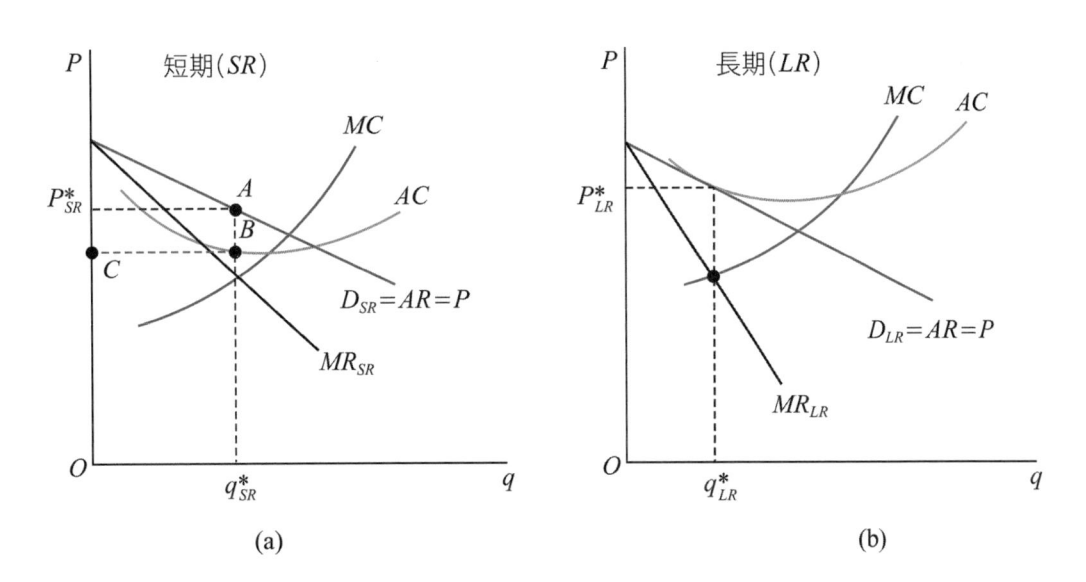

(a)

(b)

■ 圖 13.1 壟斷性競爭市場個別廠商的短、長期決策行為

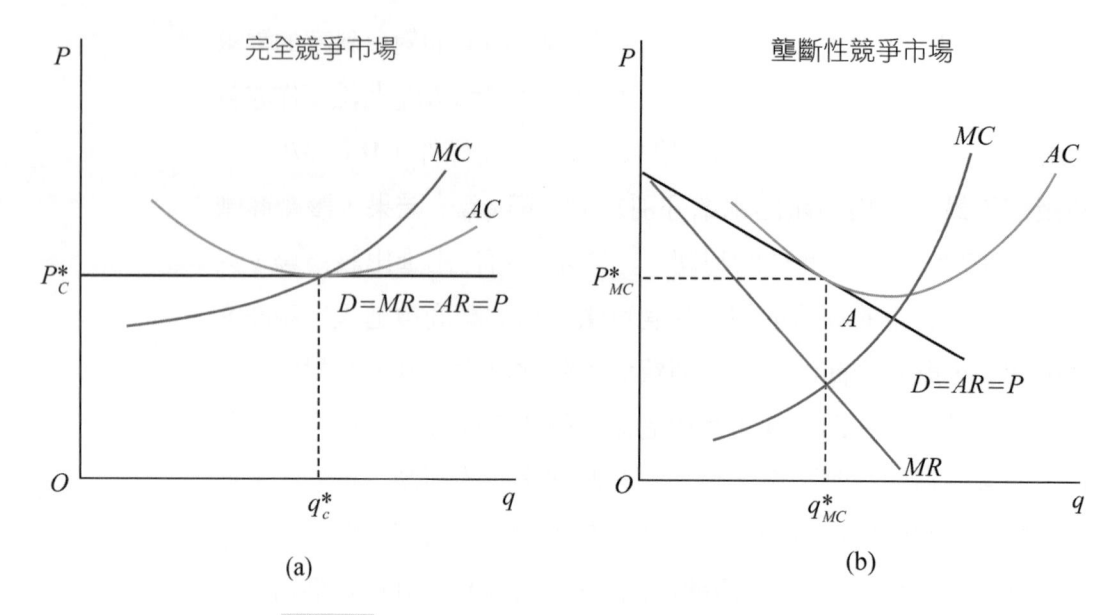

圖 13.2 完全與壟斷性競爭市場長期均衡的比較

在 AC 曲線的最低點（請參考圖 13.2(a)）；但，在壟斷性競爭市場裡，個別廠商的均衡點會落在 AC 曲線的遞減階段（請參考圖 13.2(b)），亦即，在 AC 曲線最低點左邊，顯示：該廠商並未達到最低有效生產規模或經濟規模，亦即，該廠商未充分利用既有產能（capacity），故缺乏技術效率。此外，$P > MC$，亦會有 A 面積的無謂損失存在。不過，在壟斷性競爭市場裡，產品差異性的存在可能提升消費者福利，進而至少抵銷部分上述技術無效率與無謂損失。

13.2　數量設定寡賣模型

當完全競爭市場第一基本條件的賣方或廠商家數縮減成少數幾家，且自由進出市場條件改成有高度進入障礙存在，市場結構就變成寡賣市場。再依產品差異性（product differentiation）存在與否，寡賣市場又可進一步分成同質或齊質寡賣與異質寡賣。在臺灣，前者的個案有中、上游石化產品（苯乙烯、高密度聚乙烯、低密度聚乙烯、……等）、水泥、高科技電子產業的中、上游零件產品（動態隨機記憶體、印刷電路板、TFT-LCD 面板、……等）；後者的個案更多，涵蓋範圍更廣，有無線電視、臺灣部分地區的有線電視、早報、小客車、桌上型電腦、筆記型電腦、汽油加油站、……等市場。不管是同質性或異質寡賣，高度進入障礙使新廠商很難或根本不可能加入，導致大部分或全部市場總產出皆操控在少數幾家廠商手中；而高度進入障礙之所以存在的可能原因為：規模經濟、專利權（patents）、營業許可管制或策略性行為（strategic behavior）[1]。

在了解寡賣市場結構特性之後，我們將進一步釐清寡賣廠商的決策行為特性。在完全競爭市場裡，個別廠商是價格接受者，在做決策時，它不需要考慮到別家廠商價格與品質的高低，也不需要擔心別家廠商有沒有做研究發展（research and development）與廣告（advertisement），它只需要決定到底要不要生產與生產多少；在獨賣市場裡，由於沒有其他廠商存在，獨賣廠商根本不需要去顧慮到別家廠商的行為。但，在寡賣市場裡，整個市場由少數幾家廠商分享，在市場需求曲線斜率為負的情況下，即使自己的決策或產出水準未變，若別家廠商增加生產，市場總產出水準還是會增加，市場價格與自己的利潤皆會下降；若別家廠商降低價格、進行研究發展投資或／與進行廣告，可能會搶走自己的顧客而使自己的利潤下降。上述現象與可能性顯示，在寡賣市場裡，個別廠商的命運（或利潤）不僅會受到本身決策行為的影響，亦會受到別家廠商決策行為的影響，也就是說，個別廠商的命運同時取決於自己與其他廠商的決策行為。由於有此種特性存在，我們乃稱寡賣廠商的決策行為具有互動（interaction 或 interdependence）關係；而具有互動關係的決策則被稱為**策略**（strategy）。

本章將討論的策略變數只有兩種：產出水準與價格水準，若寡賣廠商以產出水準作為策略變數，則其決策模型被稱之為**數量設定**

---

[1] 為了降低潛在競爭者進入市場的誘因，既有廠商會建構策略性進入障礙，譬如，大量擴增硬體設備及產能，使其規模經濟更為顯著而更有能力降低產品價格。

模型（quantity-setting model）；若寡賣廠商以價格水準作為策略變數，則其決策模型被稱之為價格設定模型（price-setting model）。一般而言，在同質或齊質寡賣市場裡，個別廠商通常會採用數量設定模型做決策；但，在異質寡賣市場裡，個別廠商則可能會採用價格設定或數量設定模型做決策[2]。本節將先介紹數量設定模型，而價格設定模型將在 13.3 節介紹。

為了簡單起見，假設：(1)某一產品市場裡只存在著兩家廠商：廠商 1 與廠商 2[3]，也就是說，該產品市場為雙占（duopoly）市場；(2)兩家廠商生產的產品完全一樣，且對市場訊息的掌握也一樣；(3)兩家廠商的生產技術與生產成本完全一樣，其固定成本等於 0，邊際成本等於 d，$d>0$；(4)當任何一家廠商的產出水準發生變動時，它會預期另一家廠商的產出水準不會跟著發生變動，此一預期被稱為零猜測變量（zero conjectural variation），也就是說，在做決策時，每一家廠商皆把自己定位為跟從者（follower）；(5)市場需求函數為：$P=a-bQ$，其中，P 代表市場價格；$Q=q_1+q_2$（q_1 與 q_2 分別代表廠商 1 與廠商 2 的產出水準）代表兩家廠商產出水準的加總；a、$b>0$，且 $a>d$[4]。傳統上，根據上述五個假設而設立的寡賣廠商決策模型被稱為 Cournot 模型。在此模型裡，廠商 1 與廠商 2 的利潤函數可分別設定如下：

$$\pi_1 = TR_1 - TC_1$$
$$= P \cdot q_1 - d \cdot q_1$$
$$= [a-b(q_1+q_2)] \cdot q_1 - d \cdot q_1 \qquad (13.1)$$

$$\pi_2 = [a-b(q_1+q_2)] \cdot q_2 - d \cdot q_2 \qquad (13.2)$$

---

[2] 在寡賣市場裡，若個別廠商以價格水準作為策略變數，則其決策模型被通稱為 Bertrand 模型，而以產出水準作為策略變數時，則被稱為 Cournot 模型。
[3] 即使有三家以上的廠商存在，本節的主要分析結果仍然有效。
[4] $a>d$ 為確保市場存在的必要條件。

令廠商 1 的利潤等於某一特定值 π_1^1，因為式（13.1）為二元二次方程式，我們可得其等利潤曲線（isoprofit curve）如圖 13.3 的 π_1^1 曲線，亦即，在該曲線上的任一產出組合點，廠商 1 的利潤皆為 π_1^1。依同樣步驟，在圖 13.3 裡，我們可獲得無限多條廠商 1 的等利潤曲線，這些等利潤曲線構成廠商 1 的等利潤曲線圖，其中，愈靠近橫軸的等利潤曲線，代表廠商 1 的利潤水準愈高，其背後理由為：當廠商 1 的產出水準被固定在 q_1^0 時，其與 $\pi_1^0, \pi_1^1, \pi_1^2$ 三條等利潤曲線相交點所對應的廠商 2 的產出水準分別為 q_2^0, q_2^1, q_2^2；因為 $q_2^0 < q_2^1 > q_2^2$，所以，$(q_1^0 + q_2^0) < (q_1^0 + q_2^1) < (q_1^0 + q_2^2)$，根據需求法則，$(q_1^0 + q_2^0)$ 所對應的市場價格高於 $(q_1^0 + q_2^1)$ 所對應的，後者又高於 $(q_1^0 + q_2^2)$ 所對應的；結果，在邊際成本（與平均成本）固定的情況下[5]，$\pi_1^0 > \pi_1^1 > \pi_1^2$。同理，廠商 2 的等利潤曲線圖就如同圖 13.4，其中，愈靠近縱軸的等利潤曲線，代表廠商 2 的利潤水準愈高。

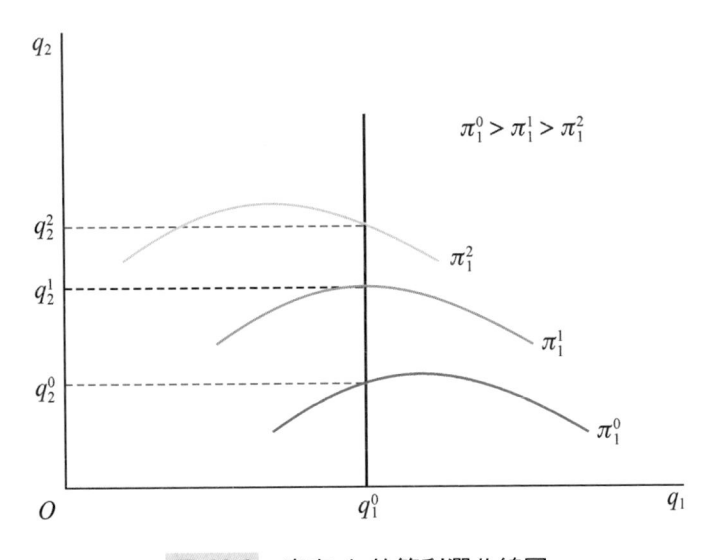

■ 圖 13.3 ■ 廠商 1 的等利潤曲線圖

---

[5] 當邊際成本固定時，平均成本就等於邊際成本。

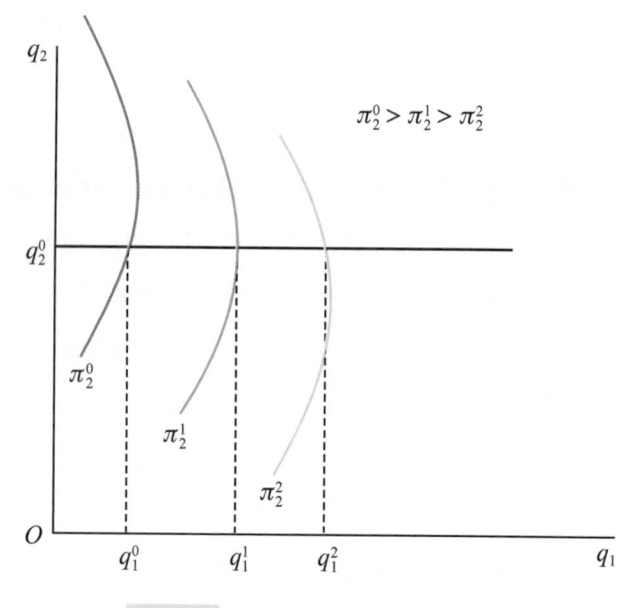

▌圖 13.4▐ 廠商 2 的等利潤曲線圖

　　Cournot 模型的基本精神在於零猜測變量假設，根據此假設，在做決策時，寡賣廠商會把自己定位為跟從者，也就是說，該寡賣廠商先將競爭對手的產出水準視為已知、固定，再來決定本身的最適產出水準。以廠商 1 為例（請參考圖 13.5），當廠商 2 的產出水準為 q_2^0 時，其水平直線可切到廠商 1 的等利潤曲線（π_1^0）於點 E_0，代表：若廠商 1 生產 q_1^0，則其利潤可達最大水準（π_1^0）；當廠商 2 的產出水準為 q_2^1 時，其水平直線可切到廠商 1 的等利潤曲線（π_1^1）於點 E_1，代表：若廠商 1 生產 q_1^1，則其利潤可達最大水準（π_1^1）；當廠商 2 的產出水準為 q_2^2 時，其水平直線可切到廠商 1 的等利潤曲線（π_1^2）於點 E_2，代表：若廠商 1 生產 q_1^2，則其利潤可達最大水準（π_1^2）；同樣步驟持續，然後，將這些切點（點 E_0，E_1，E_2，……）連接起來的軌跡即為廠商 1 的反應曲線或函數（reaction curve or function），它告訴我們，給定廠商 2 的任何產量，能讓廠商 1 利潤達到最高的最適產量是多少。實質上，上述切點分別是廠商 1 每一條等利潤曲線的最高點。因此，廠商 1 的反應曲線其實是它的每

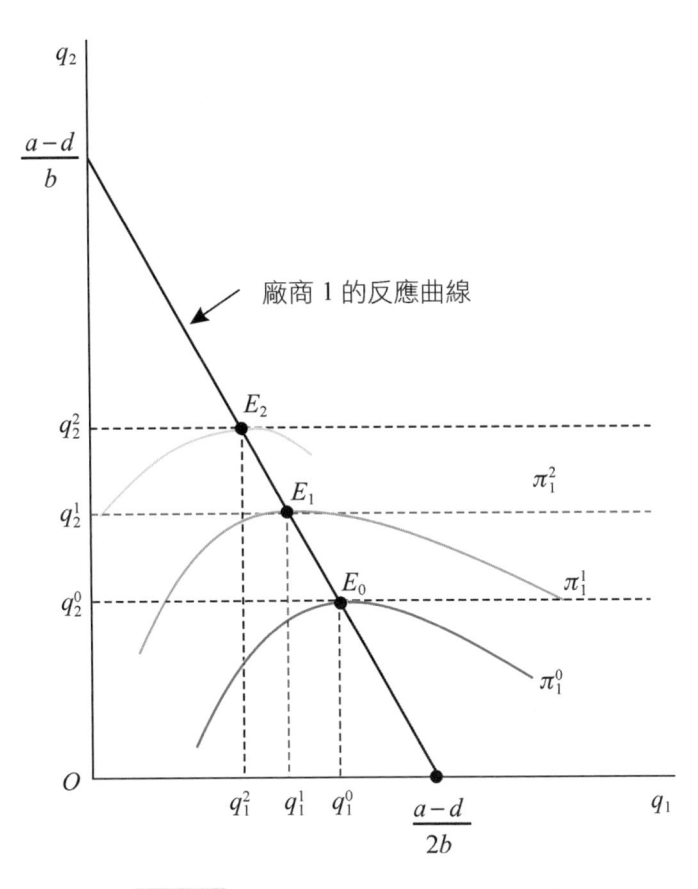

■ 圖 13.5 ■ 廠商 1 的等利潤與反應曲線

一條等利潤曲線最高點連接起來的軌跡。同理，廠商 2 的反應曲線也是它的每一條等利潤曲線最高點（由縱軸往右看）連接起來的軌跡（請參考圖 13.6）。

事實上，根據零猜測變量的基本精神，我們亦可利用剩餘需求（residual demand）概念來導引個別寡賣廠商的反應曲線。以圖 13.7 為例，由於廠商 1 在做決策時，把自己定位為跟從者，其所面對的需求曲線乃是市場需求曲線水平距離減掉廠商 2 的產出水準後的剩餘需求曲線。譬如，當廠商 2 的產出水準為零時，廠商 1 所面對的剩餘需求曲線即為市場需求曲線，亦即為圖 13.7(a) 的 D_1（0），其所對應的邊際收入曲線為 MR_1（0），根據利潤最大化條

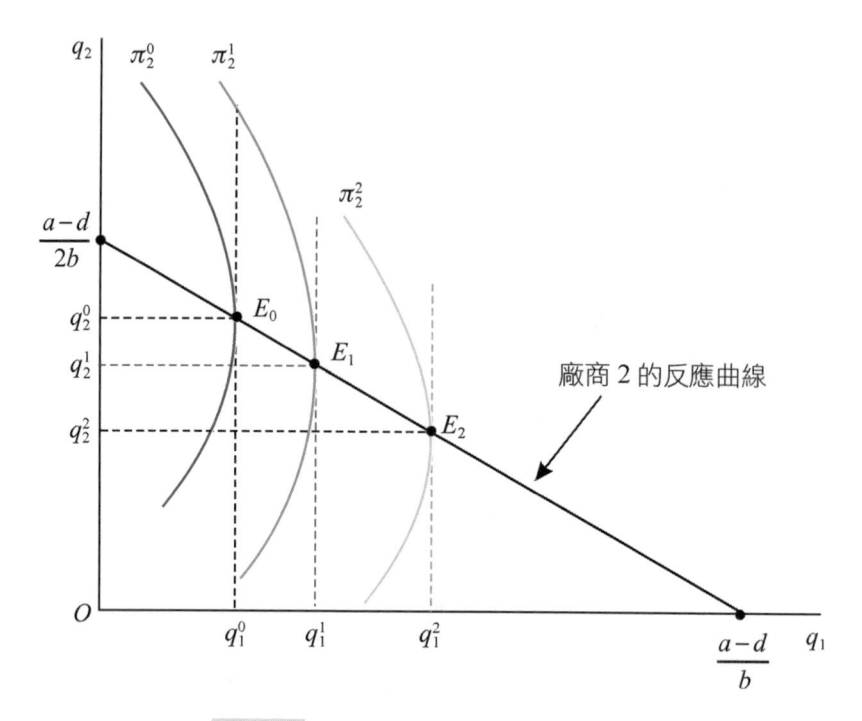

圖 13.6 廠商 2 的等利潤與反應曲線

件（$MR=MC$），廠商 1 的最適產出水準為完全競爭市場均衡產出水準（$(a-d)/b$）的一半（$=(a-d)/2b$）[6]。將 $q_2=0$ 與 $q_1=(a-d)/2b$ 對應到圖 13.7(b)，我們可得點 A；當廠商 2 的產出水準為 $(a-d)/4b$ 時，廠商 1 所面對的剩餘需求為市場需求水平距離減掉 $(a-d)/4b$ 後的 $D_1((a-d)/4b)$，而其所對應的邊際收入曲線則為 $MR_1((a-d)/4b)$，根據 $MR=MC$ 利潤最大化條件，廠商 1 的最適產出水準為 $3(a-d)/8b$[7]，將 $q_2=(a-d)/4b$ 與 $q_1=3(a-d)/8b$ 對應到圖 13.7(b)，我們得到點 B；當廠商 2 的產出水準為 $(a-d)/2b$ 時，廠商 1 所面對

---

[6] 在完全競爭市場裡，由於市場均衡條件為 $MC=P$，所以，將 $MC=d$ 代入市場需求函數（$P=a-bQ$），我們可得市場均衡產出水準為 $(a-d)/b$。又由於 MR 曲線上任何一點皆位於縱軸與需求曲線水平距離的一半，所以 $MR_1(0)$ 與 MC 兩曲線的相交點所決定出來的最適產出水準即為上述完全競爭市場均衡產出水準的一半（$=(a-d)/2b$）。

[7] 當廠商 2 的產出水準為 $(a-d)/4b$ 時，廠商 1 的最適產出水準為註 6 完全競爭市場的均衡產出水準（$=(a-d)/b$）減掉 $(a-d)/4b$ 後的一半。

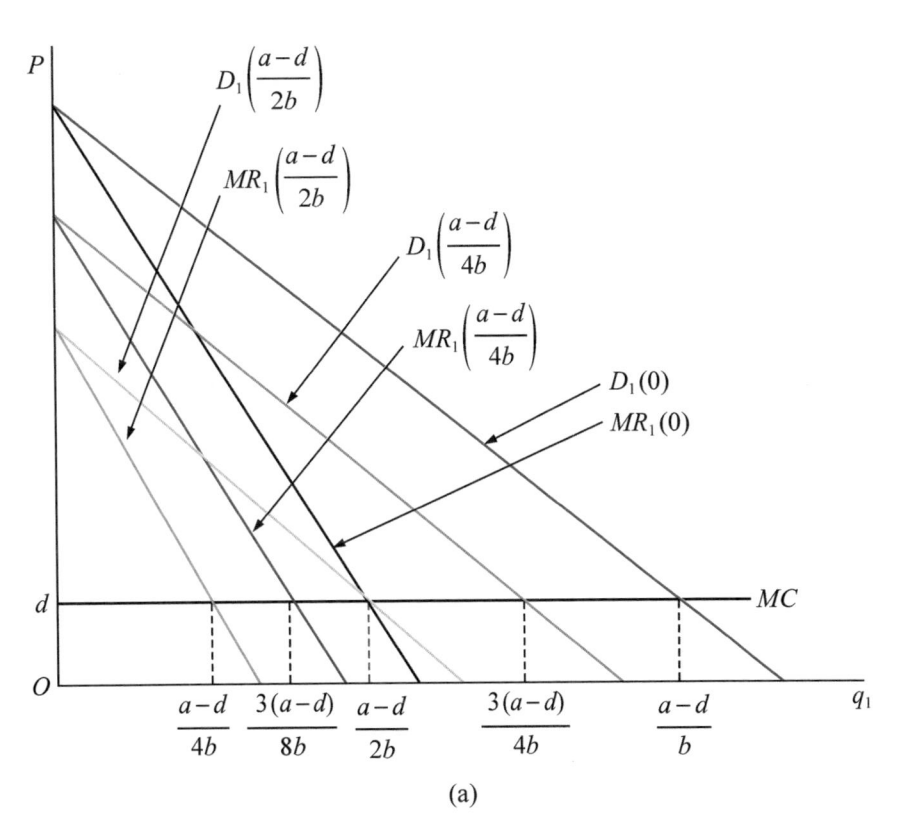

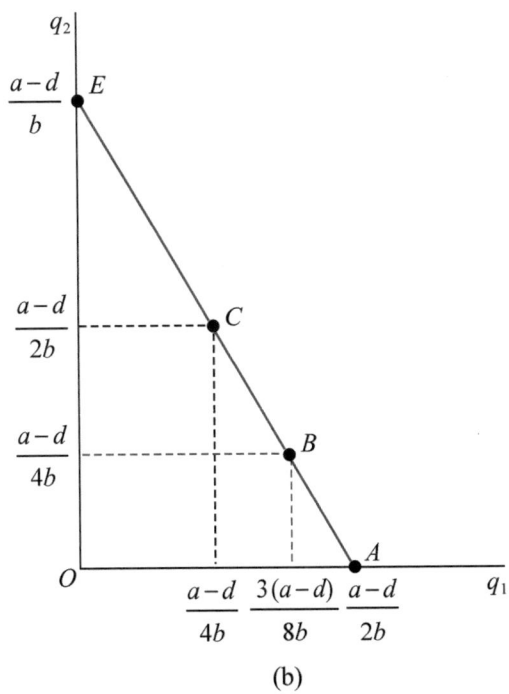

■ 圖 13.7 ■ 剩餘需求與反應曲線的導引

的剩餘需求與邊際收入曲線分別為 D_1（$(a-d)/2b$）與 MR_1（$(a-d)/2b$），根據 $MR=MC$ 利潤最大化條件，廠商 1 的最適產出水準為 $(a-d)/4b$ [8]，將 $q_2=(a-d)/2b$ 與 $q_1=(a-d)/4b$ 對應到圖 13.7(b)，我們得到點 C；當廠商 2 的產出水準為 $(a-d)/b$ 時，廠商 1 的最適產出水準為零，將 $q_2=(a-d)/b$ 與 $q_1=0$ 對應到圖 13.7(b)，我們得到點 E。然後，將點 A、點 B、點 C、點 E 連接起來的軌跡即為廠商 1 的反應曲線。同理，仿照上述步驟，我們亦可得到廠商 2 的反應曲線。

　　將圖 13.5 與圖 13.6 合併成圖 13.8，在競爭對手產出水準給定（given）的情況下，由於每家廠商的反應曲線可告訴它最適產出水準，所以，兩家廠商反應曲線的相交點（點 E_N）即為 Cournot 模型的 Nash 均衡 [9]，簡稱為 Cournot-Nash 均衡。在此均衡點時，每家廠商皆正確地預測競爭對手的產出水準，且獲得本身的最大利潤。又因 Cournot-Nash 均衡是廠商在未有公開（overt）或隱約的（tacit）勾結行為（collusion）下所獲得的，所以，它又被稱為不合作均衡（noncooperative equilibrium）。根據本節第四段的五個假設，在 Cournot-Nash 均衡時，廠商 1 與廠商 2 的最適產出水準皆等於 $(a-d)/3b$；將廠商 1 與 2 的最適產出水準代入市場需求函數，我們可得市場價格為 $(a+2d)/3$；將市場價格與廠商 1 或 2 的最適產出水準代入式（13.1）或式（13.2），廠商 1 與 2 的利潤皆等於 $(a-d)^2/9b$。

　　在 Cournot 模型裡，我們假設：在做決策時，寡賣廠商皆把自己定位為跟從者，且同時做決策。在現實社會裡，有的寡賣廠商卻可能把自己定位為領導者（leader），搶先做決策。在此情況下，兩

---

[8] 當廠商 2 的產出水準為 $(a-d)/2b$ 時，廠商 1 的最適產出水準為註 6 完全競爭市場均衡產出水準（$=(a-d)/b$）減掉 $(a-d)/2b$ 後的一半。

[9] Nash 均衡的定義為：在競爭對手的決策給定或已知情況下，每家廠商皆正進行最佳選擇，且沒意願再進行改變的狀態。

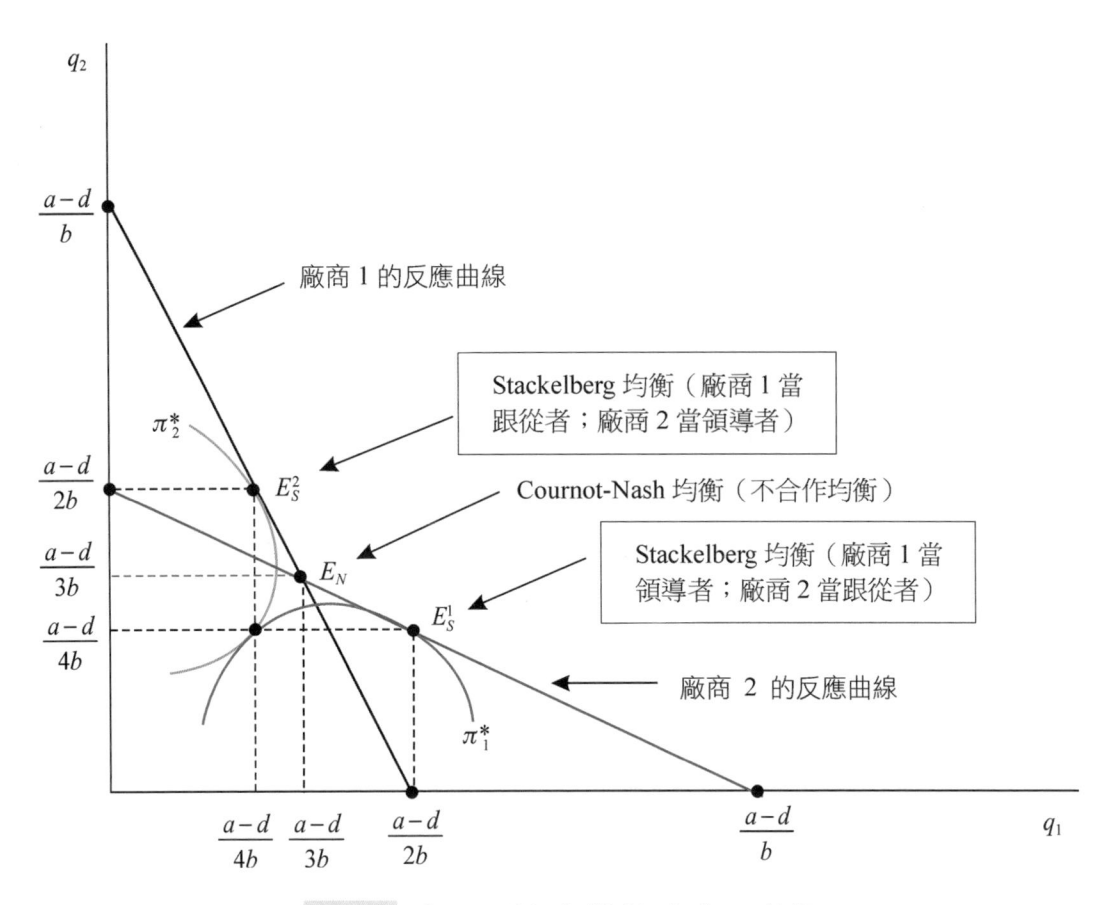

第 13 章　壟斷性競爭與寡賣市場　**287**

圖 13.8 Cournot-Nash 與 Stackelberg 均衡

個有趣問題於是產生：(1)兩家寡賣廠商的最適產出水準還會一樣嗎？(2)捷足先登者（the first mover）會較占優勢嗎？回到圖 13.8 裡，我們可進一步利用 Stackelberg 模型來回答這兩個問題。假設廠商 1 現把自己的定位變成為領導者，廠商 2 仍然扮演跟從者角色，由於廠商 2 仍然將自己定位為跟從者，它的決策點一定會落在它的反應曲線上。知悉上述訊息後，廠商 1 在搶先做決策時，就會從廠商 2 的反應曲線上來尋找到底哪一產出組合點可以讓它自己獲得最大利潤。圖形上，上述廠商 1 的利潤最大化行為就相當於廠商 2 的反應曲線最高可切到廠商 1 的哪一條等利潤曲線。圖 13.8 顯示，廠商 2 的反應曲線最高可切到廠商 1 的 π_1^* 等利潤曲線於點 E_S^1，該切點於是被稱為廠商 1 當領導者、廠商 2 當跟從者的 Stackelberg 均衡點。在點 E_S^1，廠商 1 的最適產出水準為 $(a-d)/2b$，而廠商 2 的最適產出水準為 $(a-d)/4b$ [10]；將廠商 1 與 2 的最適產出水準代入市場需求函數，我們可得市場價格為 $(a+3d)/4$；將市場價格與廠商 1 或 2 的最適產出水準代入式（13.1）或式（13.2），廠商 1 的利潤為 $(a-d)^2/8b$，廠商 2 的利潤為 $(a-d)^2/16b$。與 Cournot-Nash 均衡點（點 E_N）比較，領導者（廠商 1）產出水準增加；跟從者（廠商 2）產出水準減少；通過點 E_S^1 的廠商 1 等利潤曲線之利潤水準會比通過點 E_N 的還高；相反地，通過點 E_S^1 的廠商 2 等利潤曲線之利潤水準會比通過點 E_N 的低。上述比較分析顯示，領導者的確較占優勢，這乃所謂的捷足先登者優勢（the first mover advantage）。相反地，假設廠商 2 把自己定位為領導者，廠商 1 把自己定位為跟從者，Stackelberg 均衡會落在廠商 1 反應曲線與廠商 2 等利潤曲線 π_2^* 的切點（點 E_S^2），與 Cournot-Nash 均衡點比較，廠商 2 的最適產出水準與利潤皆會增加，廠商 1 的最適產出水準與利潤皆會減少。

從 Stackelberg 與 Cournot-Nash 均衡的比較分析結果裡，我們發現，誰若能當領導者，誰就會比較有利。因此，每家寡賣廠商都會想當領導者。現若廠商 1 與廠商 2 皆同時想當領導者，兩種結果可能產生，一種結果是兩家廠商皆增加產出水準至 $(a-d)/2b$，結果，產出組合點為點 E_L，其利潤不僅會比在點 E_S^1 或 E_S^2 的還低，也會比在點 E_N 的還低，這叫作「兩敗俱傷」。另一種結果是兩家廠商透過公開式或隱約式勾結行為減產，勾結可能點為兩家廠商等利潤曲線的相切點（請參考圖 13.9），而這些勾結可能點連接起來的軌跡為勾結曲線（collusion curve）或契約曲線（contract curve）。至於

---

[10] 當廠商 2 把自己定位為跟從者，廠商 1 把自己定位為領導者而先行做決策時，就形同廠商 1 為獨賣廠商，且單獨面對市場需求，於是，其最適產出水準為註 6 完全競爭市場均衡產出水準（$=(a-d)/b$）的一半，而廠商 2 的最適產出水準則為上述完全競爭市場均衡水準減掉廠商 1 的最適產出水準（$=(a-d)/2b$）後的一半。

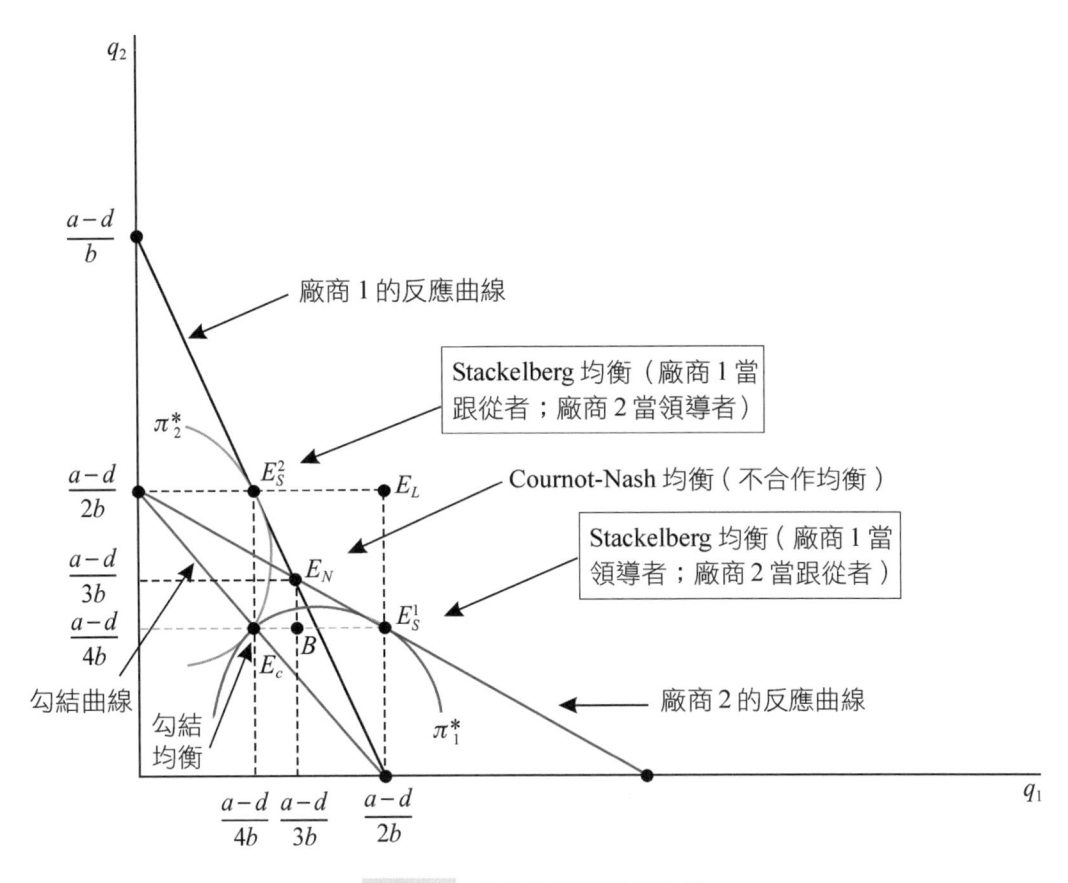

第 13 章　壟斷性競爭與寡賣市場　**289**

圖 13.9 合作均衡不具穩定性

合作或勾結均衡最後會落在勾結曲線上哪一點，則取決於個別寡賣廠商的談判能力。由於兩家廠商的產品品質、生產技術、生產成本及對市場訊息的掌握都一樣，所以，兩家廠商的談判能力應勢均力敵。結果，合作均衡會落在 45° 線與勾結曲線的相交點（點 E_c），兩家廠商的最適產出水準皆為 $(a-d)/4b$ [11]；將兩家廠商的最適產出水準代入需求函數，市場價格為 $(a+d)/2$；將市場價格與廠商 1 或廠商 2 的最適產出水準代入式（13.1）或式（13.2），廠商 1 與 2 的利潤皆為 $(a-d)^2/8b$。與 Cournot-Nash 均衡比較，兩家廠商的產出水

---

[11] 此一結果就相當於兩家廠商先結合成聯合獨賣（joint monopoly）；其次，一起尋找可讓聯合利潤（joint profit）最大的最適產出水準（$=(a-d)/2b$）；然後，再平分該產出水準。

準都減少了,但利潤卻都增加了;與 Stackelberg 均衡比較,兩家廠商的產出水準皆比領導者的少,但其利潤卻都跟領導者的一樣高。

上述比較分析結果顯示,勾結減產會使雙占廠商的利潤至少跟未勾結的一樣高,有可能更高。接下來的問題是:兩家廠商會滿足地永遠遵守勾結協議或默契而停留在點 E_c 嗎?也就是說,在點 E_c 時,任何一家寡賣廠商會有誘因背叛對方嗎?換句話說,點 E_c 具有穩定性(stability)嗎?假設廠商 2 很老實,仍然遵守勾結協議或默契而把產出水準維持在 $(a-d)/4b$,但廠商 1 背叛對方而偷偷增產至 $(a-d)/3b$,產出組合點會落在點 B,跟點 E_c 比較,廠商 1 的利潤增加了,但被背叛的廠商 2 之利潤卻減少了。因此,在點 E_c 時,廠商 1 會有誘因背叛對方。同理,在點 E_c 時,廠商 2 亦會有誘因背叛廠商 1。上述分析顯示,點 E_c 就不具有穩定性。若兩家廠商同時背叛對方,亦即,同時偷偷增產,則產出組合點有可能落在點 E_N 與 E_L 之間,因而會導致兩敗俱傷。於是,兩家廠商就會再度進行公開式或隱約式勾結行為。結果,勾結與背叛反覆進行,這也就是石油輸出國家組織會形成與經常開會的主要原因。

13.3 價格設定寡賣模型

事實上,大多數的寡賣市場幾乎都會存在產品差異性,只是程度高低的差別而已。在這些市場裡,由於產品差異性通常會透過價格差異來反應,所以,寡賣廠商通常會以價格水準作為策略變數,而非產出水準。以雙占市場為例,個別寡賣廠商所面對的需求函數可分別表示如下:

$$Q_1 = f_1 \underset{(-)\ (+)}{(P_1, P_2)} \tag{13.3}$$

$$Q_2 = f_2 \underset{(+)\ (-)}{(P_1, P_2)} \tag{13.4}$$

其中，Q_1 與 Q_2 分別代表消費者對廠商 1 與 2 的需求量；P_1 與 P_2 分別代表廠商 1 與 2 的價格；自變數下方的（＋）與（－）分別代表自變數對應變數的預期影響方向為正向與逆向，具體而言，本身價格上漲不利於本身的需求量，競爭對方價格上漲有助於本身的需求量。於是，廠商 1 與 2 的利潤皆變成是 P_1 與 P_2 的函數。在線性或直線型需求線的假設下，廠商的等利潤曲線形狀會剛好與 Cournot 模型的相反（請參考圖 13.10），且由下往上，離橫軸愈遠，代表廠商 1 的利潤愈大；由左往右，離縱軸愈遠，代表廠商 2 的利潤愈大。當兩家廠商都假定自己改變價格時，對手的價格水準不會改變，

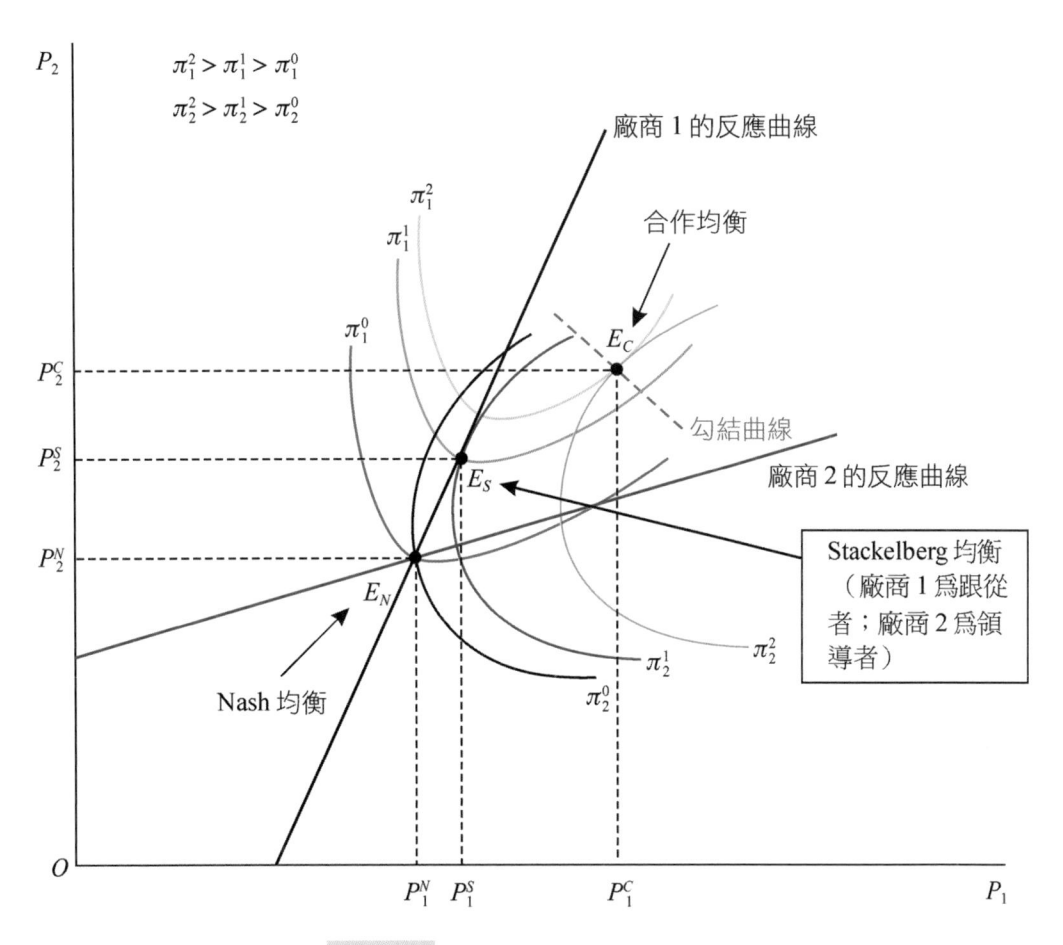

■ 圖 13.10 ■ 價格設定模型的各種均衡

即零猜測變量，則我們就有所謂的 Bertrand 模型。在 Bertrand 模型中，由於競爭對方價格對本身需求量的預期影響方向為正的，所以，個別廠商的反應曲線的斜率為正的。兩家廠商反應曲線的相交點（點 E_N）為 Nash 或 Bertrand-Nash 均衡；當廠商 1 為跟從者，且廠商 2 為領導者時，廠商 1 反應曲線最高可切到廠商 2 的 π_2^1 等利潤曲線於點 E_S，此一切點為 Stackelberg 均衡；當兩家廠商進行公開或隱約勾結時，合作均衡可能落在勾結曲線上的點 E_C。將上述三個均衡點進行比較分析，我們可發現，$P_1^C > P_1^S > P_1^N$，$P_2^C > P_2^S > P_2^N$；寡賣廠商在合作均衡的利潤大於在 Stackelberg 均衡的，後者又大於在 Nash 均衡的；特別值得注意的是，相對於數量設定模型的 Stackelberg 均衡，「捷足先登者優勢」可能不再出現，因為領導者先做決策所獲好處不見得大於跟從者的。

13.4　產業經濟分析

廣義的產業經濟分析或產業經濟學（industrial economics）乃為探討個別廠商在各種不同市場結構裡的決策行為、經營績效與市場運作績效之經濟分析。狹義的產業經濟分析則在探討個別廠商在非完全競爭市場（包括獨賣、壟斷性競爭與寡賣市場）裡的決策行為、經營績效與市場運作績效。一般而言，產業經濟分析之研究取向（approaches）或方法（method）至少可分為三種。第一種為價格理論（price theory）：利用個體或微觀經濟（microeconomic）模型探討廠商決策行為、經營績效與市場運作績效，這部分我們已在第十章、第十二章與本章前三節介紹過；第二種為賽局理論（game theory）：利用具有互動關係的決策分析方法探討個別廠商在寡賣市場的最佳策略，這一部分我們將在第十四章介紹；第三種為結構－行為－績效學說（structure-conduct-performance paradigm）：探討不同市場結構裡的廠商在各種政府政策下，如何透過各種不同的經營行為來改善本身的經營績效與影響市場運作績效，此乃本節的主要探討內容。

　　本質上，產業經濟分析的第一種與第三種研究取向是相輔相成的，前者提供後者的理論基礎；後者可透過實證估計來驗證前者的演繹或推導結果。例如，在第十二章裡，經由傳統成本效益分析方法，我們發現，獨賣的市場價格高於完全競爭的，獨賣的市場交易量低於完全競爭的，獨賣市場的社會福利小於完全競爭市場的；13.1節的比較分析結果亦顯示，壟斷性競爭市場的市場價格高於完全競爭的，壟斷性競爭市場的交易量低於完全競爭的，壟斷性競爭的社會福利是否大於完全競爭市場的，則取決於產品差異性對消費者剩餘的正面效益大小；至於獨賣市場與完全競爭市場以及非完全競爭三種市場之間的比較分析，透過將 13.2 節數量設定寡賣模型第一個假設的廠商家數從 2 擴增為 n，且其他假設維持不變之後，我們可得個別廠商的最適產量（q_i^*）、市場均衡交易量（Q^*）、市場價格（P^*）與個別廠商的獲利能力（profitability）或營業獲利率（$\pi\%$）分別如下[12]：

$$q_i^* = \frac{a-d}{(n+1)b} \tag{13.5}$$

$$Q^* = \frac{n(a-d)}{(n+1)b} \tag{13.6}$$

$$P^* = \frac{a+nd}{n+1} \tag{13.7}$$

$$\pi\% = \frac{a-d}{a+nd} \tag{13.8}$$

　　隨著廠商數（n）從 1 逐漸增加到很多（∞）家，亦即，市場結構從獨賣變成寡賣、壟斷性競爭或完全競爭，式（13.5）至（13.8）的對應結果如表 13.1。

---

[12] 有關式（13.5）至（13.8）的推導過程，請參考 Reekie, W. Duncan (1989), *Industrial Economics*, England: Edward Elgar Publishing Limited.

■ 表 13.1 ■ 廠商家數遞增對市場均衡產量、價格與廠商獲利能力的影響

變數＼n	1	2	……	∞
Q	$\dfrac{a-d}{2b}$	$\dfrac{2(a-d)}{3b}$	……	$\dfrac{a-d}{b}$
P	$\dfrac{a+d}{2}$	$\dfrac{a+2d}{3}$	……	d
$\pi\%$	$\dfrac{a-d}{a+d}$	$\dfrac{a-d}{a+2d}$	……	0

　　表 13.1 顯示，隨著廠商家數的逐漸增加，市場交易量會逐漸遞增，市場價格會逐漸遞減（因為 $a>d$），社會福利會逐漸遞增（因為 P 下降，且 Q 增加），個別廠商的獲利能力會逐漸遞減。此外，13.1 節的分析結果顯示，當廠商的產品具有差異性時[13]，其最適價格會高於完全競爭情況下的，且社會福利會有無謂損失出現；12.5 節的分析結果顯示，具有壟斷力的廠商可透過差別取價與兩部定價行為來提升其利潤；13.2 節的分析結果顯示，寡賣廠商可透過勾結行為來哄抬市場價格及提升其利潤。在產業經濟分析或產業經濟學裡，廠商家數與產品差異性屬市場結構因素；差別取價、兩部定價與勾結行為屬廠商經營行為；獲利能力屬廠商經營績效；社會福利屬市場運作績效。上述分析結果可歸納為：在不同的市場結構裡，因為結構因素的不同，個別廠商可能就會有不同經營行為，進而使其擁有不同經營績效，最後，市場運作績效亦可能會有所差異。此一單向因果關係即為早期的哈佛產業經濟學派或結構－行為－績效學說（請參考圖 13.11）[14]。

　　面對批評與挑戰，結構－行為－績效學說不斷地修正與擴展，其新版涵蓋範圍與項目如圖 13.12 所示。首先，除了賣方家數、買方人數與產品差異性外，市場結構因素增加了個別廠商市場占有率

---

[13] 在實證研究或實務上，產品差異性的衡量指標有二：廣告密集度（advertisement intensity）與研究發展密集度（research and development intensity），前者的衡量公式為廣告費用除以營業額；後者的衡量公式為研究發展費用除以營業額。

[14] 此一學說亦為企業管理個案研究取向的來源所在，以及歐美早期公平交易法的理論基礎。

```
        ┌─────────┐
        │  結 構  │
        └────┬────┘
             ↓
        ┌─────────┐
        │  行 為  │
        └────┬────┘
             ↓
        ┌─────────┐
        │  績 效  │
        └─────────┘
```

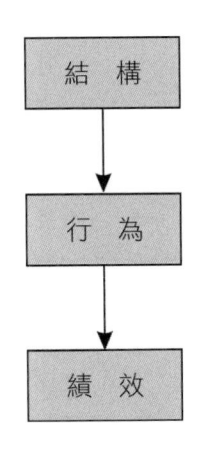

圖 13.11 早期結構–行為–績效學說

分配與市場集中度（the degree of market concentration）[15]，前者係突顯規模較大的廠商可能具有較高壟斷力與獲利能力；後者係綜合賣方家數（或買方人數）與市場占有率來衡量市場操控在少數賣方（或買方）手中的程度，其衡量指標有前 r（r 可能等於 4、6 或 8）大集中比（the concentration ratio of top r buyers or sellers；簡稱 CRr）與 Herfindahl-Hirschman 指數（Herfindahl-Hirschman index；簡稱 HHI）兩種[16]。除了定價策略與勾結行為外，廠商經營行為增加了產品選擇、廣告策略、研究發展、水平或垂直合併（horizontal or vertical integration）、多角化（diversification）與關說[17]。除了獲利能力作為廠商經營績效指標與社會福利作為市場運作績效指標外，績效指標增加了效率與技術進步兩項[18]。其次，結構–行

---

[15] 某家廠商市場占有率等於該家廠商產出水準或營業額除以所有廠商產出水準或營業額的加總。

[16] CRr 等於前 r 大廠商市場占有率的加總；HHI 等於所有廠商市場占有率平方的加總。

[17] 水平合併乃指生產同類產品廠商的合併；垂直合併乃指具有上、下游生產關係之廠商的合併；廣義的多角化乃指同一家廠商生產兩種以上產品之行為。

[18] 個別廠商的效率指標至少又可進一步分為：技術效率、規模效率（scale efficiency）、分派效率（allocation efficiency）與成本效率（cost efficiency），詳細說明請參考 Wang, Kuo-Liang, Yeh-Tai Tseng & Chih-Chang Weng (2003), "A Study of Production Efficiencies of Integrated Securities Firms in Taiwan," *Applied Financial Economics*, Volume 13, Number 3, 159-167.

```
┌─────────────────────────────────┐
│          市場基本條件              │
│                                 │
│  需求面：         供給面：         │
│  • 消費行為特性    • 生產技術      │
│  • 需求彈性       • 規模經濟      │
│  • 需求成長率     • 多樣化經濟     │
└─────────────────────────────────┘
                 ↓
┌─────────────────────────────────┐
│            結 構                 │
│                                 │
│  • 賣方家數及買方人數             │
│  • 市場占有率分配                 │
│  • 市場集中度                    │
│  • 產品差異性                    │
└─────────────────────────────────┘
                 ↓
┌─────────────────────────────────┐      ┌──────────────┐
│            行 為                 │      │   政府政策    │
│                                 │      │              │
│  • 定價策略                      │      │ • 產業政策   │
│  • 勾結行為                      │ ←──→ │ • 管制       │
│  • 產品選擇                      │      │ • 公平交易法 │
│  • 廣告策略                      │      │ • 總體政策   │
│  • 研究發展                      │      └──────────────┘
│  • 水平或垂直合併                 │
│  • 多角化                        │
│  • 關說                          │
└─────────────────────────────────┘
                 ↓
┌─────────────────────────────────┐
│            績 效                 │
│                                 │
│  • 獲利能力                      │
│  • 社會福利                      │
│  • 效率                          │
│  • 技術進步                      │
└─────────────────────────────────┘
```

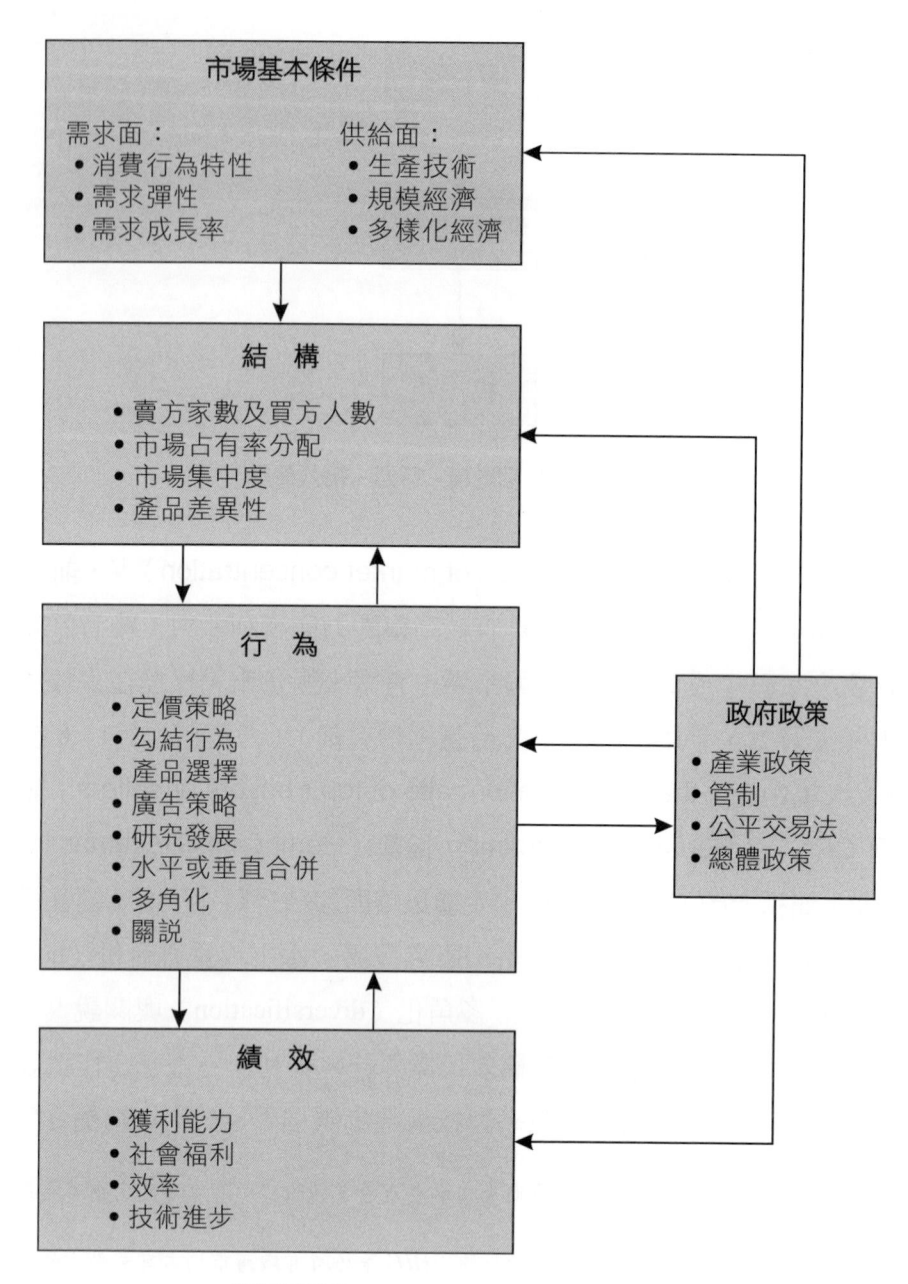

圖 13.12 新版結構－行為－績效學說

為－績效的單向關係變成雙向（two-way）關係，譬如，透過水平合併的進行，廠商家數會減少，市場集中度會提高；獲利能力的提升可以強化廠商進行研究發展的意願。另外，由於市場供需面的基本條件會影響市場結構因素，例如，規模經濟的存在會使市場變成自然獨賣，所以，亦被引進結構－行為－績效學說裡。最後，政府政策（包含產業政策、管制、公平交易法與總體政策）亦被引進，因為它可能會單向影響市場基本條件、市場結構因素與績效指標；且可能與廠商經營行為具有雙向關係。譬如，擴張性（expansionary）總體（財政或貨幣）政策會提高需求成長率；解除管制會增加廠商家數，降低市場集中度；產業政策有關研究發展投資的租稅減免會激勵廠商進行研究發展，並提高其獲利能力；廠商透過對政府官員與民意代表的關說，可以影響政府政策的擬定。

有關結構－行為－績效學說在臺灣的應用與實證研究，請參考：

1. Wang, Kuo-Liang, Yeh-Tai Tseng & Chih-Chang Weng (2003), "A Study of Production Efficiencies of Integrated Securities Firms in Taiwan," *Applied Financial Economics*, Volume 13, Number 3, 159-167.

2. Wang, Kuo-Liang, Chih-Chang Weng & Mei-Lin Chang (2001), "A Study of Technical Efficiencies of Travel Agencies in Taiwan," *Asia Pacific Management Review*, Volume 6, Number 1, 72-89.

3. Cheng, Ting-Wong, Kuo-Liang Wang & Chih-Chiang Weng (2000), "A Study of Technical Efficiencies of CPA Firms in Taiwan," *Review of Pacific Basin Financial Markets and Policies*, Volume 3, Number 1, 27-44.

4. Cheng, Ting-Wong, Kuo-Liang Wang & Chih-Chiang Weng (2000), "Economies of Scale and Scope in Taiwan's CPA Service Industry," *Applied Economics Letters*, Volume 7, 409-414.

5. 王國樑、翁志強、張美玲，〈臺灣綜合證券商技術效率探討〉，證券市場發展季刊，第 10 卷第 2 期，民國 87 年 12 月，頁 93-116。

6. 王國樑，〈進口競爭對臺灣中游石化業獲利率與產業集中度之影響〉，經濟論文，第 25 卷第 1 期，民國 86 年 3 月，頁 45-68。

7. 王國樑，〈多樣化經濟實證方法再探討：以臺灣旅行業為例〉，中國統計學報，第 34 卷第 2 期，民國 85 年 6 月，頁 97-114。

8. 王國樑，〈放寬進入管制對臺灣民航業服務品質之影響〉，管理科學學報，第 13 卷第 1 期，民國 85 年 3 月，頁 153-172。

9. 王國樑、翁志強，〈臺灣地區旅行業規模與多樣化經濟之探討〉，臺大管理論叢，第 7 卷第 1 期，民國 85 年 2 月，頁 85-104。

10. 王國樑、余威廷，〈臺灣證券業規模與多樣化經濟之探討〉，證券市場發展季刊，第 7 卷第 3 期，民國 84 年 7 月，頁 125-144。

關鍵詞

齊質寡賣　Homogeneous oligopoly　276
異質寡賣　Heterogeneous oligopoly　276
策略　Strategy　279
數量設定模型　Quantity-setting model　279-280
價格設定模型　Price-setting model　280
零猜測變量　Zero conjectural variation　280
等利潤曲線　Isoprofit curve　281
反應曲線或函數　Reaction curve or function　282
剩餘需求　Residual demand　283
不合作均衡　Noncooperative equilibrium　286

捷足先登者優勢　The first mover advantage　288
勾結曲線　Collusion curve　288
契約曲線　Contract curve　288
賽局理論　Game theory　292
結構－行為－績效學說　Structure-conduct-performance paradigm　292
市場集中度　The degree of market concentration　295
前 r 大集中比　The concentration ratio of top r buyers or sellers　295
Herfindahl-Hirschman 指數　Herfindahl-Hirschman index　295

問題與應用

1. 請用圖形說明：在長期均衡時，即使在非完全競爭市場，個別廠商的利潤亦可能為零。

2. 不管在任何市場結構裡，在長期均衡時，若欲個別廠商利潤為零，該市場的廠商家數必須要很多，妳（你）同意嗎？

3. 在古今中外歷史裡，寡賣市場的聯合（勾結）行為通常不具穩定性，妳（你）同意嗎？

4. 有關歐盟指控韓國 LGD 與臺灣四家面板廠聯合壟斷，違反「反托拉斯法」，而受歐盟裁罰，但三星因轉為汙點證人，而免於受罰的問題上，自由時報在 2010 年 12 月 11 日的報導中提及「郭台銘說，不論臺灣面板廠是二虎還是三貓，最大的老虎還是韓國的三星及 LGD，若他們老大及老二不參加主導面板價格，臺灣的老三、老四決定有用嗎？」。上述報導說明聯合（勾結）行為不具穩定性，妳（你）同意嗎？

5. 廠商在 Cournot-Nash 均衡所獲得之利潤通常會比在 Bertrand-Nash 均衡所獲得的還低，妳（你）同意嗎？

6. 當齊質性寡賣市場的廠商以價格為決策變數，在 Nash 均衡時，個別廠商的利潤必為零，妳（你）同意嗎？

7. 假設：
   (A1) 在某一產業裡，只存在著兩家廠商，其產品品質與生產技術完全一樣。
   (A2) 兩家廠商之固定成本為零，邊際成本為每單位 14 元。
   (A3) 市場需求函數為：$P=50-0.001 \cdot X$，其中，$X=X_1+X_2$，X_1 代表第一家廠商之產出水準，X_2 代表第二家廠商之產出水準。
   (A4) 兩家廠商在做決策時，均相信其他廠商之產出水準不會因它的產出水準變動而變動。

   根據上述假設，請問：
   (1) 當兩家廠商皆追求最大利潤時，其反應函數為何？

(2) Cournot-Nash 均衡解（包括兩家廠商之產出與利潤水準）為何？

(3) 如果第一家廠商變為 Stackelberg 模型中的領導廠商，其均衡解（包括兩家廠商之產出與利潤水準）為何？

(4) 如果兩家廠商勾結成聯合獨賣，其均衡解（包括兩家廠商之產出與利潤水準）為何？

CHAPTER 14

賽局理論

14.1 賽局的定義
14.2 賽局的分類
14.3 常態式賽局理論
14.4 常態式賽局在寡賣市場的應用

在第十三章寡賣市場裡，由於個別廠商的利潤不僅會受到本身決策的影響，同時也會受到競爭對手決策的影響，所以，每家寡賣廠商在做決策時，會將競爭廠商對自己決策的可能反應列入考慮。也就是說，寡賣廠商的決策是在具有互動關係情況下做的。

雖然傳統的經濟分析工具仍可被用來探討每家寡賣廠商的最佳策略，但還有許多有關互動關係與策略篩選的具體且細微的問題尚未被探討。譬如，為何有些寡賣市場的廠商會進行勾結或聯合行為？為何另有些寡賣市場的廠商會競爭得非常激烈？為何有些寡賣廠商會願意花錢做廣告？為了回答這些問題，我們將引進賽局理論（the theory of game）當分析工具。本章將首先介紹賽局的定義[1]；其次，引用各種不同標準來介紹賽局分類；然後，介紹尋找常態式賽局最佳策略的步驟與方法；最後，則嘗試應用常態式賽局理論到寡賣廠商廣告與價格設定決策問題。

14.1 賽局的定義

在日常生活裡，當某一個人自己在玩丟骰子，或以撲克牌在玩接龍，我們不會說她（他）在參與賽局；但，當她（他）與另一個人在玩象棋、西洋棋、蜜月橋牌，或與另外三個人在玩麻將、橋牌、拱豬時，我們會稱她（他）在參與賽局。造成上述差異的主要關鍵在於：參與者人數與決策特性，在前者，參與者只有一人，她（他）根本不需要去考慮別人可能會怎麼做；在後者，參與者至少要有二人，且每一參與者的最後所得結果或命運同時取決於所有參與者的決策，所以，每一個參與者在做決策時，必須考慮到其他參與者的可能反應，亦即，參與者在做決策時，彼此之間具有互動關係。因此，賽局之所以能成立的二要件為：(1)參與者至少要有二人；(2)參與者在做決策時，彼此之間需具有互動關係。於是，賽局可簡單

---

[1] 除了賽局外，game 的中文翻譯還包括競局、博奕、遊戲。

定義為：二人以上具有互動關係的決策處境。根據此定義，賽局的參與者乃被稱為**參賽者**（players）；參賽者的決策因具有互動關係，乃被稱為策略；而在結局或賽局終了時，參賽者可獲得的最後報酬（final return）乃被稱為報償（payoff）。

　　從比較嚴謹的角度來檢視的話，現實社會的賽局裡，通常會存在著一套用來規範參賽者行為與說明參賽者在每一策略組合可能獲得之報償的遊戲規則（the rule of the game）。因此，賽局的較嚴謹定義乃是：一套用來規範與說明二人以上具有互動關係之決策與每一決策組合所對應之報償的遊戲規則。具體而言，這套遊戲規則必須明確交代：(1)參賽資格或參賽者是誰；(2)參賽者做決策的順序；(3)有哪些策略可供參賽者篩選；(4)在所有參賽者都已篩選策略之後，每一參賽者可從每一策略組合獲得之報償。

14.2　賽局的分類

　　不管在理論上，或者實務上，根據不同的標準，我們可將賽局進行不同的分類。若以參賽人數來區分的話，當參賽者只有二人時，該種賽局為 2 人賽局（2-person game）；當參賽者有三人以上時，該種賽局為 n 人賽局（n-person game）。若以參賽者決策次數來區分的話，當參賽者只能做一次決策時，該種賽局為**單局賽局**（one-shot game）；當參賽者被允許無限制地反覆做決策時，該種賽局為**重複賽局**（repeated 或 super game）。若以參賽者在篩選最佳策略時是否具有隨機性或多元性來區分的話，當參賽者在同一時間只能選一種策略作為最佳策略時，該種賽局為**單一策略賽局**（pure-strategy game）；當參賽者在同一時間可選兩種以上策略作為最佳隨機（random）策略組合時[2]，該種賽局為**混合策略賽局**（mixed-

---

[2] 譬如，50% 的機率選第一種策略，30% 的機率選第二種策略，20% 的機率選第三種策略。

strategy game）。若以賽局本質特性（the nature of the game）來區分的話，當參賽者之間未有任何勾結或聯合空間存在時，該種賽局為非合作性賽局（non-cooperative game）；當參賽者之間有勾結或聯合誘因存在時，該種賽局為合作賽局（cooperative game）。

此外，若以表達方式來區分的話，我們可有三種不同表達方式的賽局如下：

一 樹枝狀賽局

假設：(1)在某一寡賣市場裡，存在著兩家廠商：廠商 A 與廠商 B；(2)兩家廠商可篩選的策略皆只有兩種：低廣告支出（L）與高廣告支出（H）；(3)決策階段分成兩階段，第一階段由廠商 A 先選策略，第二階段再由廠商 B 選策略；(4)廠商 B 在選策略時，並不知道廠商 A 選了哪一種策略[3]；(5)廠商 A 與 B 可能獲得的報償列示於圖 14.1 賽局樹（the game tree）的右端括弧裡，每一括弧內的第一個數字代表廠商 A 可能獲得的報償，第二個數字代表廠商 B

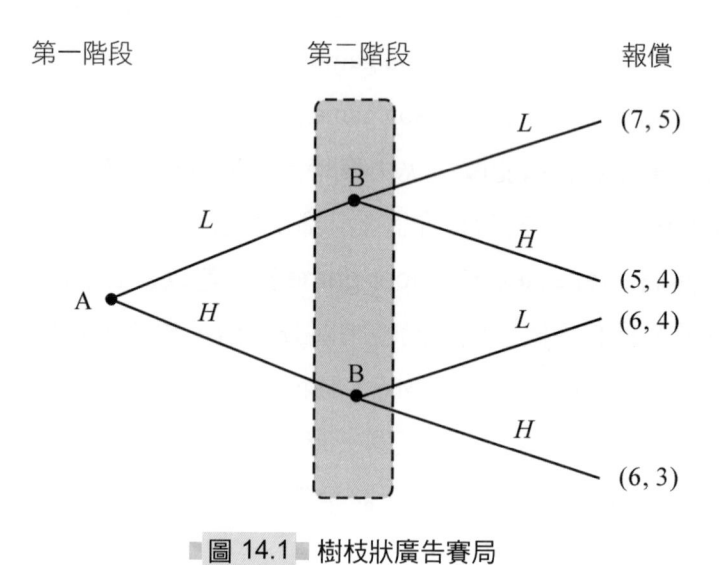

圖 14.1 樹枝狀廣告賽局

---

[3] 此一假設相當於假設參賽者同時做決策（simultaneous move）。

可能獲得的報償。根據上述假設,我們可用圖 14.1 的表達方式說明了上述廣告賽局的具體內容,由於此一型態的表達方式與樹枝形狀很像,所以,被稱為樹枝狀賽局(game in the extensive form)。

二 常態或矩陣式賽局

針對圖 14.1 樹枝狀廣告賽局,我們亦可以表 14.1 的方式表達如下:

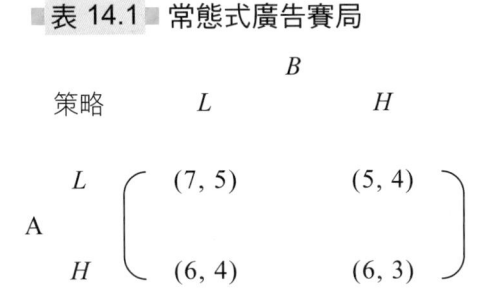

表 14.1 常態式廣告賽局

	B	
策略	L	H
A　L	(7, 5)	(5, 4)
A　H	(6, 4)	(6, 3)

由於此一型態的報償表達方式與線性代數的矩陣很像,所以,被稱為矩陣式賽局(game in the matrix form)。又由於此一表達方式在賽局理論裡最普遍被採用,所以,又被稱為常態式賽局(game in the normal form)。

理論上,樹枝狀與常態式等兩種表達方式的賽局皆被設計來幫助參賽者尋找最佳策略。但,相對於常態式賽局,樹枝狀賽局至少有兩個優點:(1)它可容許兩參賽者同時或在不同時間做決策,但常態式賽局卻只能容許兩參賽者同時做決策;(2)它可容納三位以上的參賽者,但常態式賽局卻只能容納兩位。

三 特徵函數形式賽局

當參賽者有三人以上時,賽局理論通常採用特徵函數形式來表達。舉例而言,若參賽者有三人:A、B 與 C,則我們必須先尋找其可能形成的聯盟（coalitions）有 7（$=2^3-1$）種如下[4]：

(一)單獨聯盟（Trivial Coalitions）

$\{A\}$、$\{B\}$、$\{C\}$

(二)中間聯盟（Intermediate Coalitions）

$\{A, B\}$、$\{A, C\}$、$\{B, C\}$

(三)大同盟（the Grand Coalition）

$\{A, B, C\}$

針對上述 7 種可能聯盟，我們進一步利用最大最小原理（the maximin principle）尋找每一種聯盟的特徵函數值（the characteristic function value）或基本談判籌碼如下：$V(\{A\})$、$V(\{B\})$、$V(\{C\})$、$V(\{A, B\})$、$V(\{A, C\})$、$V(\{B, C\})$、$V(\{A, B, C\})$。

此種表達方式的賽局通常應用在 n 人賽局，且係用來探討：(1)參賽者之間是否有可能合作？(2)若有可能，是所有參賽者皆/或部分參賽者參與合作？(3)合作之後，報償應如何進行分配[5]。

14.3 常態式賽局理論

上一節雖然介紹了三種不同表達方式的賽局，但在寡賣市場裡，最常被利用來探討最佳策略的就是 2 人常態式賽局。因此，本節將僅介紹具有互動關係的參賽者如何利用常態式賽局來尋找最佳單一策略。

假設：(1)在某一賽局裡，只存在著兩位參賽者：A 與 B；(2)參賽者 A 有 m 種策略可供其選擇，參賽者 B 有 n 種策略可供其選擇；(3)兩參賽者在同一時間做決策，或在做決策時，並不知道參賽對手

---

[4] 若參賽者有 n 人，扣除空集合（empty set）後，可能形成的聯盟數目為 2^n-1。
[5] 在經濟學裡，較常利用特徵函數形式賽局的領域有：公共選擇（public choice）、國際貿易、經濟管制。

選了哪一種策略；(4)兩參賽者在做決策時，皆擁有充分訊息；(5)此一賽局的報償矩陣（payoff matrix）列示於表 14.2 如下：

■表 14.2 ■ 常態式賽局

$$A \begin{array}{c} \text{策略} \\ 1 \\ 2 \\ \cdot \\ \cdot \\ \cdot \\ m \end{array} \begin{array}{c} B \\ \begin{array}{cccc} 1 & 2 & \cdots & n \end{array} \\ \begin{bmatrix} (a_{11}, b_{11}) & (a_{12}, b_{12}) & \cdots & (a_{1n}, b_{1n}) \\ (a_{21}, b_{21}) & (a_{22}, b_{22}) & \cdots & (a_{2n}, b_{2n}) \\ \cdot & \cdot & \cdots & \cdot \\ \cdot & \cdot & \cdots & \cdot \\ \cdot & \cdot & \cdots & \cdot \\ (a_{m1}, b_{m1}) & (a_{m2}, b_{m2}) & \cdots & (a_{mn}, b_{mn}) \end{bmatrix} \end{array}$$
$$= [(a_{ij}, b_{ij})]$$

其中，$i=1, 2, \cdots\cdots, m$；$j=1, 2, \cdots\cdots, n$；a_{ij} 與 b_{ij} 分別代表當參賽者 A 採策略 i（$i=1, 2, \cdots\cdots, m$）且參賽者 B 採策略 j（$j=1, 2, \cdots\cdots, n$）時各自可獲得的報償。對於所有的 i（$i=1, 2, \cdots\cdots, m$）與 j（$j=1, 2, \cdots\cdots, n$），若 $a_{ij}+b_{ij}=C$，其中，C 為常數，也就是說，報償矩陣裡所有小括弧內兩參賽者報償之和皆相等，則上述 2 人賽局屬於常數和賽局（constant-sum game）。在不改變賽局本質的前提下，透過簡單轉換，常數和賽局可輕易地變為零和賽局（zero-sum game）[6]。所以，常數和賽局通常亦被稱為零和賽局。在常數和或零和賽局裡，當有一參賽者的報償增加（減少）了 k 單位，另一參賽者的報償必定反向減少（增加）k 單位，此一結果隱含：兩位參賽者必定處於完全敵對的立場。因此，在常數和或零和賽局裡，兩位參賽者絕對不可能合作。

若 $a_{ij}+b_{ij} \neq C$，也就是說，只要報償矩陣中有一小括弧內兩參賽

---

[6] 報償矩陣內所有小括弧內兩參賽者的報償皆減掉 $C/2$ 後，常數和賽局自然就變成零和賽局。

者的報償之和與其他小括弧內的不同,該 2 人賽局即屬於非常數和賽局(non-constant-sum game)。接著,在非常數和賽局裡,對於所有的 i($i=1, 2, \cdots\cdots, m$)與 j($j=1, 2, \cdots\cdots, n$),若 $a_{ij}-b_{ij}=k$,其中,k 為常數,也就是說,報償矩陣裡所有小括弧內兩參賽者報償之差皆一樣,則該 2 人賽局即屬常數差賽局(constant-difference game)。在常數差賽局裡,當有一參賽者的報償增加(減少)了 k 單位,另一參賽者的報償必定也同樣地增加(減少)k 單位,此一結果隱含:兩位參賽者為命運共同體。因此,在常數差賽局裡,兩位參賽者一定會合作。最後,若 $a_{ij}-b_{ij}\neq k$,則該 2 人賽局屬於非常數差賽局(non-constant-difference game)。在非常數差賽局裡,兩位參賽者可能合作,也有可能不合作。

介紹完了 2 人常態式賽局的本質特性後,接下來,我們將進一步探討如何利用常態式賽局來幫參賽者找出最佳策略。首先,我們得檢驗 2 人賽局是否為常數差賽局。以表 14.3 為例,

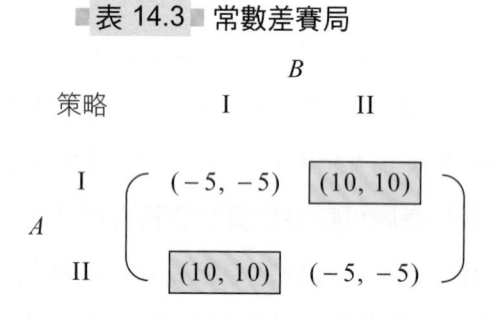

表 14.3 常數差賽局

$$
\begin{array}{c}
& & B \\
策略 & \quad\text{I} & \quad\text{II} \\
A \begin{array}{c} \text{I} \\ \text{II} \end{array} & \left(\begin{array}{cc} (-5, -5) & \boxed{(10, 10)} \\ \boxed{(10, 10)} & (-5, -5) \end{array} \right)
\end{array}
$$

由於報償矩陣內每一小括弧內兩參賽者的報償之差皆等於 0,所以,此一 2 人賽局屬常數差賽局。兩參賽者一定會合作,而合作的方式為:若參賽者 A 採策略 I,則參賽者 B 的最佳策略為策略 II;反之,若參賽者 A 採策略 II,則參賽者 B 的最佳策略為策略 I。

其次,若 2 人賽局非屬常數差賽局,則下一步驟為尋找優勢策略(dominant strategy)是否存在[7]。以表 14.4 為例,

表 14.4　嫌疑犯困境

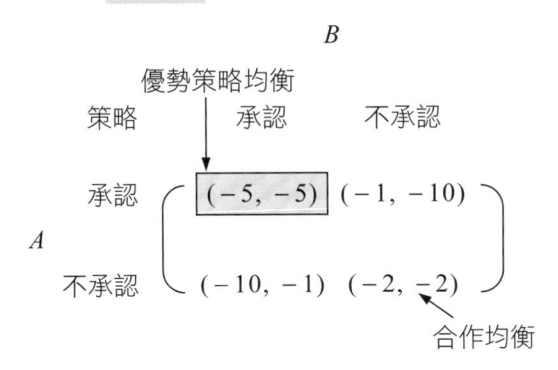

$$
\begin{array}{c}
\quad\quad\quad\quad\quad\quad B \\
\quad\text{策略}\quad\text{承認}\quad\;\text{不承認} \\
A\quad
\begin{array}{c}\text{承認}\\ \text{不承認}\end{array}
\begin{pmatrix} (-5,\,-5) & (-1,\,-10) \\ (-10,\,-1) & (-2,\,-2) \end{pmatrix}
\end{array}
$$

（左上方框 (−5, −5) 為優勢策略均衡；右下方 (−2, −2) 為合作均衡）

由於報償矩陣內左上方小括弧內兩參賽者報償之和（= −10）與之差（= 0）皆不等於右上方小括弧內的（分別為 −11 與 9），所以，此一賽局既不屬常數和賽局，也不屬常數差賽局。無論如何，表 14.4 的報償矩陣顯示，不管嫌疑犯 B 採哪一策略，嫌疑犯 A 若採「承認」策略，所得報償皆大於「不承認」策略的。因此，在不合作或沒有串供（包含收押禁見）的情況下，「承認」乃是嫌疑犯 A 的優勢與最佳策略；同理，「承認」亦是嫌疑犯 B 的優勢與最佳策略。結果，**優勢策略均衡**（dominant strategy equilibrium）或不合作均衡落在報償矩陣左上方的（−5, −5）。相反地，若容許交保或與律師、親友會面，在可串供或勾結的情況下，兩嫌疑犯皆會採「不承認」策略。結果，合作均衡會落在報償矩陣右下方的（−2, −2）。此時，檢察官會再度申請收押禁見；然後，分別提供誘因給嫌疑犯背叛對方而改採「承認」策略，譬如，若嫌疑犯 B 堅持「不承認」策略，檢察官可承諾嫌疑犯 A：如能「承認」，將從輕量刑。此一結果會落在報償矩陣的右上方，嫌疑犯 A 的報償改善為 −1，但嫌疑犯 B 的報償下降為 −10，故嫌疑犯 A 會有誘因背叛嫌疑犯 B。同理，在合作均衡時，嫌疑犯 B 亦有誘因背叛對方。當兩嫌疑犯皆背叛對方而改採「承認」策略，均衡又會回到（−5, −5）。上述分析突顯，嫌

---

[7] 不管參賽對手如何做或採用哪一種決策，可確保參賽者獲得最大報償或最佳結果的策略，乃為該參賽者的優勢策略。

疑犯的合作或串供不具穩定性，也合理化了檢察官收押禁見的申請。

其實，在非常數和且非常數差的賽局裡，不見得每一參賽者皆可找到優勢策略。以表 14.5 為例，

表 14.5 一參賽者未有優勢策略的賽局

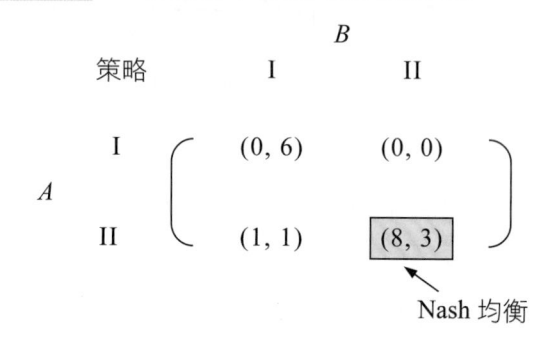

$$
\begin{array}{c}
\text{策略} \\
A \quad
\begin{array}{c} \text{I} \\ \text{II} \end{array}
\end{array}
\begin{array}{c}
B \\
\begin{array}{cc} \text{I} & \text{II} \end{array} \\
\begin{pmatrix} (0,6) & (0,0) \\ (1,1) & \boxed{(8,3)} \end{pmatrix}
\end{array}
$$

Nash 均衡

此一賽局的報償矩陣顯示，參賽者 A 有優勢策略存在，且其為策略 II。至於參賽者 B 則未有優勢策略存在。於是，在參賽者 A 採策略 II 的情況下，參賽者 B 的最佳策略為策略 II。結果，Nash 或不合作均衡落在報償矩陣右下方的 (8, 3)。

最後，在非常數和且非常數差的賽局裡，每一參賽者可能都找不到優勢策略。以表 14.6 為例，上述報償矩陣顯示，參賽者 A 與 B 皆找不到優勢策略。在此情況下，參賽者可利用最大最小原理來尋找最佳策略。所謂最大最小原理指的是，在最壞情況下，最好可得到多少；或在競爭對手採取對妳（你）最不利的策略時，妳（你）最有利的策略是哪一個。對於參賽者 A 而言，若其採策略 I，最壞情況下得到 3；若其採策略 II，最壞情況下得到 1；而在上述最壞情況下，若參賽者 A 採策略 I，她（他）最多可得到 3，因此，策略 I 乃是參賽者 A 的最大最小或最佳策略（the maximin strategy）[8]。同理，對於參賽者 B 而言，若其採策略 I，最壞情況下得到 1；若其採策略 II，最壞情況下得到 0；而在上述最壞情況下，若參賽者 B

---

[8] 在參賽對手採取某一參賽者最不利的策略下，可確保該參賽者獲得最大報償或最有利結果的策略乃為最大最小策略。

採策略 I，她（他）最多可得到 1，因此，策略 I 乃是參賽者 B 的最大最小或最佳策略。結果，最大最小策略或 Nash 均衡會落在報償矩陣的左上方 (3, 6)。

表 14.6　未有優勢策略的賽局

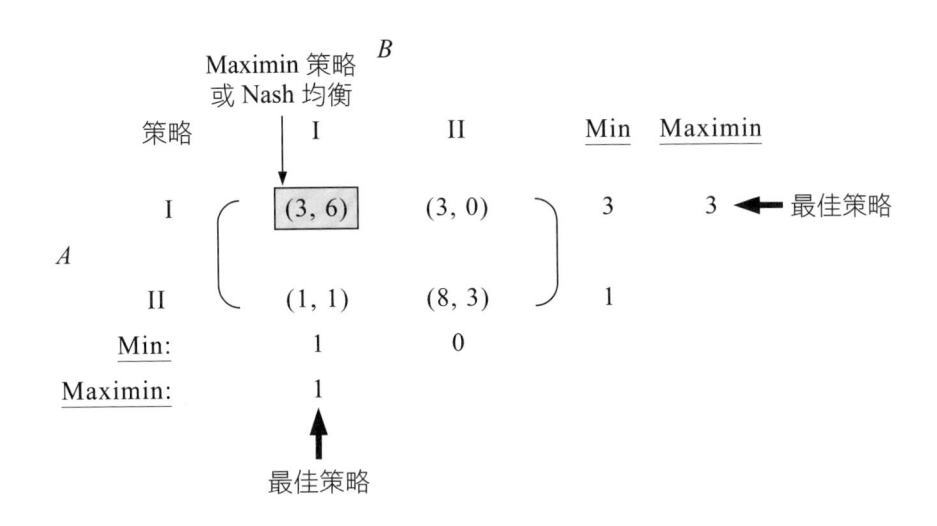

	B			
A 策略	I (Maximin策略或Nash均衡)	II	Min	Maximin
I	(3, 6)	(3, 0)	3	3 ← 最佳策略
II	(1, 1)	(8, 3)	1	1
Min:	1	0		
Maximin:	1 ↑ 最佳策略			

14.4　常態式賽局在寡賣市場的應用

常態式賽局在寡賣市場的應用相當廣泛，我們將僅篩選兩個一般大眾較為熟悉的個案進行介紹。

個案 14.1　早報促銷賽局

1990 年代末期以來，或因經濟不景氣，或因廠商外移，導致臺灣各大報的廣告收入顯著下滑、財務狀況惡化。於是，多數早報乃推出訂早報送贈品、刮刮樂等促銷活動。實際上，臺灣的早報市場已呈飽和，促銷並不會增加市場總需求，只會將訂戶從別家早報搶過來而已。因此，假如中國時報與聯合報都進行促銷活動，其促銷效果可能會互相抵銷，每年每家虧損 2（千萬）元；假如兩家早報都不進行促銷活動，將各賺 5（千萬）元；

假如一家進行促銷活動,另一家不做,則進行的這家可賺 14(千萬)元,不做的那家虧損 5(千萬)元。基於利潤最大化的考量,它們到底要不要進行促銷活動?

根據上述賽局內容描述,中國時報與聯合報的報償矩陣可編列如下:

表 14.7 中國時報與聯合報促銷賽局

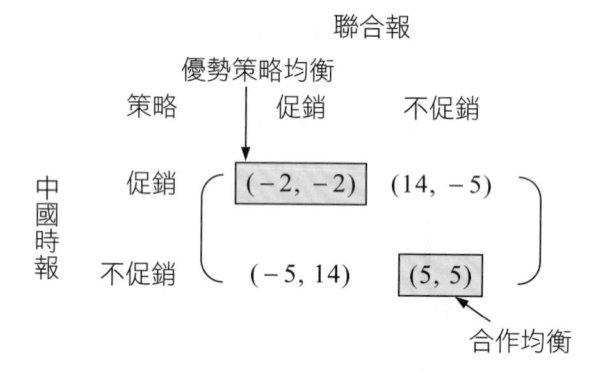

	聯合報 促銷(優勢策略均衡)	聯合報 不促銷
中國時報 促銷	(−2, −2)	(14, −5)
中國時報 不促銷	(−5, 14)	(5, 5)(合作均衡)

針對表 14.7 的報償矩陣,我們可發現,此賽局既不是常數和賽局,也不是常數差賽局。在不合作或默契不存在的情況下,兩家早報都有優勢策略存在,且皆會進行促銷活動。結果,優勢策略或 Nash 均衡落在報償矩陣左上方的(−2, −2)。在有默契或隱約式勾結的情況下,兩家早報都會選擇不進行促銷活動,合作均衡會落在報償矩陣右下方的(5, 5)。問題是,在合作均衡時,若聯合報堅持不進行促銷活動,而中國時報偷偷地進行促銷活動,則中國時報的利潤會從 5(千萬)元增加到 14(千萬)元,但聯合報的利潤會從 5(千萬)元轉為虧損 5(千萬)元。因此,中國時報會有誘因背叛聯合報。同理,聯合報亦會有誘因背叛中國時報。當兩家早報都背叛對方而改採促銷策略時,兩家早報又會各虧損 2(千萬)元。

根據上述賽局內容描述,和泰與中華汽車的報償矩陣可編列如下:

個案 14.2　小客車價格設定賽局

長期以來，每年在暑假過後，各大汽車公司都會為下年度即將推出的新款式小客車之定價傷腦筋。假設和泰與中華汽車同時推出品質非常類似的 2000 c.c. 小客車，且可選擇的定價策略皆只有兩種：高價（high price；簡寫為 H）與低價（low price；簡寫為 L），若兩家皆採高價策略，則每家各賺 10（億）元；若兩家皆採低價策略，則每家各賺 6（億）元；若一家採高價策略，另一家採低價策略，則採高價的廠商只賺 2（億）元，但採低價的卻可賺 14（億）元。基於利潤最大化考量，它們到底要採高價策略或低價策略？

■ 表 14.8 ■ 和泰與中華汽車價格設定賽局

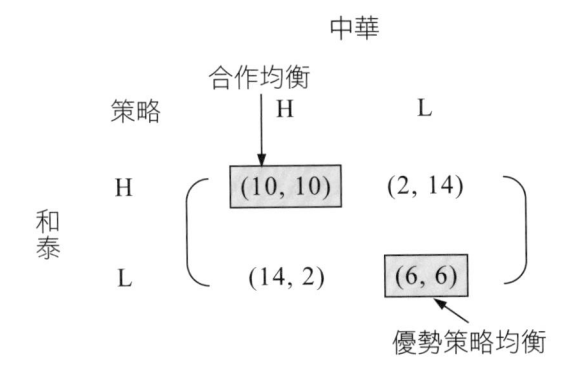

中華

	策略	H（合作均衡）	L
和泰	H	(10, 10)	(2, 14)
	L	(14, 2)	(6, 6)（優勢策略均衡）

針對表 14.8 的報償矩陣，我們可發現，此賽局既不是常數和賽局，也不是常數差賽局。在不合作情況下，兩家汽車廠商都有優勢策略存在，且皆會採低價策略。結果，優勢策略或 Nash 均衡落在報償矩陣右下方（6, 6）。但在公開式或隱約式勾結的情況下，兩家廠商皆會選擇高價策略，合作均衡會落在報償矩陣左上方的（10, 10）。同樣地，在合作均衡時，若和泰汽車仍採高價策略，而中華汽車改採低價策略，則中華汽車的利潤會從 10（億元）增為 14（億元），但和泰汽車的利潤會從 10（億元）降為 2（億元）。因此，中華汽車會有誘因背叛和泰。同理，和泰亦會有誘因背叛中華。當

兩家廠商都背叛對方而偷偷地改採低價策略時，兩家廠商就又只能各賺 6（億）元。

關鍵詞

參賽者　Players　303
單局賽局　One-shot game　303
重複賽局　Repeated game　303
單一策略賽局　Pure-strategy game 或 super game　303
混合策略賽局　Mixed-strategy game　303-304
非合作性賽局　Non-cooperative game　304

合作賽局　Cooperative game　304
賽局樹　The game tree　304
聯盟　Coalitions　306
常數和賽局　Constant-sum game　307
零和賽局　Zero-sum game　307
優勢策略　Dominant strategy　308
優勢策略均衡　Dominant strategy equilibrium　309

問題與應用

1. 對於下述賽局：

$$\begin{array}{c c} & B \\ & \begin{array}{c c} \text{I} & \text{II} \end{array} \\ A \begin{array}{c} \text{I} \\ \text{II} \end{array} & \begin{pmatrix} (10, 5) & (15, 0) \\ (6, 8) & (25, 2) \end{pmatrix} \end{array}$$

參賽者 A 與 B 必不可能合作，妳（你）同意嗎？

2. 在非常數和的 2 人賽局裡，該兩人非合作不可，妳（你）同意嗎？？

3. 在早期，臺灣水泥業存在著「南泥不北運，北泥不南運」的默契，請用賽局理論來解釋此一默契。

4. 自 1973 年以來，石油輸出國家組織就經常集會商討聯合減產協議，請用賽局理論來詮釋其背後原因。

5. 假設 A、B 兩家公司分別生產引擎與汽車，B 汽車公司所生產的汽車大部分均裝配自 A 引擎公司所生產的特製引擎，汽車與引擎分別都有大小之分。兩家公司的報償矩陣（單位：百萬元）如下：

$$
\begin{array}{c}
\quad\quad\quad\quad\quad\quad\quad B\text{ 汽車公司} \\
\quad\quad\quad\quad\quad\;\text{小汽車}\quad\;\;\text{大汽車} \\
A\text{ 引擎公司}\;\;
\begin{array}{c}\text{小引擎}\\ \text{大引擎}\end{array}
\left[\begin{array}{cc}(3,6) & (3,0)\\ (1,1) & (8,3)\end{array}\right]
\end{array}
$$

請問：

(1) 此賽局是否有 Nash 均衡？如果有，是何種組合？

(2) 若 A 引擎公司為提高其利潤而威脅只供應 B 汽車公司大引擎，則 B 汽車公司應如何因應？試評估 A 引擎公司所採取威脅策略之效果。

6. 假設巧克力市場中僅有兩家廠商，每家廠商皆能選擇其市場定位為滿足高品味或低品味之顧客需求。每家廠商在不同目標市場導向下的獲利情況如下列報償矩陣所示：

$$
\begin{array}{c}
\quad\quad\quad\quad\quad\quad\quad\text{廠商 2} \\
\quad\quad\quad\quad\;\;\text{低品味}\quad\quad\quad\text{高品味} \\
\text{廠商 1}\;\;
\begin{array}{c}\text{低品味}\\ \text{高品味}\end{array}
\left[\begin{array}{cc}(-20,-30) & (900,600)\\ (100,800) & (50,50)\end{array}\right]
\end{array}
$$

(1) 若每家廠商的管理階層在經營上均較保守並採取最大最小策略，則均衡解為何？

(2) 合作解為何？

(3) 合作的結果將使哪一家廠商獲益最大？而該獲益最大的廠商應提供另一家

廠商多少報償以說服其合作？

7. 根據第十三章習題 7，
   (1) 請將四小題之答案畫在同一個二度空間平面圖形上；再用此一圖形來探討聯合獨賣解的穩定性問題。
   (2) 請嘗試用賽局理論模型來輔助說明上述圖形與聯合獨賣之穩定性問題。

8. 在某一產業裡，只存在著兩家廠商，廠商 A 與廠商 B，每家廠商皆可選擇是否要與對方合作，若合作且不背叛，則兩家的利潤皆為 450（萬）元；若不合作，則兩家的利潤皆為 400（萬）元；若一家合作且不背叛，另一家卻背叛，則不背叛的利潤為 337.5（萬）元，背叛的利潤為 506.25（萬）元。
   (1) 請寫出此賽局的報酬矩陣。
   (2) Nash 均衡解為何？
   (3) 合作解為何？
   (4) 合作狀態是否穩定？

CHAPTER 15

經濟管制

15.1 經濟管制的定義與分類

15.2 經濟管制的形成原因

15.3 經濟管制衍生的問題

15.4 管制政策的興革

在1985年以前的臺灣，政府直接介入干預或管制私人部門的痕跡到處可見，其涵蓋範圍包括電力、電信、石油、天然瓦斯、自來水、公路運輸、鐵路運輸、航空運輸、商業銀行、證券、保險、菸、酒、旅遊服務、教育、……等。但受到1970年代末期以來歐美鬆綁或解除管制風潮的影響[1]，1980年代中期以後，「自由化」遂成為臺灣政府官員、學者、專家、輿論所認同的基本政策。於是，政府直接管制的範圍與程度因而逐漸縮小與降低。

本章將首先介紹經濟管制（economic regulation）的定義與分類；其次，探討經濟管制的形成原因；然後，檢討經濟管制衍生的問題；最後，則針對管制政策的興革，提出一些建議。

15.1 經濟管制的定義與分類

在既有文獻裡，雖然有關經濟管制的定義有許多，且不一定有交集，但最普遍被採用的則為 Mitnik 的定義。Mitnik（1980）認為，經濟管制乃是政府部門想控制個人、家庭、廠商與政府下屬單位決策行為的企圖[2]。換句話說，經濟管制只不過是政府部門為限制社會上每個經濟個體決策行為的一種努力。儘管上述定義相當簡潔，但現實社會裡存在的經濟管制政策或措施卻非常的多，其主要種類可分為：

一　進入市場或營業許可管制

營業許可管制（entry regulation）指的是，政府主管單位透過特許權（franchise）或執照（license）的發行，來允許或否定某一經濟個體在特定職業或產業裡的經營權。譬如，即使到現在，在電力配送、自來水、天然瓦斯等業務上，在每一地區，根據相關法律，

---

[1] 除了解除管制外，deregulation 亦被譯成管制鬆綁。
[2] 請參考 C. B. Mitnik (1980), *The Political Economy of Regulation*, New York: Columbia University Press.

政府只准許一家經營；若欲經營大哥大、固網電信、銀行、保險、證券等業務，則需要特許權；若欲經營旅遊業務，則需要旅行社執照；若欲經營計程車業務，則需要計程車牌照。

二 價格或費率管制（Price Regulation）

不管從理論或實務觀點而言，只要政府在某一產業實施營業許可管制，那就相當於授予既有廠商壟斷力或獨占力；於是，為了防範既有廠商濫用壟斷力來哄抬價格而剝削消費者，政府就會配合實施法定報酬率（rate of return regulation）或價格上限管制。譬如，依照現行公用事業管理辦法，每家公用事業的年報酬率不能超過 11.25%；依照現行有線電視法，有線電視業者對於它的收視戶每月收取的收視費不能超過新臺幣 600 元。

三 標準管制（Regulation of Standards）

此種管制指的乃是，政府管制當局對某一種產品的原料成分或某一產業的生產程序設定一套標準。當衛生署規定某一藥品含阿斯匹靈的成分不能超過某一固定百分比時，此一規定乃屬於產品標準管制；當環保署規定某一工廠煙囪所冒出的黑煙或所排放的汙水不能超過某一最高水準時，此一規定乃屬於生產程序標準管制；當財政部證管會規定每一家綜合證券商的最低資本額為新臺幣 10 億元時，此一規定亦屬於生產程序標準管制。

四 配額管制

此種管制指的乃是，基於特殊目的考量，政府直接參與資源的分配工作。譬如，在面對能源或水源危機時，為了有效地使用有限的能源或水源，政府可能直接分配石油原料或水給不同優先順序的產業；為了保護國內汽車廠商，政府對韓國與日本小客車實施進口配額管制。

五 補貼或租稅

　　為了某種特定目標的達成，政府可能針對經濟個體提供補貼或課以租稅。譬如，為了鼓勵投資，政府可能採取金融或租稅獎勵；為了鼓勵國內廠商自己進行研究發展以提升其生產技術，政府提供租稅減免或配合款補貼（matching grants）；為了防止環境汙染，政府可能課以汙染稅；為了預防股票市場的週轉率提高，政府反對降低證券交易稅。

六 公平交易法

　　此套法律的主要目的乃是為了規範廠商的結合（合併）、聯合（勾結）、不公平競爭與不實廣告行為，以維持市場秩序，促進市場公平競爭。

　　從上述六類經濟管制措施的介紹中，我們可以發現，並不是所有的經濟管制措施皆具有強制性；事實上，有些經濟管制是透過政府或管制當局所提供之誘因而進行的。無論如何，它們的目標是一致的，那就是企圖去改變、引導或控制社會上個人、家庭、廠商與下屬政府機構的決策行為。此外，在既有有關經濟管制的文獻裡，經濟管制通常只包含營業許可與價格等兩類管制[3]。因此，接下來，我們所討論的經濟管制將僅侷限於營業許可與價格管制。

---

[3] 在既有經濟管制文獻裡，只包含營業許可與價格等兩類管制的經濟管制被稱為狹義經濟管制。

15.2 經濟管制的形成原因

一直到 1960 年代初期,有關經濟管制的既有文獻大部分把焦點集中於探討:在面對各種不同經濟管制措施時,遭受管制之廠商與其他社會成員如何採取因應行為。也就是說,管制政策往往被當成外生變數或外在因素,管制經濟學主要在探討各種經濟管制措施對經濟個體決策行為、廠商經營績效與市場運作績效的影響。但是,在 1960 年代中期以後,經濟學家對經濟管制之形成原因以及決定哪種管制措施應被採用之政治程序的研究興趣逐漸增長,此一轉變增進了人們對管制立法程序的了解。

雖然經濟學家與政治學家已發表了很多有關經濟管制形成的理論與實證研究成果,但至目前為止,關於為何經濟管制會存在這個問題卻還沒有一致的見解。一般而言,有關經濟管制起源之學說可分為三個主要派別。一是**市場失靈學說**(the market failure theory)或**公共利益學說**(the public interest theory),這派學說認為,經濟管制乃是競爭市場的基本架構出現缺陷(drawbacks)所造成之不可避免的結果。其二是**掠奪學說**(the capture theory)或**私人利益學說**(the private interest theory),這派學說認為,經濟管制通常會圖利於某些特定利益團體而加害於其他利益團體。其三是**利益團體學說**(the theory of interest groups),這派學說則認為,經濟管制決策的擬定與經濟管制措施的選擇是利益團體透過在政治市場上的遊說與運作而決定的。有關上述三派學說的主要內涵,我們將其整理歸納如下:

一 市場失靈學說

直到 1960 年代初期,關於經濟管制之起源,最普遍被接受的觀點乃是市場失靈學說。根據這派學說,傳統經濟學家們認為,經濟管制存在的主要原因乃是某種型態的市場失靈所造成。由於市場失靈，市場上或產業裡可能會存在著無效率或不公平（inequitability）等現象。為了糾正上述扭曲，社會大眾乃要求政府採取經濟管制措施。也就是說，市場失靈乃是政府干預私人部門的必要條件。在經濟學裡，市場失靈的可能原因通常包括：(1)非完全競爭行為（non-competitive behavior），譬如，獨賣廠商濫用壟斷力哄抬價格行為、寡賣廠商的勾結行為與不公平競爭行為、……等；(2)外部性，譬如，鋼鐵工廠冒黑煙、石化工廠排放廢氣與汙水、……等；(3)公共財，譬如，國防安全、社會治安、公共道路、……等；(4)資訊不對稱，譬如，旅行社對於市場訊息掌握比消費者多、賣血的人（血牛）對於她（他）的血之品質好壞比開刀動手術需血的人知道的還多、……等；(5)規模與多樣化經濟，這兩種成本特色的存在可能使某一產業變成自然獨賣或寡賣。總而言之，經濟管制形成之主要目的乃是保護社會大眾之權益。

二 掠奪學說

在現實社會裡，當政府採取某一新的政策或某一政策變動時，通常，有些人會得利，有些人會受害。於是，就像經濟學諾貝爾獎得主 Stigler（1971）的經典著作《經濟管制學說》（The Theory of Economic Regulation）所發現的，市場失靈學說並不能用來有效地解釋管制當局的決策行為。事實上，在管制當局做決策時，利益團體與被管制之產業擁有相當大的影響力[4]。許多經濟學家與政治學家發現，經濟管制乃是政府部門因應某些追求自利的利益團體之要求所設立的，而在設立經濟管制措施的同時，其他利益團體的利益卻可能會被犧牲。也就是說，某些利益團體為了它們自己的私利而操縱了裁定經濟管制之政治程序。更甚的是，某些產業為了保護它們自己的利益而要求經濟管制。又由於經濟管制的政治舞臺一直為

---

[4] 請參考 Stigler, G. J. (1971), "The Theory of Economic Regulation," *Bell Journal of Economics*, 2, 3-21.

被保護的產業、管制當局與國會相關委員會所組成的鐵三角所把持著,所以,直到 1970 年代中期,上述「官商勾結」現象仍然持續著。依 Stigler 的觀點,被保護的廠商可透過四種途徑來利用經濟管制以增加它們的利潤:

1. 尋求直接補貼。不過,Stigler 認為,隨著廠商數目的成長,此類型的直接補貼對政府而言,是個填不飽的無底洞。除非在廠商數目上或補貼金額上有所限制,對既有廠商而言,此種措施並不是一種很有效的保護工具。
2. 尋求營業許可管制。相對於政府的直接補貼,企業廠商可能偏好營業許可管制。美國貨運卡車業就是一個很好的例子,雖然此一產業並不存在著規模經濟的特性,但在州際商業委員會(Interstate Commerce Commission)的管制下,一直到 1980 年,穩定成長的貨運量仍被少數幾家廠商所壟斷。
3. 要求政府對他們產品的替代品進行管制。譬如,天然奶油製造商要求政府抑制人工奶油的發展。
4. 要求政府制定保證報酬率與實施價格管制。Stigler 認為,當廠商要求營業許可管制的同時,它們也會要求價格管制。其主要的目的當然是防止新廠商加入與降低競爭壓力。

總而言之,此派學說的經濟學家們認為,經濟管制演變的結果往往是:原來為保障社會大眾權益而設立的管制當局,最後反被廠商牽著鼻子走。

三 利益團體學說

一般而言,掠奪學說對在 1970 年代中期以前發生的經濟管制事件尚能提出合理的解釋。但,由於掠奪學說過分強調廠商在經濟管制政策擬定過程中的影響力,忽略了消費者在上述決策過程中可能扮演的角色與力量,以致於對 1970 年代中期以來的世界性解除管制風潮無法提出合理解釋。於是，利益團體學說乃應運而生。為了闡明經濟管制產生之原因與管制當局的決策行為，這派學說把研究重點放在政治聯盟的組成（the formation of political coalitions）。根據這派學說，每一管制政策皆決定於政治市場。在這個市場裡，「交易」的商品為經濟管制；經濟管制的供給來自於政治人物（可能是管制當局之官員或立法機構之民意代表），而這些政治人物們追求的乃是獲得最大的政治支持以贏得選舉或獲選連任；經濟管制的需求則來自利益團體（包括生產者與消費者），她（他）們所追求的目標當然是增進自己的福利；最後，經濟管制政策實施與否及其內涵則取決於某一利益團體或某些利益團體所組成的勝利聯盟（winning collation）是否支持某一政治人物贏得選舉。

雖然利益團體學說對於經濟管制政策的擬定已可提供相當完整的理論基礎，但它在應用上仍留下一個黑盒子，即如何客觀地對政治支持加以衡量？從有關經濟管制起源學說的介紹中，我們可以發現，經濟管制的原始動機，多多少少與保護社會大眾的福利有關。在經濟學裡，談到社會大眾福利，最普遍被接受之衡量指標乃是社會福利。又由於社會大眾可分為消費者與生產者兩大類，依照第十一章的定義，社會福利可定義為消費者剩餘與生產者剩餘之和。如果我們假設：政治支持可以社會福利（消費者剩餘與生產者剩餘之和）來代表，然後，每一個利益團體或每一聯盟之政治力量或影響力就可一一求得。最後，經過談判與妥協，我們可發現哪個利益團體或哪個聯盟可贏得勝利而控制經濟管制政策之擬定。

15.3 經濟管制衍生的問題

根據國內外實施經濟管制的經驗，我們可以發現，雖然經濟管制的確產生某些成效，但同時也衍生一些問題。在本節中，我們首先將一般性問題提出來檢討；然後，再討論經濟管制所導致之產業別（industry-specific）問題。

根據美國實施經濟管制的經驗,經濟管制所衍生的一般性問題可歸納為:

一 經濟管制機構與業務的持續增加導致政府的預算經費大幅成長

以美國為例,在 1960 年代以前,經濟管制只是聯邦政府微不足道的一個小部門;但在 1960 年代中葉以後,經濟管制就像吹汽球似地膨脹。根據美國商業研究中心(The Center for the Study of American Business)的統計資料,從 1960 至 1980 年的二十年中,經濟管制已變成美國成長最快速的產業之一。聯邦經濟管制機構的數目已從 1960 年的 28 家,成長到 1980 年的 56 家。不僅是管制機構日益增多,而管制的性質也大不相同。其間最主要的區別乃是,早期的管制機構〔像民用航空局(Civil Aeronautics Board)、州際商業委員會、⋯⋯等〕僅針對某一特殊個別產業加以規範管理;但,在消費品安全委員會(The Consumer Product Safety Commission)、環境保護署(The Environmental Protection Agency)與能源委員會成立之後,它們的影響,不僅是針對某一特殊產業,而且是貫穿所有產業的功能性管制,舉凡涉及環境、能源以及產品與工業安全的事項都可進行干預,這種轉變又不僅僅是每一產業面對的管制機構增多了,最嚴重的情形是,每一管制問題的主要機構僅著眼於其所管制的問題與目的,而忽略了個別產業的整體發展與需要,導致「政出多門,無所適從」。此外,以美國 1980 年仍存在的 56 家主要管制機構之年度支出而言,已從 1974 年的 28 億美元增加到 1979 年的 58 億美元。嗣後,雖力加節制,然而到 1980 年仍增加到 60 億美元。當然,經費的增加也許代表管制人力成長與管制效率的改進;但不幸的,許多研究結果顯示,這些管制機構所發揮的效果,卻又不盡然是正面的。

二 私人部門為配合管制而產生的交易成本逐漸遞增

由於政府管制法令與要求的日漸繁瑣，私人部門為了提供資料接受管制所產生的直接與間接交易成本也跟著日漸成長。這些費用亦是生產成本的一種，當然要轉嫁到消費者的身上，無形間變成一種隱藏性的租稅。尤其值得顧慮的是，經濟管制所滋生的政府與社會壓力，可能會使私人企業因對管制方向無法適從，而造成投資意願遲疑不前。根據 Milton Friedman 的估計，在 1945 年至 1966 年的美國私人企業裡，每九小時的勞力產出，每年皆以超過 3% 的成長率成長；但在接著的十年裡，每年成長不到 1.5%；更嚴重的是，1976 年以後，反而有轉為負成長的趨勢。美國生產力的降低，當然不能完全歸咎於經濟管制，但其影響層面甚鉅，卻也是不爭的事實。

三 已實施的管制會像滾雪球似地擴張且很難被遏止

誠如麻省理工學院經濟學教授 Thurow（1981）在《零和社會》（The Zero-Sum Society）書中所言，管制就像一個會蔓延的細胞，一旦滋生就很難遏止[5]。譬如，美國州際商業委員會原是因鐵路聯營與費率訂定需要而成立，但後來卻擴大到對貨運卡車的管制。最後，該經濟管制竟演變成對產業的保護，犧牲了託運者（農民）與一般消費者的利益，這就是管制由小到大，甚至由點到面的「管制波及」效果。

四 經濟管制往往忽略或阻礙了積極性的創新

許多研究皆指出，美國對消費品安全與衛生方面的維護對產業創新有很大的負面影響；此外，它們對生產與銷售的負面影響有時也比正面影響大得多。以藥品為例，目前美國新藥品上市的許可要

---

[5] 請參考 Thurow, L. C. (1981), *The Zero-Sum Society*, New York: Penguin Books.

花相當長時間才能獲得，而且在面對許多不確定因素的情況下，還需防範訴訟的後果，這些因素皆會增加生產成本，使廠商對新藥的研究無法預估利潤，因而降低研究發展的誘因。1962 年以後，美國在新化學藥品方面嚴重落後其他工業化國家（尤其是西德與日本），可能就是經濟管制負面效果所導致的。

至於經濟管制所導致的產業別問題，則有：

一　長期實施營業許可管制可能導致 X-無效率

臺灣的公營事業因長期受到營業許可管制的保護，在沒有競爭壓力情況下，許多公營事業的內部管理會缺乏效率，也就是說，會存在 X-無效率（X-inefficiency）。

二　營業許可管制與價格管制併行可能導致交叉補貼（Cross Subsidization）

在同時存在營業許可管制與價格（或費率）管制的產業裡，其所服務的市場通常會有可獲利市場（profitable market）與不可獲利市場（nonprofitable market）之分，而價格（或費率）管制只會出現在後者。於是，為了確保營業許可管制能持續存在，廠商可能需配合政府政策，繼續經營不可獲利市場，亦即，以可獲利市場賺的利潤來彌補不可獲利市場的損失。譬如，在 1980 年代末期以前，公路局以高速公路長途客運路線（俗稱黃金路線）賺的利潤來補貼政策性或偏遠地區路線的乘客；在電信自由化政策實施之前，電信總局以長途及國際電話市場賺的利潤來補貼市內電話市場的使用者。

三 法定報酬率管制可能導致冗員與硬體設備過度投資（Over-Investment in Capital）

價格管制若採法定報酬率管制方式，而法定報酬率管制公式通常設定如下：

$$\frac{TR - w \cdot L}{K} \leq r \qquad (15.1)$$

其中，TR 代表總收入；w 代表員工薪資率；L 代表員工人數；K 代表資本財的帳面金額；r 代表設定的法定報酬率上限。為了讓實際報酬率能低於法定報酬率上限，被管制廠商往往會增加員工人數與／或大量增加資本財投資。也就是說，為規避法定報酬率的管制，被管制廠商可能增聘不必要的員工與／或對資本財進行過度投資，後者被稱之為 **A-J 效果**（Averch-Johnson effect）。

15.4 管制政策的興革

由於經濟管制所衍生之一般性與產業別問題代表政府失能（government failure），管制政策應否持續的檢討聲浪乃應運而生。於是，隨著被管制產業（the regulated industries）供給面因素（譬如，技術進步與原料價格下降）與／或需求面因素（譬如，所得成長與消費者偏好改變）的變動，1970 年代中期以後，歐美解除管制風潮迅速地蔓延至全世界，臺灣乃於 1985 年實施自由化政策。如預期地，解除管制、管制鬆綁或開放競爭的確產生了一些正面效益（譬如，價格下降與經濟效率提升）[6]；但，它亦帶來了下列負面效果：

---

[6] 在自由化過程中，由於大部分被管制產業的管制措施並未被完全撤除，所以，有些學者乃將 deregulation 翻譯成管制鬆綁或開放競爭。

一　產品品質惡化

在一些服務業（例如，旅行業）裡，因為廠商所提供的商品為無形的（intangible），賣方比買方擁有更多市場訊息的資訊不對稱現象自然而然存在。開放競爭後，廠商家數大增。為了生存，部分廠商可能採取同時降低品質與價格的道德危機（moral hazard）行為[7]。在消費者只能以價格高低為購買決策依據的情況下，其他廠商只有兩條路可選，其一為堅持潔身自愛而退出市場；其二為同流合汙跟著降低品質。不管它們選哪一條路，整個產業的平均服務品質會逐漸下降，「劣幣驅逐良幣」的逆選擇（adverse selection）問題於是就會出現。

二　法定報酬率可能使廠商缺乏誘因改善經營效率

解除管制的動機本來是欲使廠商在面對遞增的競爭壓力下，提升其經營效率。但，若價格管制採法定報酬率管制方式，且法定報酬率的訂定以缺乏效率的廠商為基準，則此一管制方式可能變相形成廠商獲利或生存空間的保障，而使廠商喪失改善經營效率的誘因。

針對上述解除管制的負面效果，未來管制政策的興革方向似乎可朝：

一　透過投入管制（Input Regulation）與產出管制（Output Regulation）來防範道德危機行為與逆選擇問題出現

針對資訊不對稱現象於解除管制後可能導致道德危機行為與逆選擇問題，政府主管單位可要求廠商設立時必須具有多少資本額、多少位合格或具有執照經理人、……等投入標準管制，以降低道德

---

[7] 道德危機是指，擁有較多訊息的一方，在雙方決定交易後，基於自身利益，採取對訊息較為不足一方造成傷害的行動。

危機行為出現的機率；或者對廠商的產品品質進行審查或評鑑，並定期公布審查或評鑑結果，以防範劣幣驅逐良幣的逆選擇問題產生。

二 價格上限管制替代法定報酬率管制以提升廠商改善經營效率的誘因

解除管制以後，廠商家數會增加。法定報酬率管制如繼續實施，可能變相為廠商生存與獲利的保障，因而導致缺乏效率的廠商喪失改善效率的壓力或誘因。現若以經營效率指標值等於平均值的廠商為基準，訂定價格上限，則經營效率高於平均值的廠商將可賺取超額利潤或經濟利潤，而經營效率低於平均值的廠商若不能改善其經營效率，將遭受損失。於是，廠商就會有誘因改善其經營效率，以求賺取超額利潤。

關鍵詞

經濟管制 Economic regulation 318	groups 321
營業許可管制 Entry regulation 318	經濟管制學說 The Theory of Economic Regulation 322
價格或費率管制 Price regulation 319	X-無效率 X-inefficiency 327
標準管制 Regulation of standards 319	交叉補貼 Cross subsidization 327
市場失靈學說 The market failure theory 321	A-J 效果 Averch-Johnson effect 328
公共利益學說 The public interest theory 321	政府失能 Government failure 328
掠奪學說 The capture theory 321	道德危機 Moral hazard 329
私人利益學說 The private interest theory 321	逆選擇 Adverse selection 329
利益團體學說 The theory of interest	投入管制 Input regulation 329
	產出管制 Output regulation 329

問題與應用

1. 在臺灣自來水與天然瓦斯這兩個產業裡，依照政府相關法令，它們仍然是獨賣，妳（你）如何來合理化此類營業許可管制？

2. 假設某一家公用事業廠商的成本函數具有規模經濟的特性，若政府對它實施價格管制，硬性規定它必須採取邊際成本定價，則它的收支能否平衡？若不能，為使該家廠商有意願生產，政府應採何種因應對策？

3. 在電信自由化之前，市內電話費率為何會比較便宜？在電信業自由化之後，市內電話費率為何會大幅上漲？

4. 在臺灣公用事業發展史上，為何常常會有公用事業廠商出現過度投資或冗員的問題？

5. 由於服務業存在著資訊不對稱的現象，在放寬進入管制後，服務品質是否會隨著價格下降？

6. 在國內航空市場開放競爭後，國內航空線票價與服務品質受到之衝擊如何？

7. 對付血庫缺血現象的最佳辦法為血源取得商業行為化。如此，不僅可確保血源供給，亦可確保血源品質，妳（你）同意嗎？

8. 旅行業為何經常發生「機場放鴿子」與「旅行社老闆捲款逃走」問題？為解決上述問題，政府的因應對策有哪些？

9. 針對 2003 年 3 月至 5 月發生在亞洲的 SARS 問題，政府是否應介入干預？若是，政府所應採取的管制措施有哪些？

Index 索引

A-J 效果　Averch-Johnson effect　328
Cobb-Douglas 生產函數　Cobb-Douglas production function　183
Herfindahl-Hirschman 指數　Herfindahl-Hirschman index, HHI　295
Lerner 壟斷力指數　Lerner index of monopoly power　258
X-無效率　X-inefficiency　327

一　劃

一致性　consistency　55

二　劃

人力資本生產函數　human capital production function　127

三　劃

工作所得　working income　108

四　劃

不合作均衡　noncooperative equilibrium　286
不確定經濟學　economics of uncertainty　144
中性財　neutral good　64
內生變數　endogenous variables　12
公平機率比　fair odds　148
公共利益學說　the public interest theory　321
公共政策　public policy　232
分離定理　the separation theorem　133
勾結曲線　collusion curve　288
反應曲線或函數　reaction curve or function　282
引申需求函數　derived demand function　226
比較靜態分析　comparative static analysis　21

五　劃

生產者剩餘　producer surplus　222
生產函數　the production function　170
可行性消費集合　feasible consumption set　66
外生變數　exogenous variables　12
外部性　externalities　10
市場失靈學說　the market failure theory　321
市場均衡　market equilibrium　19
市場供給曲線　market supply curve　17
市場結構　market structure　6
市場集中度　the degree of market concentration　295
市場經濟　market economy　3
市場需求曲線　market demand curve　13
市場價格的影響力　market power　6
市場機能　market mechanism　10
平均成本　average total cost, ATC　193
平均收入　average revenue, AR　216
平均固定成本　average fixed cost, AFC　193

平均變動成本　averagevariable cost, AVC　193

正常利潤　normal profit　214

正常財　normal goods　12

六　劃

交換價值　value in exchange　102

交叉彈性　cross elasticity　41

交叉補貼　cross subsidization　327

休耕　supply restriction　238

休閒性消費財　leisure consumption goods　108

企業家才能　entrepreneurship　3

共用　joint use　203

劣等財　inferior goods　12

合作賽局　cooperative game　304

合理性　rationality (reasonableness)　55

多處廠房廠商　multiplant firm　254

多樣化經濟　economies of scope　203

多樣化經濟程度　the degree of scope economies, SC　204

成本　cost　4

成本效益分析法　cost-benefit analysis　131

成本極小化　cost minimization　179

成本互補性　interproduct cost complementarities　204

收入　revenue　4

自然資源　land　3

自然獨賣　natural monopoly　250

七　劃

沉沒成本　sunk cost　191

利益團體學說　the theory of interest groups　321

完全替代品　perfect substitutes　63

完全互補品　perfect complements　63

完全差別取價　perfect pric discrimination　260

完整性　completeness　56

序列效用　ordinal utility　55

技術效率　technically efficient　170

折現率　discount rate　118

投入管制　input regulation　329

投入可替代性　input substitutability　181

私人利益學說　the private interest theory　321

足額保險　full insurance　161

利潤最大化　profit maximization　214

八　劃

社會福利　social welfare　232

季芬財　Giffen good　90

使用價值　value in use　102

供給法則　the law of supply　16

供給量變動　changes in quantity supplied　18

供給變動　changes in supply　18

兩部定價　two-part tariff　259

固定生產要素　fixed factors of production　171

固定成本　fixed cost, FC　193

固定規模報酬　constant returns to scale　185

固定替代彈性　constant elasticity of substitution, CES　184

固定比例生產函數　fixed-proportions production function　182

或有狀態　contingent states　145

或有商品　contingent commodities　145
所得　income　3
所得效果　income effect, I.E.　86
所得消費曲線　income-consumption curve　80
所得預算限制條件　income budget constraint　54
所得需求彈性　income elasticity of demand　41
服務　services　5
物質性消費財　physical consumption goods　108
長期　long run　171
非工作所得　non-working income　53
非可行性消費集合　infeasible consumption set　67
非合作性賽局　non-cooperative game　304
非營利組織　nonprofit organization　5
非足額保險　partial insurance　161

九　劃

保留價格　reservation price　260
保證價格收購　price support　238
前 r 大集中比　the concentration ratio of top r buyers or sellers, CRr　295
契約曲線　contract curve　288
政府　government　5
政府失能　government failure　328
活動流程　circular flow　3
相對具有彈性　relatively elastic　39
相對缺乏彈性　relatively inelastic　39
計數效用　cardinal utility　55
重複賽局　repeated game (super game)　303

風險中立　risk-neutral　145
風險貼水　risk premium　154
風險愛好者　risk-lover　149
風險趨避者　risk-averter　149

十　劃

原始稟賦　initial endowment　122
家計　household　3
差別取價　price discrimination　259
恩格爾曲線　Engel curve　81
效用分析　the analysis of utility　55
效用水準　the level of utility　53
效用函數　utility function　54
消費者行為理論　the theory of consumer behavior　52
消費者抉擇　consumer choices　53
消費者偏好　consumer preferences　53
消費者剩餘　consumer surplus　91
級距式差別取價　blocking price discrimination　262
財貨　goods　5
逆選擇　adverse selection　329

十一劃

參賽者　players　303
專業化利得　gains from specialization　175
常數和賽局　constant-sum game　307
從量補貼　specific (per-unit subsidy)　243
掠奪學說　the capture theory　321
捷足先登者優勢　the first mover advantage　288
混合策略賽局　mixed-strategy game　303-304
混合經濟　mixed economy　5

異質寡賣　heterogeneous oligopoly　276
第一級差別取價　first-degree price discrimination　260
第二級差別取價　second-degree price discrimination　261-262
第三級差別取價　third-degree price discrimination　263
規模不經濟　diseconomies of scale　202
規模報酬　returns to scale　185
規模經濟　economies of scale　202
貪婪性 (多多益善)　nonsatiation or more is better than less　56
產出管制　output regulation　329

十二劃

最低有效生產規模　the minimum efficient scale, MES　202
剩餘需求　residual demand　283
勞力密集　labor-intensive　200
勞動　labor　3, 171
勞動平均產出　average product of labor, AP_L　172
勞動邊際產出　marginal product of labor, MP_L　172
單一定價　unique pricing　258-259
單一期決策模型　single-period model　54
單一策略賽局　pure-strategy game　303
單一彈性　unit elastic　39
單一變動投入生產函數　single-variable-input production function　172
單局賽局　one-shot game　303
報償　payoff　144
提供曲線　offer curve　113
替代政策　alternative policies　6

替代效果　substitution effect, S.E.　86
替代彈性　the elasticity of substitution　183
期望值　expected value　145
無異曲線　indifference curve　57
無謂損失　deadweight loss　235
短期　short run　171
等利潤曲線　isoprofit curve　281
等產量曲線　isoquants　178
等產量曲線圖　isoquant map　178
策略　strategy　279
結構－行為－績效學說　structure-conduct-performance paradigm　292
超額供給　excess supply　19
超額需求　excess demand　20
進口關稅　import tariff　244
進口配額　import quota　244
進口障礙　import barriers　244
營業許可管制　entry regulation　318

十三劃

會計成本　accounting cost　190
經濟成本　economic cost　190-191
經濟租　economic rent　226
經濟規模　economic scale　202
經濟惡　economic bads　65
經濟管制　economic regulation　318
經濟管制學說　The Theory of Economic Regulation　322
補貼　subsidy　234
補償變量　compensating variation, CV　87
資本　capital　3
資本財　capital　171
資本密集　capital-intensive　200

資產組合理論　the portfolio theory　158
資源替代可能性　resources substitution possibilities　42
跨期效用函數　intertemporal utility function　118
跨期消費　intertemporal consumption　109
跨期消費決策模型　intertemporal consumption or life cycle model　118
跨期無異曲線　intertemporal indifference curve　119
道德危機　moral hazard　329
零和賽局　zero-sum game　307
零猜測變量　zero conjectural variation　280
預期效用　expected utility　145
預算限制條件　budget constraints　53

十四劃

寡賣　oligopoly　256
對偶定理　the duality theorem　202
管理經濟學　managerial economics　2
遞移性　transitivity　56
遞減規模報酬　decreasing returns to scale　185
遞增規模報酬　increasing returns to scale　185
需求法則　the law of demand　12
需求量變動　changes in quantity demanded　13-14
需求變動　changes in demand　14
齊次式函數　homogeneous function　208
齊質寡賣　homogeneous oligopoly　276

十五劃

線性生產函數　linear production function　181
價格上限　price ceiling　234
價格下限　price floor (minimum price)　234
價格供給彈性　price elasticity of supply　42
價格需求彈性　price elasticity of demand　37
價格消費曲線　price-consumption curve　83
價格接受者　price-taker　11
價格設定模型　price-setting model　280
價格管制　price control (price regulation)　234
價格或費率管制　price regulation　319
廠商　firm　3
廠商理論　the theory of the firm　170
數量設定模型　quantity-setting model　279-280
確定性　certainty　144
確定線　certainty line　147
彈性　elasticity　34
增置成本　incremental cost　203
標準管制　regulation of standards　319

十六劃

機率　probability　144
機會成本　opportunity cost　191
獨買　monopsony　250
獨賣　monopoly　250
靜態分析　static analysis　21

十七劃

優勢策略　dominant strategy　308
優勢策略均衡　dominant strategy equilib-

rium　309
營利事業　profit-making enterprise　214
營業許可管制　entry regulation　318
總成本　total cost, *TC*　192
總收入　total revenue, *TR*　214
總和邊際收入　aggregate marginal revenue, *AMR*　263
總產出函數　total product function, *TPF*　172
聯盟　coalitions　306
賽局理論　game theory　292
賽局樹　the game tree　304
隱函數　implicit function　118

十八劃

擴展途徑　expansion path　201
雙邊獨占　bilateral monopoly　271

十九劃

邊際成本　marginal cost, *MC*　193
邊際收入　marginal revenue, *MR*　216
邊際技術替代率　the marginal rate of technical substitution, *MRTS*　180
邊際要素成本　marginal factor cost, MFC_L　268
邊際效用遞減法則　the law of diminishing marginal utility　61
邊際產值　the value of marginal product　227
邊際報酬遞減法則　the law of diminishing marginal returns　61
邊際替代率　marginal rate of substitution, *MRS*　61
邊際替代率遞減　diminishing marginal rate of substitution　61
關廠點　shut-down point　220
壟斷力或獨賣力　monopoly power　257

二十三劃

變動生產要素　variable factors of production　171
變動成本　variable cost, *VC*　193